完全学习手册

晁代远 / 编著

Dreamweaver CS6

完全学习手册

清华大学出版社

北京

内 容 简 介

本书定位于 Dreamweaver 初中级读者，内容涵盖网页制作基础知识、Dreamweaver CS6 工作环境和新增功能、站点的搭建与管理、设置页面整体环境、文本网页的创建、绚丽多彩的图像和多媒体网页的创建、创建超级链接、使用表格排版网页、使用框架和 Div 灵活布局网页、使用模板和库提高网页制作效率、使用 CSS 修饰美化网页、Web 标准 Div+CSS 布局网页、使用行为给网页添加特效、用表单创建交互式网页、Dreamweaver 的扩展功能、在 Dreamweaver CS6 中编写 HTML 代码、动态网页创建的基础知识、设计开发留言系统、购物网站和企业网站的创建、掌握整个网站的创建、站点的发布与推广、网站的安全维护。

本书可作为大专院校、高职高专、中等职业学校计算机专业的教材，以及各种电脑培训班的培训教材，也可以作为网页制作与网站建设自学者的参考书。

图书在版编目（CIP）数据

Dreamweaver CS6完全学习手册 /晁代远编著.--北京：清华大学出版社，2014
（完全学习手册）
ISBN 978-7-302-32854-4

Ⅰ.①D⋯ Ⅱ.①晁⋯ Ⅲ.①网页制作工具—手册 Ⅳ.①TP393.092

中国版本图书馆CIP数据核字（2013）第136522号

责任编辑：陈绿春
封面设计：潘国文
版式设计：北京水木华旦数字文化发展有限责任公司
责任校对：胡伟民
责任印制：刘海龙

出版发行：清华大学出版社
      网　　　址：http://www.tup.com.cn，http://www.wqbook.com
      地　　　址：北京清华大学学研大厦 A 座　　　邮　　编：100084
      社 总 机：010-62770175　　　邮　　购：010-62786544
      投稿与读者服务：010-62776969，c-service@tup.tsinghua.edu.cn
      质 量 反 馈：010-62772015，zhiliang@tup.tsinghua.edu.cn
印 刷 者：北京鑫丰华彩印有限公司
装 订 者：北京市密云县京文制本装订厂
经　　销：全国新华书店
开　　本：188mm×260mm　　印　张：27.25　　字　数：785 千字
      （附 DVD1 张）
版　　次：2014 年 8 月第 1 版　　印　次：2014 年 8 月第 1 次印刷
印　　数：1～4000
定　　价：55.00 元

产品编号：052828-01

前　言

近年来随着网络信息技术的广泛应用，互联网正逐步改变人们的生活方式和工作方式。越来越多的个人、企业等纷纷建立自己的网站，利用网站来宣传推广自己。在这一浪潮中，网络技术应用特别是网页制作技术得到了很多人的青睐，而在一些流行的"所见即所得"的网页制作软件中，Adobe 公司的 Dreamweaver 无疑是使用最为广泛，也是最为优秀的一个，它以强大的功能和友好的操作界面倍受广大网页设计工作者的欢迎，成为网页制作的首选软件。特别是最新版本的 Dreamweaver CS6 软件，新增了许多有效的功能，可以帮助用户在更短的时间内完成更多的工作。其界面友好并容易上手，可以快速地生成跨平台和跨浏览器的网页，深受广大网页设计者的欢迎。

本书主要内容

本书应用最新版本 Dreamweaver CS6，讲述了网页制作与网站建设的方方面面。全书分为 23 章，从基础知识开始，以实例操作的形式深入浅出地讲解网页制作与网站建设的各种知识和操作技巧，并结合具体实例介绍商业网站的制作方法。

本书主要内容如下。

● 基础入门：讲述了网页制作基础知识、Dreamweaver CS6 工作环境和新增功能、站点的搭建与管理、设置页面整体环境。

● 静态网页设计：讲述了文本网页的创建、绚丽多彩的图像和多媒体网页的创建、创建超级链接、使用表格排版网页、使用框架和 Div 灵活布局网页、使用模板和库提高网页制作效率、使用 CSS 修饰美化网页、Web 标准 Div+CSS 布局网页、使用行为给网页添加特效、用表单创建交互式网页，以及 Dreamweaver 的扩展功能。

● 动态数据库网站开发：介绍了在 Dreamweaver CS6 中编写 HTML 代码、动态网页创建的基础知识，以及如何设计开发留言系统。

● 商业网站案例：介绍了购物网站和企业网站的创建，可以帮助读者进一步掌握整个网站的创建。

● 网站发布推广与安全维护：介绍了站点的发布与推广、网站的安全维护。

本书主要特点

● 实例讲解，轻松上手：本书通过典型实例将初学者难以理解的专业知识融入操作步骤中，让读者在实际操作的同时不知不觉中掌握专业知识。实例中的每一个操作步骤都明了易懂，一目了然。读者在学习过程中可以更加直观、更清晰地看到操作的效果，使各知识点更易于理解和掌握。

● 栏目丰富，超值实用：本书在实例讲解的过程中，还融合了"指点迷津"、"高手支招"、"知识要点"、"提示"等版块。"指点迷津"用于对疑难问题和常见技巧进行解答；"高手支招"用于介绍举一反三、一题多解的方法；"知识要点"用于对正文知识的补充和说明，以及理论知识的讲解；"提示"用于介绍其他一些常见问题或注意事项。

●结构完整：本书以实用功能讲解为核心，每小节分为基本知识学习和综合实战两部分，基本知识学习部分以基本知识为主，讲解每个知识点的内涵和用法，操作步骤详细，目标明确；综合实战部分则相当于一个学习任务或案例制作。

● 内容详实，图解上手：编者力求以最直观、最简明易学的方式，把必备的 Dreamweaver 网页制作知识和操作要领悉数传达给读者，以便读者在短暂的时间内完成系统的学习，从而收到事半功倍的效果。

本书读者对象

本书既适合于 Dreamweaver 初中级读者、网站设计与制作人员、网站开发与程序设计人员及个人网站爱好者阅读，又可以作为大中专院校或者社会各类培训班的培训教材，同时对 Dreamweaver 高级用户也有很高的参考价值。

这本书能够在这么短的时间内出版，是和很多人的努力分不开的。在此，要感谢很多在作者写作过程中给予帮助的朋友们，他们为此书的编写和出版做了大量的工作，在此向他们致以深深的谢意。

本书由国内著名网页设计培训专家晁代远主笔，参加编写的还包括冯雷雷、晁辉、何洁、陈石送、何琛、吴秀红、王冬霞、何本军、乔海丽、孙良军、邓仰伟、孙雷杰、孙文记、何立、倪庆军、胡秀娥、赵良涛、徐曦、刘桂香、葛俊科、葛俊彬、张连元。

作者

第1篇
基础入门

第1章 网页制作基础知识入门

本章导读

为了能够使网页初学者对网页设计有个总体的认识，在设计制作网页前，首先介绍网页设计的基础知识。本章主要介绍了网页制作与网站建设基础、网页的基本构成元素及网页制作常用软件和技术，使读者对网页制作有一个初步的认识和了解。

技术要点

● 掌握网页概述
● 掌握网页的基本构成元素
● 熟悉网站制作的流程
● 熟悉网页制作软件
● 熟悉网页的布局形式

1.1 网页概述

为了能够使网页初学者对网页设计有个总体的认识，在学习设计制作网页前，首先介绍网页设计的基础知识。

1.1.1 网页的类型

静态网页是采用传统的 HTML 编写的网页，其文件后缀一般为 .htm、.html、.shtml、.xml 等。静态网页并不是指网页中的元素都是静止不动，而是指浏览器与服务器端不发生交互的网页，但是网页中可能会包含 GIF 动画、鼠标经过图像、Flash 动画等。图1-1 所示为静态的内容展示网页。

图1-1 静态的网页

静态网页特点如下。

● 网页内容不会发生变化，除非网页设计者修改了网页的内容。

● 不能实现和浏览网页的用户之间的交互。信息流向是单向的，即从服务器到浏览器。服务器不能根据用户的选择调整返回给用户的内容。

动态网页是指网页文件里包含了程序代码，通过后台数据库与 Web 服务器的信息交互，由后台数据库提供实时数据更新和数据查询服务。这种网页的后缀一般根据不同的程序设计语言而不同，常见的有 .asp、.jsp、.php、.perl、.cgi 等

形式的后缀。图1-2 所示是动态留言页面。

图1-2 动态留言页面

动态网页制作比较复杂，需要用到 ASP、PHP、JSP 和 ASP.NET 等专门的动态网页设计语言。

动态网页的一般特点如下。

● 动态网页以数据库技术为基础，可以大大降低网站维护的工作量。

● 采用动态网页技术的网站可以实现更多的功能，如用户注册、用户登录、搜索查询、用户管理、订单管理等。

● 动态网页并不是独立存在于服务器上的网页文件，只有当用户请求时服务器才返回一个完整的网页。

● 动态网页中的"？"不利于搜索引擎的检索，采用动态网页的网站在进行搜索引擎推广时，需要做一定的技术处理，才能适应搜索引擎的要求。

1.1.2 常见网站类型

网站是多个网页的集合，目前没有一个严谨的网站分类方式。将网站按照主体性质不同可分为门户网站、电子商务网站、娱乐网站、游戏网站、时尚网站、个人网站等。

1. 个人网站

个人网站包括博客、个人论坛、个人主页等。网络发展的大趋势就是向个人网站发展。个人网站就是自己的心情驿站。有为拥有共同爱好的朋友相互交流而创建的网站，也有自我介绍的简历形式的网站，如图1-3所示的个人网站。

2. 电子商务网站

电子商务网站为浏览者搭建起一个网络平台，浏览者和潜在客户在这个平台上可以进行整个交易/交流过程，电子商务型网站业务更依赖于互联网，是公开的信息仓库。

所谓电子商务是指利用当代计算机、网络通讯等技术实现各种商务活动的信息化、数字化、无纸化和国际化。狭义上说，电子商务就是电子贸易，主要指利用在网上进行电子交易、买卖产品和提供服务，图1-4所示的为当当购物网站；广义上说，电子商务还包括企业内部的商务活动，如生产、管理、财务以及企业间的商务活动等。

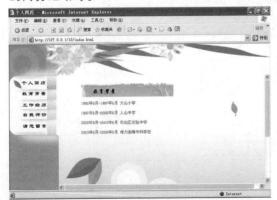

图1-3 个人网站

图1-4 当当购物网站

通过电子商务，可实现如下目标。

● 能够使商家通过网上销售"卖"向全世界，能够使消费者足不出户"买"遍全世界。

● 可以实现在线销售、在线购物、在线支付，使商家和企业及时跟踪顾客的购物趋势。

● 商家和企业可以利用电子商务在网上广泛传播自己独特的形象。

● 商家和企业可以利用电子商务，同合作伙伴保持密切的联系，改善合作关系。

● 可以为顾客提供及时的技术支持和技术服务，降低服务成本。

● 可以促进商家和企业之间的信息交流，及时得到各种信息，保证决策的科学性和及时性。

3. 娱乐游戏类网站

网络游戏是当今网络中热门的一个产业，许多门户网站也专门增加了游戏频道。网络游戏的网站与传统游戏的网站设计略有不同，一般情况下是以矢量风格的卡通插图为主体的，色彩对比比较鲜明。渐变的背景色彩使页面看起来十分明亮，少许立体感的游戏风格使页面

Dreamweaver CS6完全学习手册

看起来十分可爱，带有西方童话色彩的框架设计使网站看起来十分特别。图1-5所示为游戏网站。

图1-5 游戏网站

4. 新闻资讯类网站

随着网络的发展，作为一个全新的媒体，新闻资讯网站受到越来越多的关注。它具有传播速度快、传播范围广、不受时间和空间限制等特点，因此得到了飞速的发展。新闻资讯网站以其新闻传播领域的丰富网络资源，逐渐成为继传统媒体之后的第四新闻媒体。图1-6所示为新闻资讯类网站。

图1-6 新闻资讯类网站

5. 门户类网站

门户类网站是互联网的巨人，它们拥有庞大的信息量和用户资源，这是此类网站的优势。门户网站将无数信息整合、分类，为上网访问者打开方便之门，绝大多数网民通过门户网站来寻找感兴趣的信息资源，巨大的访问量给这类网站带来了无限的商机。图1-7所示为门户网站。

图1-7 门户网站

1.2　网页的基本构成元素

网页是构成网站的基本元素。不同性质的网站，其页面元素是不同的。一般网页的基本元素包括 Logo、Banner、导航栏目、文本、图像、Flash 动画和多媒体等内容。

1. 网站 Logo

网站 Logo，也叫网站标志，它是一个站点的象征，也是一个站点是否正规的标志之一。一个好的标志可以很好地树立公司形象。网站标志一般放在网站的左上角，访问者一眼就能看到它。成功的网站标志有着独特的形象标识，在网站的推广和宣传中起到事半功倍的效果。网站标志应体现该网站的特色、内容以及其内在的文化内涵和理念等方面。网站的标志如图1-8 所示。

图1-8 网站标志

标志的设计创意来自网站的名称和内容，大致分以下3 个方面。

● 网站有代表性的人物、动物、花草，可以用它们作为设计的蓝本，加以卡通化和艺术化。

● 网站有专业性的，可以用本专业有代表性的物品作为标志，如中国银行的铜板标志、奔驰汽车的方向盘标志。

● 最常用和最简单的方式是用自己网站的英文名称作标志。采用不同的字体、字符的变形、字符的组合可以很容易地制作好自己的标志。

2. 网站 Banner

网站 Banner 是横幅广告，是互联网广告中最基本的广告形式。Banner 可以位于网页顶部、中部或底部任意一处。一般是横向贯穿整个或者大半个页面的广告条。常见的尺寸为480×60 像素，或233×30 像素，使用 GIF 格式的图像文件，可以使用静态图形，也可以使用动画图像。除普通 GIF 格式外，采用 Flash 能赋予 Banner 更强的表现力和交互内容。

网站 Banner 首先要美观，这个小的区域设计得非常漂亮，让人看上去很舒服，即使不是他们所要看的东西，或者是一些他们可看不可看的东西，他们都会很有兴趣地去看看，点击就是顺理成章的事情了。网站 Banner 即要与整个网页协调，同时又要突出、醒目，用色要同页面的主色相搭配，如主色是浅黄，广告条就可以用一些浅的其他颜色，切忌用一些对比色。图 1-9 所示是网站 Banner。

图1-9 网站Banner

3. 网站导航栏

导航栏既是网页设计中的重要部分，又是整个网站设计中的一个较独立的部分。一般来说，网站中的导航在各个页面中出现的位置是比较固定的，而且风格也较为一致。导航的位置对网站的结构与各个页面的整体布局起到举足轻重的作用。

导航栏一般有4 种常见的显示位置：在页面的左侧、右侧、顶部和底部。有的在同一个页面中运用了多种导航，如在顶部设置了主菜单，而在页面的左侧设置了折叠式菜单，同时又在页面的底部设置了多种链接，这样便增强了网站的可访问性。当然并不是导航在页面中出现的次数越多越好，而是要合理地运用页面，从而达到总体的协调一致。图 1-10 所示是一个网页的顶部导航。

网站首页　公司简介　精品楼盘　公司动态　发展历程　客户留言　联系我们

图1-10 顶部导航

4. 网站文本

文本一直是人类最重要的信息载体与交流工具，网页中的信息也以文本为主。与图像相比，文字虽然不如图像那样易于吸引浏览者的注意，却能准确地表达信息的内容和含义。

为了克服文字固有的缺点，人们赋予了网页中文本更多的属性，如字体、字号和颜色等，通过不同格式的区别，突出显示重要的内容，图1-11所示为使用文本的网页。

图1-11 文本网页

5. 网站图像

图像在网页中具有提供信息、展示形象、美化网页、表达个人情趣和风格的作用。可以在网页中使用GIF、JPEG和PNG等多种图像格式，其中使用最广泛的是GIF和JPEG两种格式，图1-12所示为在网页中使用图像。

图1-12 网页中的图像

6. Flash 动画

随着网络技术的发展，网页上出现了越来越多的Flash动画。Flash动画已经成为当今网站必不可少的部分，美观的动画能够为网页增色不少，从而吸引更多的浏览者。Flash动画不仅需要设计者对动画制作软件非常熟悉，更重要的是设计者独特的创意。图1-13所示为网页中的Flash动画。

图1-13 Flash动画

7. 页脚

网页的最底端部分被称为页脚，页脚部分通常被用来介绍网站所有者的具体信息和联络方式，如名称、地址、联系方式、版权信息等。其中一些内容被做成标题式的超链接，引导浏览者进一步了解详细的内容。图1-14所示为页脚。

图1-14 页脚

8. 广告区

广告区是网站实现赢利或自我展示的区域。一般位于网页的顶部或右侧。广告区内容以文字、图像、Flash动画为主。通过吸引浏览者点击链接的方式达成广告效果。广告区设置要达到明显、合理、引人注目的效果，这对整个网站的布局很重要。图1-15所示为网页广告区。

图1-15 网页广告区

1.3 网页制作软件

如果读者对网页设计已经有了一定的基础，对 HTML 语言又有一定的了解，那么可以选择下面几种软件来设计自己的网页，它们一定会为你的网页添色不少。

1.3.1 图像制作软件

Photoshop CS6 是业界公认的图形图像处理专家，也是全球性的专业图像编辑行业标准。Photoshop CS6 是 Adobe 公司最新版的图像编辑软件，它提供了高效的图像编辑和处理功能、更人性化的操作界面，深受美术设计人员的青睐。Photoshop CS6 集图像设计、合成以及高品质输出等功能于一身，广泛应用于平面设计和网页美工、数码照片后期处理、建筑效果后期处理等诸多领域。该软件在网页前期设计中，无论是色彩的应用、版面的设计、文字特效、按钮的制作以及网页动画，如导航条和网络广告，均占有重要地位。图 1-16 所示为网页图像设计软件 Photoshop CS6。

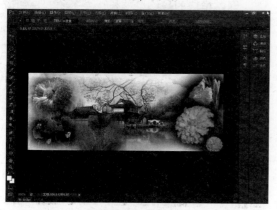

图1-16 网页图像设计软件Photoshop CS6

1.3.2 动画制作软件

Flash 是一款非常流行的平面动画制作软件，被广泛应用于网站制作、游戏制作、影视广告、电子贺卡、电子杂志、MTV 制作等领域。它的优点是体积小，可边下载边播放，这样就避免了用户长时间的等待。可以用其生成动画，还可在网页中加入声音，这样用户就能生成多媒体的图形和界面，该文件的体积却很小。Flash CS6 Professional 是目前 Flash 的新版本，图 1-17 所示即为网页动画制作软件 Flash CS6。

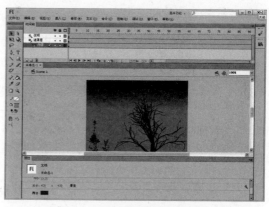

图1-17 网页动画制作软件Flash CS6

1.3.3 网页编辑软件

近年来，随着网络信息技术的广泛应用，互联网正逐步改变着人们的生活和工作方式。越来越多的个人、企业纷纷建立自己的网站，以此来宣传和推广自己。同时也出现了很多的网页制作软件。Adobe 公司的 Dreamweaver 无疑是其中使用最为广泛的一个软件，它以强大的功能和友好的操作界面受到了广大网页设计者的欢迎，成为设计者制作网页的首选软件。特别是最新版本的 Dreamweaver CS6 软件，新增了许多功能，可以帮助用户在更短的时间内完成更多的工作。图 1-18 所示为网页制作软件Dreamweaver CS6。

图1-18 网页制作软件Dreamweaver CS6

1.3.4 网页开发语言

ASP 是 Active Server Page 的缩写,意为"活动服务器网页"。ASP 是微软公司开发的代替 CGI 脚本程序的一种应用,它可以与数据库和其他程序进行交互,是一种简单、方便的编程工具。ASP 的网页文件的格式是 .asp,现在常用于各种动态网站中。ASP 是一种服务器端脚本编写环境,可以用来创建和运行动态网页或 Web 应用程序。ASP 网页可以包含 HTML 标记、普通文本、脚本命令以及 COM 组件等。利用 ASP 可以向网页中添加交互式内容,也可以创建使用 HTML 网页作为用户界面的 Web 应用程序。图 1-19 为动态 ASP 网页的工作原理。

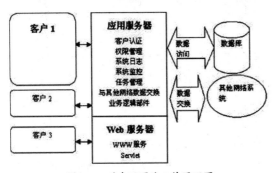

图1-19 动态网页的工作原理图

与 HTML 网页相比,ASP 网页具有以下特点。

❶利用 ASP 可以实现突破静态网页的一些功能限制,实现动态网页技术。

❷ASP 文件是包含在 HTML 代码所组成

的文件中的,易于修改和测试。

❸服务器上的 ASP 解释程序会在服务器端制定 ASP 程序,并将结果以 HTML 格式传送到客户端浏览器上,因此使用各种浏览器都可以正常浏览 ASP 所产生的网页。

❹ASP 提供了一些内置对象,使用这些对象,可以使服务器端脚本功能更强。例如可以从 Web 浏览器中获取用户通过 HTML 表单提交的信息,并在脚本中对这些信息进行处理,然后向 Web 浏览器发送信息。

❺ASP 可以使用服务器端 ActiveX 组件来执行各种各样的任务,例如存取数据库、收发 Email 或访问文件系统等。

❻由于服务器是将 ASP 程序执行的结果以 HTML 格式传回客户端浏览器,因此使用者不会看到 ASP 所编写的原始程序代码,可防止 ASP 程序代码被窃取。

1.3.5 网站推广软件

网站推广的最终目的是让更多的客户知道你的网站在什么位置。其定义,顾名思义,就是通过网络手段,把商家的信息推广到商家的受众目标。换句话说,凡是通过网络手段进行优化推广,都属于网络推广。

图 1-20 所示为网站推广软件商务—先锋,通过一定时间的发布,可以使企业的信息在互联网上高速传播和大面积覆盖,潜在客户可以在各种网站上看到商家的信息,也可以从搜索引擎中找到大量的信息。

图1-20 网站推广软件

1.4 常见的版面布局形式

常见的网页布局形式大致有"国"字型、"厂"字型、"框架"型、"封面"型和 Flash 型布局。

1.4.1 "国"字型布局

"国"字型布局如图 1-21 所示。最上面是网站的标志、广告以及导航栏，接下来是网站的主要内容，左右分别列出一些栏目，中间是网页的主要部分，最下部是网站的一些基本信息，这种结构是国内一些大中型网站常见的布局方式。其优点是充分利用版面，信息量大，缺点是页面显得拥挤，不够灵活。

图1-21 "国"字型布局

1.4.2 "厂"字型布局

厂字型结构布局，是指页面顶部为标志+广告条，下方左面为主菜单，右面显示正文信息，如图 1-22 所示。这是网页设计中使用广泛的一种布局方式，一般应用于企业网站中的二级页面。这种布局的优点是页面结构清晰、主次分明，是初学者最容易上手的布局方法。在这种类型中，一种很常见的类型是最上面是标题及广告，左侧是导航链接。

图1-22 "厂"字型布局

1.4.3 "框架"型布局

框架型布局一般分成上下或左右布局，一栏是导航栏目，一栏是正文信息。复杂的框架结构可以将页面分成许多部分，常见的是三栏布局，如图 1-23 所示。上边一栏放置图像广告，左边一栏显示导航栏，右边显示正文信息。

图1-23 "框架"型布局

1.4.4 "封面"型布局

封面型布局一般应用在网站的主页或广告宣传页上，为精美的图像加上简单的文字链接，指向网页中的主要栏目，或通过"进入"链接到下一个页面，图1-24所示是"封面"型布局的网页。

图1-24 "封面"型布局

1.4.5 Flash型布局

这种布局跟封面型的布局结构类似，不同的是页面采用了Flash技术，动感十足，可以大大增强页面的视觉效果，图1-25所示为Flash型网页布局。

图1-25 Flash型布局

1.5 网站制作流程

创建网站是一个系统工程，有一定的工作流程，按部就班地来进行，才能设计出满意的网站。因此在制作网站前，先要了解网站建设的基本流程，这样才能制作出更好、更合理的网站。

1.5.1 网站的需求分析

网站的设计是展现企业形象、介绍产品和服务、体现企业发展战略的重要途径，因此必须明确设计网站的目的和用户需求，从而做出切实可行的设计计划。要根据消费者的需求、市场的状况、企业自身的情况等进行综合分析，牢记以"消费者"为中心的原则，而不是以"美术"为中心进行设计规划。在设计规划之初要考虑以下内容：建设网站的目的是什么？为谁提供服务和产品？企业能提供什么样的产品和服务？企业产品和服务适合什么样的表现方式？

首先，一个成功的网站一定要注重外观布局。外观是给用户的第一印象，给浏览者留下一个好的印象，那么他看下去或再次光顾的可能性才更大。但是如果一个网站要想留住更多的用户，最重要的还是网站的内容。网站内容是一个网站的灵魂，内容做得好，做到有自己的特色才会脱颖而出。做内容，一定要做出自己的特点来。当然有一点需要注意的是，不要为了差异化而差异化，只有满足用户核心需求的差异化才是有效的，否则跟模仿其他网站功能没有实质的区别。

1.5.2 制作网站页面

网页设计是一个复杂而细致的过程，一定要按照先大后小、先简单后复杂的顺序制作。所谓先大后小，就是说在制作网页时，先把大的结构设计好，再逐步完善小的结构设计。所谓先简单后复杂，就是先设计出简单的内容，再设计复杂的内容，以便出现问题时好修改。根据站点目标和用户对象去设计网页的版式以及网页内容的安排。一般来说，至少应该对一些主要的页面设计好布局，确定网页的风格。

在制作网页时要灵活运用模板和库，这样可以大大提高制作效率。如果很多网页都使用相同的版面设计，就应为这个版面设计一个模板，然后就可以以此模板为基础创建网页。以后如果想要改变所有网页的版面设计，只需简单地改变模板即可。图1-26所示的为使用模板制作的网页。

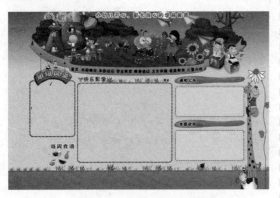

图1-26 制作的网页模板

1.5.3 切割和优化页面

切图是网页设计中非常重要的一环，它可以很方便地为我们标明哪些是图片区域，哪些是文本区域。另外，合理的切图还具备加快网页的下载速度、设计复杂造型的网页，以及对不同特点的图片进行压缩等优点。切割网站首页效果如图1-27所示。

图1-27 切割网站首页

1.5.4 开发动态模块

页面设计制作完成后，如果还需要动态功能的话，就需要开发动态功能模块。网站中常用的功能模块有搜索功能、留言板、新闻信息发布、在线购物、技术统计、论坛及聊天室等。图1-28所示为在线购物页面。

图1-28 在线购物页面

1.5.5 申请域名和服务器空间

域名是企业或事业单位在因特网上进行相互联络的网络地址，在网络时代，域名是企业和事业单位进入因特网必不可少的身份证明。

国际域名资源是十分有限的，为了满足更多企业、事业单位的申请要求，各个国家、地区在域名的最后加上了国家标记段，由此形成了各个国家、地区的国内域名，如中国是 cn、日本是 jp 等，这样就扩大了域名的数量，满足了用户的要求。

注册域名前应该在域名查询系统中查询所希望注册的域名是否已经被注册。几乎每一个域名注册服务商在自己的网站上都提供查询服务。图 1-29 所示为在万网中申请注册域名。

图1-29 在万网中申请注册域名

网站是建立在网络服务器上的一组电脑文件，它需要占据一定的硬盘空间，这就是一个网站所需的网站空间。

1.5.6 测试网站

在完成了对站点中页面的制作后，就应该将其发布到 Internet 上供大家浏览和观赏了。但是在此之前，应该对所创建的站点进行测试，对站点中的文件逐一进行检查，在本地计算机中调试网页以防止包含在网页中的错误出现，以便尽早发现问题并解决问题。

在测试站点过程中应该注意以下几个方面内容。

● 在测试站点过程中应确保在目标浏览器中，网页如预期地显示和工作，没有损坏的链接，以及下载时间不宜过长等。

● 了解各种浏览器对 Web 页面的支持程度，用不同的浏览器观看同一个 Web 页面，会有不同的效果。很多制作的特殊效果，在有些浏览器中可能看不到，为此需要进行浏览器兼容性检测，以找出不被其他浏览器支持的部分。

● 检查链接的正确性，可以通过 Dreamweaver 提供的检查链接功能来检查文件或站点中的内部链接及孤立文件。

当网站的域名和空间申请完毕后，就能上传内容到网站了，可以采用 Dreamweaver 自带的站点管理上传文件。

1.5.7 网站的维护与推广

互联网的应用和繁荣创造了广阔的电子商务市场和商机，但是互联网上大大小小的各种网站数以百万计，如何让更多的人能迅速地访问到您的网站，是一个十分重要的问题。企业网站建好以后，如果不进行推广，企业的产品与服务在网上就仍然不为人所知，起不到建立站点的作用，所以企业在建立网站后，就应该利用各种手段推广自己的网站。

网站的宣传有很多种方式，下面讲述一些主要的方法。

1. 注册到搜索引擎

经权威机构调查，全世界 85% 以上的互联网用户采用搜索引擎来查找信息，而通过其他推广形式访问网站的，不到 15%。这就意味着当今互联网上最为经济、实用和高效的网站推广形式就是注册到搜索引擎。目前比较有名的搜索引擎主要有：百度（http://www.baidu.com）、雅虎（http://www.yahoo.com.cn）、搜狐（http://www.sohu.com）、新浪网（http://www.sina.com.cn）、网易（http://www.163.com）、3721（http://www.3721.com）等。

注册时尽量详尽地填写企业网站中的信息，特别是关键词，尽量写得普遍化、大众化一些，如"公司资料"最好写成"公司简介"。

2. 交换广告条

广告交换是宣传网站的一种较为有效的方法。登录到广告交换网，填写一些主要的信息，如广告图像、网站网址等，之后它会要求将一段 HTML 代码加入到网站中。这样广告条就可以在其他网站上出现。当然，网站上也可以出现别的网站的广告条。

另外也可以跟一些合作伙伴或者朋友公司交换友情链接。当然合作伙伴网站最好是点击率比较高的。友情链接包括文字链接和图像链接。文字链接一般就是公司的名字。图像链接包括 Logo 链接和 Banner 链接。Logo 和 Banner 的制作跟上面的广告条一样，也需要仔细考虑怎么样去吸引客户鼠标的单击。如果允许尽量使用图像链接，可以将图像设计成 GIF 动画或者 Flash 动画，将公司的 CI 体现其中，让客户印象深刻。

3. 专业论坛宣传

Internet 上各种各样的论坛都有，如果有时间，可以找一些跟公司产品相关并且访问人数比较多的论坛，注册登录，并在论坛中输入公司的一些基本信息，如网址、产品等。

4. 直接跟客户宣传

一个稍具规模的公司一般都有业务部、市场部或者客户服务部。可以在业务员跟客户打交道的时候直接将公司网站的网址告诉给客户，或者直接给客户发 E-mail 进行介绍等。

5. 不断维护更新网站

网站的维护包括网站的更新和改版。更新主要是网站文本内容和一些小图像的增加、删除或修改，但总体版面的风格保持不变。网站的改版是对网站总体风格做调整，包括版面、配色等各方面。改版后的网站让客户感觉改头换面，焕然一新。改版的周期一般要长些。

6. 网络广告

网络广告最常见的表现方式是图像广告，如各门户站点主页上部的横幅广告。

7. 公司印刷品

公司信笺、名片、礼品包装都要印上网址名称。让客户在记住公司名字、职位的同时，也看到并记住网址。

8. 报纸

报纸是使用传统方式宣传网址的最佳途径。

1.5.8 网站优化

网站优化是通过对网站功能、结构、布局、内容等关键要素的合理设计，使得网站的功能和表现形式达到最优效果，可以充分表现出网站的网络营销功能。网站优化包括 3 个层面的含义：对用户体验的优化、对搜索引擎的优化，以及对网站运营维护的优化。

1. 用户体验

经过网站的优化设计，用户可以方便地浏览网站的信息、使用网站的服务。其具体表现是：以用户需求为导向，网站导航方便，网页下载速度尽可能快，网页布局合理并且适合保存、打印和转发。

2. 搜索引擎的优化

通过搜索引擎推广网站的角度来说，经过优化设计的网站使得搜索引擎顺利抓取网站的基本信息，当用户通过搜索引擎检索信息时，企业期望的网站摘要信息出现在理想的位置，用户能够发现有关信息并引起兴趣，从而点击搜索结果并登录网站获取进一步信息，直到成为真正的顾客。

3. 对网站运营维护的优化

网站运营人员方便进行网站管理维护，有利于各种网络营销方法的应用，并且可以积累有价值的网络营销资源。

1.5.9 网站维护

一个好的网站，仅仅一次工作是不可能制作完美的，由于市场环境在不断地变化，网站的内容也需要随之调整，给人以常新的感觉，网站才会更加吸引访问者，而且给访问者很好的印象。这就要求对网站进行长期的不间断的维护和更新。

网站维护一般包含以下内容。

● 内容的更新：包括产品信息的更新、企业新闻动态更新和其他动态内容的更新。采用动态数据库可以随时更新发布内容，不必做更改网页和上传服务器等麻烦的工作。静态页面不便于维护，必须手动重复制作网页文档，制作完成后，还需要上传到远程服务器。一般对于数量比较多的静态页面建议采用模板制作。

● 网站风格的更新：包括版面、配色等各种方面。改版后的网站让客户感觉改头换面，焕然一新。改版的周期一般要长些。如果客户对网站也满意的话，改版可以延长到几个月甚至半年。一般一个网站建设完成以后，代表了公司的形象、公司的风格。随着时间的推移，很多客户对这种形象已经形成了定势。如果经常改版，会让客户感觉不适应，特别是那种风格彻底改变的"改版"。当然如果对公司网站有更好的设计方案，可以考虑改版。毕竟长期沿用一种版面会让人感觉陈旧、厌烦。

● 网站重要页面设计制作：如重大事件页面、突发事件及相关周年庆祝等活动页面设计制作。

● 网站系统维护服务：如 E-mail 账号维护服务、域名维护续费服务、网站空间维护、与 IDC 进行联系、DNS 设置、域名解析服务等。

第2章 初识Dreamweaver CS6界面

本章导读

Dreamweaver CS6 包含了一个崭新、高效的页面，其性能也得到了改进。此外，还包含了众多新增功能，改善了软件的易用性，用户无论使用设计视图还是代码视图，都可以方便地创建网页。本章主要讲述 Dreamweaver CS6 工作环境，Dreamweaver CS6 菜单栏、工具栏、插入栏等，通过本章的学习，读者可以初步认识 Dreamweaver CS6。

技术要点

- 了解 Dreamweaver CS6 工作区
- 熟悉 Dreamweaver CS6 工具栏
- 熟悉插入栏
- 掌握菜单栏
- 掌握面板组
- 熟悉 Dreamweaver CS6 新增功能

2.1　Dreamweaver CS6工作区

Dreamweaver CS6 是集网页制作和网站管理于一身的"所见即所得"的网页编辑软件，它以强大的功能和友好的操作界面备受广大网页设计者的欢迎，已经成为网页制作的首选软件，图 2-1 所示为 Dreamweaver CS6 工作区。

图2-1　Dreamweaver CS6工作区

2.2　Dreamweaver CS6工具栏

2.2.1　"标准"工具栏

"标准"工具栏包括"新建"、"打开"、"在 Bridge 中浏览"、"保存"、"全部保存"、"打印代码"、"剪切"、"拷贝"、"粘贴"、"还原"和"重做"等一般文档编辑命令，如图 2-2 所示。如果不需要经常使用这些命令，可以将此工具栏关闭，在工具栏的空白处单击鼠标右键，在弹出的快捷菜单中去掉"标准"前面的对勾即可。

图2-2　"标准"工具栏

- 新建文档 ：新建一个网页文档。
- 打开 ：打开已保存的文档。
- 在 Bridge 中浏览 ：在 Bridge 中浏览文件。
- 保存 ：保存当前的编辑文档。
- 全部保存 ：保存 Dreamweaver 中的所有文件。
- 打印代码 ：单击此按钮，将自动打印代码。
- 剪切 ：剪切工作区中被选中的文字和图像等对象。
- 拷贝 ：复制工作区中被选中的文字和图像等对象。
- 粘贴 ：把剪切或复制的文字和图像等对象粘贴到文档窗口内。
- 还原 ：撤销前一步的操作。
- 重做 ：重新恢复取消的操作。

2.2.2　"文档"工具栏

"文档"工具栏包括了控制文档窗口视图的按钮和一些比较常用的弹出菜单，用户可以通过"代码"、"拆分"、"设计"和"实时视图"4 个按钮，使工作区在不同的视图模式之间进行切换，如图 2-3 所示。

| 代码 | 拆分 | 设计 | 实时视图 | | | | | | | | 标题： |

图2-3 "文档"工具栏

● 代码 代码 ：显示 HTML 源代码视图。

● 拆分 拆分 ：同时显示 HTML 源代码和"设计"视图。

● 设计 设计 ：是系统默认设置，只显示"设计"视图。

● 实时视图 实时视图 ：显示不可编辑的、交互式的、基于浏览器的文档视图。

● 多屏幕 ：借助"多屏幕预览"面板，为智能手机、平板电脑和台式机进行设计。

● 在浏览器中预览 / 调试 ：允许用户在浏览器中浏览或调试文档。

● 文件管理 ：当有多个人对一个页面进行过操作时，进行获取、取出、打开文件、导出和设计附注等操作。

● W3C 验证 ：由 World Wide Web Consortium（W3C）提供的验证服务可以为用户检查 HTML 文件是否符合 HTML 或 XHTML 标准。

● 检查浏览器的兼容性 ：检查所设计的页面对不同类型的浏览器的兼容性。

● 可视化助理 ：允许用户使用不同的可视化助理来设计页面。

● 刷新设计视图 C ：将"代码"视图中修改后的内容及时反映到文档窗口。

● 标题 标题 ：输入要在网页浏览器上显示的文档标题。

2.3 "属性"面板

"属性"面板主要用于查看和更改所选对象的各种属性，每种对象都具有不同的属性。在"属性"面板包括两种选项，一种是"HTML"选项，将默认显示文本的格式、样式和对齐方式等属性，如图 2-4 所示。另一种是"CSS"选项，单击"属性"面板中的"CSS"选项，可以在"CSS"选项中设置各种属性，如图 2-5 所示。

图2-4 "HTML"选项

图2-5 "CSS"选项

2.4　插入栏

插入栏中包含用于创建和插入对象（例如表格、图像和链接）的按钮，这些按钮按几个类别进行组织，可以通过从类别弹出菜单中选择所需类别来进行切换。当前文档包含服务器代码时（例如 ASP 或 CFML 文档），还会显示其他类别。通过插入栏可以很方便地插入网页对象，有"常用"插入栏、"布局"插入栏、"表单"插入栏、"数据"插入栏、"Spry"插入栏、"文本"插入栏和"收藏夹"插入栏等。

2.4.1　"常用"插入栏

插入栏有两种显示方式，一种是以菜单方式显示，另一种是以制表符方式显示。插入栏中放置的是制作网页过程中经常用到的对象和工具，图 2-6 所示为"常用"插入栏。

图2-6　"常用"插入栏

● 超级链接：创建超级链接。

● 电子邮件链接：创建电子邮件链接，只要指定要链接邮件的文本和邮件地址，就可以自动插入邮件地址发送链接。

● 命名锚记：设置链接到网页文档的特定部位。

● 水平线：在网页中插入水平线。

● 表格：建立主页的基本构成元素，即表格。

● 插入 Div 标签：可以使用 Div 标签创建 CSS 布局块，并在文档中对它们进行定位。

● 图像：在文档中插入图像和导航栏等，单击右侧的小三角，可以看到其他与图像相关的按钮。

● 媒体：插入媒体文件，单击右侧的小三角，可以看到其他媒体类型的按钮。

● 构件：使用 Widget Browser 将收藏的 Widget 添加到 Dreamweaver 中。

● 日期：插入当前时间和日期。

● 服务器端包括：是对 Web 服务器的指令，它指示 Web 服务器在将页面提供给浏览器前在 Web 页面中包含指定的文件。

● 注释：在当前光标位置插入注释，便于以后进行修改。

● 文件头：按照指定的时间间隔进行刷新。

● 脚本：包含几个与脚本相关的按钮。

● 模板：单击此按钮，可以从下拉列表中选择与模板相关的按钮。

● 标签选择器：标签编辑器可用于查看、指定和编辑标签的属性。

● sound：安装 sound 插件后显示此按钮，可以插入声音文件。

● Flash image：安装 Flash Image 插件后显示此按钮，用来制作图片的特殊效果。

2.4.2　"布局"插入栏

"布局"插入栏用于插入表格、表格元素、

Div 标签、框架和 Spry 构件，还可以选择表格的两种视图，即标准（默认）表格和扩展表格，如图 2-7 所示。

图2-7 "布局"插入栏

● 标准：在一般状态下显示的视图状态，可以插入和编辑图像、表格和 AP 元素。

● 扩展：用于使用扩展的表格样式进行显示。

● 插入 Div 标签：用于插入 Div 标签，为布局创建一个内容块。

● 插入流体网格布局 Div 标签：单击此按钮，可以插入流体网格布局 Div。

● 绘制 AP Div：单击此按钮后，在文档窗口中拖动鼠标，就会生成适当大小的绘制层。

● Spry 菜单栏：单击此按钮，可以创建横向或纵向的网页下拉或弹出菜单。

● Spry 选项卡式面板：单击此按钮，可以在网页中实现选项卡功能。

● Spry 折叠式：单击此按钮，可以在网页中添加折叠式菜单。

● Spry 可折叠面板：单击此按钮，可以在网页中添加折叠式面板。

● 表格：在当前光标所在的位置插入表格。

● 在上面插入行：在当前行的上方插入一个新行。

● 在下面插入行：在当前行的下方插入一个新行。

● 在左边插入列：在当前列的左边插入一个新列。

● 在右边插入列：在当前列的右边插入一个新列。

2.4.3 "表单"插入栏

表单在动态网页中是最重要的元素对象之一。使用"表单"插入栏可以定义表单和插入表单对象。"表单"插入栏如图 2-8 所示。

图2-8 "表单"插入栏

● 表单：在制作表单对象之前首先插入表单。

● 文本字段：插入文本字段，用于输入文字。

● 隐藏域：插入用户看不到的隐藏字段。

● 文本区域：插入文本区域，可输入多行文本。

Dreamweaver CS6完全学习手册

- 复选框：插入复选框。
- 单选按钮：插入单选按钮。
- 单选按钮组：一次生成多个单选按钮组。
插入普通单选按钮之后，将其组合为一个群组。
- 列表 / 菜单：插入列表或菜单。
- 跳转菜单：使用列表 / 菜单对象建立跳转菜单。
- 图像域：在表单中插入图像字段。
- 文件域：插入可在文件中进行检索的文件字段。利用此字段，可以添加文件。
- 按钮：插入可传输样式内容的按钮。
- 标签：在表单控件上设置标签。
- 字段集：在表单控件中设置边框。
- Spry 验证文本域：单击此按钮，可以验证文本域。
- Spry 验证文本区域：单击此按钮，可以验证文本区域表单对象的有效性。
- Spry 验证复选框：Spry 验证复选框是HTML 表单中的一个或一组复选框，用于验证复选框的有效性。
- Spry 验证选择：Spry 验证选择构件是一个下拉菜单，该菜单在用户进行选择时会显示构件的状态。
- Spry 验证密码：用于密码类型文本域，该构件根据用户的输入提供警告或错误消息。
- Spry 验证确认：验证确认构件是一个文本域或密码表单，当用户输入的值与同一表单中类似域的值不匹配时，该构件将显示有效或无效状态。
- Spry 验证单选按钮组：Spry 验证单选按钮组是一组独立的单选按钮组。

2.4.4 "数据"插入栏

"数据"插入栏可以插入 Spry 数据对象和其他动态元素，例如记录集、重复区域以及插入记录表单和更新记录表单。"数据"插入栏如图 2-9 所示。

图2-9 "数据"插入栏

- 导入表格式数据：单击此按钮可以导入表格式数据。
- Spry 数据集：单击此按钮可以插入 XML 数据集。
- Spry 区域：单击此按钮可以插入 Spry 区域。
- Spry 重复项：单击此按钮可以插入 Spry 重复项。
- Spry 重复列表：单击此按钮可以插入 Spry 重复列表。
- 记录集：利用查询语句，从数据库中提取记录集。
- 预存过程：该按钮用来创建存储过程。
- 动态数据：通过将 HTML 属性绑定到数据可以动态地更改页面的外观。
- 重复区域：将当前选定的动态元素值传给记录集，重复输出。
- 显示区域：单击此按钮，可以使用一系列其他用于显示控制的按钮。

● 记录集分页：插入一个可在记录集内向前、向后、第一页和最后一页移动的导航条。

● 转到详细页面：转到详细页面或转到相关页面。

● 显示记录计数：插入记录集中重复页的第一页、最后一页和总页数等信息。

● 主详细页集：用来创建主/细节页面。

● 插入记录：利用记录集自动创建表单文档。

● 更新记录：利用表单文档传递过来的数值更新数据库记录。

● 删除记录：用于删除记录集中的记录。

● 用户身份验证：必须在登录页中添加"登录用户"服务器行为以确保用户输入的用户名和密码有效。

● XSL 转换：将 XML 数据转换为 HTML 文件。

2.4.5 "Spry"插入栏

"Spry"插入栏包含一些用于构建 Spry 页面的按钮，包括 Spry 数据对象和构件。"Spry"插入栏如图 2-10 所示，与"数据"插入栏和"表单"插入栏的内容一致，这里就不再详细讲述了。

2.4.6 "文本"插入栏

"文本"插入栏用于插入各种文本格式和列表格式的标签，如 B、em、p、h1 和 ul，"文本"插入栏如图 2-11 所示。

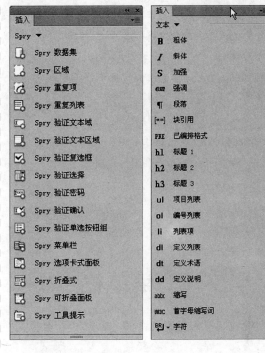

图2-10 "Spry"插入栏 图2-11 "文本"插入栏

● 粗体：将所选文本改为粗体。

● 斜体：将所选文本改为斜体。

● 加强：为了强调所选文本，增强文本厚度。

● 强调：为了强调所选文本，以斜体表示文本。

● 段落：将所选文本设置为一个新的段落。

● 块引用：将所选部分标记为引用文字，一般采用缩进效果。

● 已编排格式：所选文本区域可以原封不动地保留多处空白，在浏览器中显示其中的内容时，将完全按照输入的原有文本格式显示。

● 标题：使用预先制作好的标题，标题数值越大，字号越小。

● 项目列表：创建无序列表。

● 编号列表：创建有序列表。

● 列表项：将所选文字设置为列表项目。

● 定义列表：创建包含定义术语和定义说明的列表。

● 定义术语：定义文章内的技术术语和专业术语等。

● 定义说明：在定义术语下方标注说明。以自动缩进格式显示与术语区分的结果。

● 缩写：为当前选定的缩写添加说明文字。虽然该说明文字不会在浏览器中显示，但是可以用于音频合成程序或检索引擎。

● 首字母缩写词：指定与 Web 内容具有类似含义的同义词，可用于音频合成程序或检索引擎。

● 字符：插入一些特殊字符。

2.4.7 "收藏夹"插入栏

"收藏夹"插入栏用于将"插入"面板中最常用的按钮分组和组织到某一公共位置。"收藏夹"插入栏如图 2-12 所示。

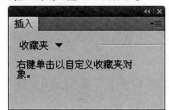

图2-12 "收藏夹"插入栏

2.5 菜单栏

菜单栏包括"文件"、"编辑"、"查看"、"插入"、"修改"、"格式"、"命令"、"站点"、"窗口"和"帮助"10 个菜单。图 2-13 所示为"文件"菜单，该菜单用来管理文件，包括创建和保存文件、导入与导出文件、浏览和打印文件等。

2.6 面板组

Dreamweaver 中的面板可以自由组合而成为面板组。每个面板组都可以展开和折叠，并且可以和其他面板组停靠在一起或取消停靠。面板组还可以停靠到集成的应用程序窗口中。这样就能够很容易地访问所需的面板，而不会使工作区变得混乱，如图 2-14 所示。

图2-13 文件菜单

图2-14 面板组

Dreamweaver CS6完全学习手册

2.7 体验Dreamweaver CS6的新功能

Adobe Dreamweaver CS6 软件使设计人员和开发人员能充满自信地构建基于标准的网站。利用 Adobe Dreamweaver CS6 软件中改善的 FTP 性能，更高效地传输大型文件。更新的"实时视图"和"多屏幕预览"面板可呈现 HTML5 代码，使用户能检查自己的工作。下面介绍 Adobe Dreamweaver CS6 软件的特性和功能。

2.7.1 可响应的自适应网格版面

使用响应迅速的 CSS3 自适应网格版面，来创建跨平台和跨浏览器的兼容网页设计。利用简洁、业界标准的代码为各种不同设备和计算机开发项目，提高工作效率。用户能够直观地创建复杂网页设计和页面版面，无需忙于编写代码，如图 2-15 所示。

2.7.2 FTP快速上传

利用重新改良的多线程 FTP 传输工具可以节省上传大型文件的时间，实现更快速高效地上传网站文件，缩短制作时间，如图 2-16 所示。

图2-15 自适应网格版面   图2-16 FTP快速上传

2.7.3 Adobe Business Catalyst集成

使用 Dreamweaver 中集成的 Business Catalyst 面板连接并编辑用户利用 Adobe Business Catalyst（需另外购买）建立的网站。利用托管解决方案建立电子商务网站，图 2-17 所示为选择 Business Catalyst 集成菜单命令。

2.7.4 增强型jQuery移动支持

使用更新的 jQuery 移动框架支持为 iOS 和 Android 平台建立本地应用程序，建立触及移动受众的应用程序，同时简化用户的移动开发工作流程，如图 2-18 所示。

插入(I)	Ctrl+F2
✓ 属性(P)	Ctrl+F3
CSS 样式(C)	Shift+F11
jQuery Mobile 色板	
AP 元素(L)	
多屏预览	
Business Catalyst	Ctrl+Shift+B
数据库(D)	Ctrl+Shift+F10
绑定(B)	Ctrl+F10
服务器行为(O)	Ctrl+F9
组件(S)	Ctrl+F7
文件(F)	F8
资源(A)	
代码片断(H)	Shift+F9
CSS 过渡效果(R)	
标签检查器(T)	F9
行为(E)	Shift+F4
历史记录(H)	Shift+F10
框架(M)	Shift+F2
代码检查器(D)	F10
结果(R)	▶
扩展(X)	▶
工作区布局(W)	▶
显示面板(P)	F4
应用程序栏	
层叠(C)	
水平平铺(Z)	
垂直平铺(V)	
✓ 1 index1.htm	

图2-17 选择"Business Catalyst集成"命令

图2-18 增强型jQuery移动支持

jQuery Mobile 是 jQuery 在手机上和平板设备上的版本。jQuery Mobile 不仅会给主流移动平台带来 jQuery 核心库，而且会发布一个完整统一的 jQuery 移动 UI 框架，支持全球主流的移动平台。

2.7.5　更新的PhoneGap

更新的 Adobe PhoneGap™ 支持可轻松地为 Android 和 iOS 建立和封装本地应用程序，通过改编现有的 HTML 代码来创建移动应用程序，可以使用 PhoneGap 模拟器检查用户的设计。

2.7.6　CSS3 过渡

将 CSS 属性变化制成动画过渡效果，使网页设计效果栩栩如生。在处理网页元素和创建优美效果时保持对网页设计的精准控制，如图 2-19 所示。

图2-19 CSS3 过渡

2.7.7　更新的实时视图

更新的"实时视图"功能，可以在发布前测试页面。"实时视图"现已使用最新版的 WebKit 转换引擎，能够提供绝佳的 HTML5 支持，如图 2-20 示。

图2-20 更新的实时视图

2.7.8 更新的多屏幕预览面板

可以利用更新的"多屏幕预览"面板检查智能手机、平板电脑和台式机所建立项目的显示画面。该增强型面板能够让用户检查HTML5内容呈现，如图2-21所示。

图2-21 更新的多屏幕预览面板

第3章 创建与管理站点

本章导读

所谓站点，可以看作是一系列文件的组合，这些文件之间通过各种链接关联起来，可拥有相似的属性，如描述相关的主体、采用相似的设计或实现相同的目的等，也可能只是毫无意义的链接。Dreamweaver 是站点创建和管理工具，使用它不仅可以创建单独的文档，还可以创建完整的站点。制作网页的根本目的是为了制作一个完整的网站，因此在利用 Dreamweaver 制作网页之前，应该先在本地计算机上创建一个本地站点，以便于控制站点结构，方便地管理站点中的每个文件。本章主要讲述站点的创建和管理。

技术要点

● 掌握创建本地站点
● 掌握管理站点
● 掌握管理站点中的文件
● 掌握使用站点地图

3.1　创建本地站点

站点是管理网页文档的场所，Dreamweaver CS6 是一个站点创建和管理工具，使用它不仅可以创建单独的文档，还可以创建完整的站点。

3.1.1　使用向导搭建站点

建立本地站点就是在本地计算机硬盘上建立一个文件夹，并用这个文件夹作为站点的根目录，然后将网页及其他相关的文件，如图片、声音、Html 文件存放在该文件夹中。当准备发布站点时，将文件夹中的文件上传到 Web 服务器上即可。制作网页之前首先要建立一个本地站点。

❶ 执行"站点"|"管理站点"命令，弹出"管理站点"对话框，在该对话框中单击"新建站点"按钮，如图 3-1 所示。

❷ 弹出"站点设置对象 未命名站点 2"对话框，在该对话框"基本"选项卡的"站点名称"文本框中输入名称，如图 3-2 所示。

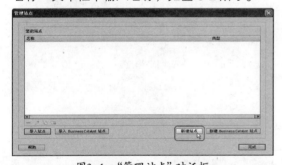

图3-1　"管理站点"对话框

图3-2　输入站点的名称

❸ 单击"本地站点文件夹"文本框右边的文件夹按钮，弹出"选择根文件夹"对话框，在该对话框中选择相应的位置，如图 3-3 所示。

图3-3　"选择根文件夹"对话框

❹ 单击"选择"按钮，选择文件位置，如图 3-4 所示。

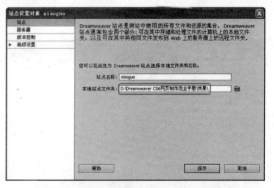

图3-4　选择文件的位置

❺ 单击"保存"按钮返回到"管理站点"对话框，在对话框中显示了新建的站点，如图 3-5 所示。

❻单击"完成"按钮，在"文件"面板中可以看到创建的站点中的文件，如图3-6所示。

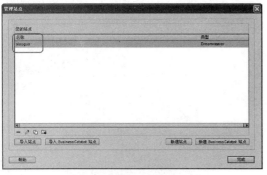

图3-5 "管理站点"对话框

图3-6 "文件"面板

3.1.2 通过高级面板创建站点

还可以在"站点设置对象"对话框中选择"高级设置"选项卡，快速设置"本地信息"、"遮盖"、"设计备注"、"文件视图列"、"Contribute"、"模板"、"Spry"和"Web字体"中的参数来创建本地站点。

打开"站点设置对象 效果 xiaoguo"对话框，在对话框中的"高级设置"栏中选择"本地信息"，如图3-7所示。

图3-7 "本地信息"选项

★ **知识要点** ★

在"本地信息"选项中可以设置以下参数。

● 在"默认图像文件夹"文本框中，输入此站点的默认图像文件夹的路径，或者单击文件夹按钮浏览到该文件夹。此文件夹是Dreamweaver上传到站点上的图像的位置。

● 在"站点范围媒体查询文件"文本框中，指定站点内所有包括该文件的页面的显示设置。

● "链接相对于"在站点中创建指向其他资源或页面的链接时，指定Dreamweaver创建的链接类型。Dreamweaver可以创建两种类型的链接：文档相对链接和站点根目录相对链接。

● 在"Web URL"文本框中，定义Web站点的URL。Dreamweaver使用Web URL创建站点根目录相对链接，并在使用链接检查器时验证这些链接。

● "区分大小写的链接检查"，在Dreamweaver检查链接时，将检查链接的大小写与文件名的大小写是否相匹配。此选项用于文件名区分大小写的UNIX系统。

● "启用缓存"复选项表示指定是否创建本地缓存以提高链接和站点管理任务的速度。

在对话框中的"高级设置"中选择"遮盖"选项，如图3-8所示。

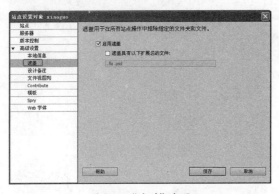

图3-8 "遮盖"选项

★ 知识要点 ★

在"遮盖"选项中可以设置以下参数。

●启用遮盖：选中该复选项后激活文件遮盖。

● 遮盖具有以下扩展名的文件：勾选此复选项，可以对特定文件名结尾的文件使用遮盖。

在对话框中的"高级设置"中选择"设计备注"选项，在最初开发站点时，需要记录一些开发过程中的信息、备忘。如果在团队中开发站点，需要记录一些与别人共享的信息，然后上传到服务器，供别人访问，"设计备注"选项如图3-9所示。

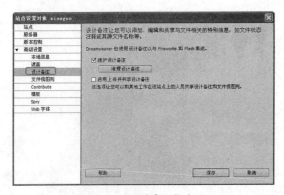

图3-9 "设计备注"选项

★ 知识要点 ★

在"设计备注"选项中可以进行如下设置。

● 维护设计备注：可以保存设计备注。

● 清理设计备注：单击此按钮，删除过去保存的设计备注。

● 启用上传并共享设计备注：可以在上传或取出文件的时候，将设计备注上传到"远程信息"中设置的远端服务器上。

在对话框中的"高级设置"中选择"文件视图列"选项，用来设置站点管理器中的文件浏览器窗口所显示的内容，如图 3-10 所示。

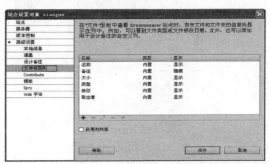

图3-10 "文件视图列"选项

★ 知识要点 ★

在"文件视图列"选项中可以进行如下设置。

●名称：显示文件名。

●备注：显示设计备注。

●大小：显示文件大小。

●类型：显示文件类型。

●修改：显示修改内容。

●取出者：正在被谁打开和修改。

在对话框中的"高级设置"中选择"Contribute"选项，勾选"启用 Contribute 兼容性"复选项，则可以提高与 Contribute 用户的兼容性，如图 3-11 所示。

图3-11 "Contribute"选项

在对话框中的"高级设置"中选择"模板"选项，如图3-12所示。

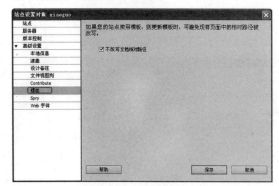

图3-12 "模板"选项

在对话框中的"高级设置"中选择"Spry"选项，如图3-13所示。

图3-13 "Spry"选项

在对话框中的"高级设置"中选择"Web字体"选项，如图3-14所示。

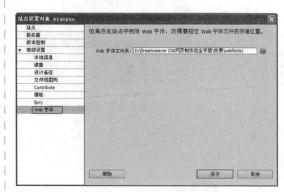

图3-14 "Web字体"选项

3.2 管理站点

在Dreamweaver CS6中，可以对本地站点进行管理，如打开、编辑、删除和复制站点等。

3.2.1 打开站点

当运行Dreamweaver CS6后，系统会自动打开上次退出Dreamweaver CS6时编辑的站点。

如果想打开另外一个站点，在"文件"面板左边的下拉列表框中将会显示已定义的所有站点，如图3-15所示。在下拉列表框中选择需要打开的站点，即可打开已定义的站点。

图3-15 打开站点

3.2.2 编辑站点

创建站点后，可以对站点进行编辑，具体操作步骤如下。

❶执行"站点"|"管理站点"命令，弹出"管理站点"对话框，在对话框中单击"编辑当前选定的站点"按钮，如图3-16所示。

❷即可弹出"站点设置对象"对话框，在"高级设置"选项卡中可以编辑站点的相关信息，如图3-17所示。

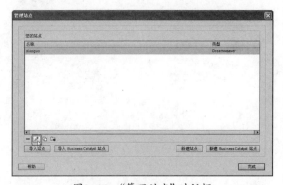

图3-16 "管理站点"对话框

图3-17 "站点设置对象"对话框

★ 知识要点 ★

站点是可以创建多个的，它们都将显示在"管理站点"窗口左侧的站点列表框中，想要在多个站点中进行切换，只需打开"管理站点"对话框，选中想要打开的站点，单击下面的"完成"按钮即可。

❸编辑完毕后，单击"确定"按钮，返回到"管理站点"对话框，单击"完成"按钮，即可完成站点的编辑。

3.2.3 删除站点

如果不再需要站点，可以将其从站点列表中删除，具体操作步骤如下。

❶执行"站点"|"管理站点"命令，弹出"管理站点"对话框，在对话框中选中要删除的站点，单击"删除当前选定的站点"按钮，如图3-18所示。

❷弹出Adobe Dreamweaver CS6提示对话框，询问用户是否要删除本地站点，如图3-19所示，单击"是"按钮，即可将本地站点删除。

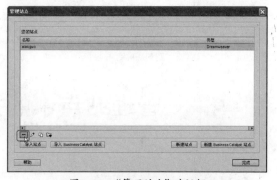

图3-18 "管理站点"对话框

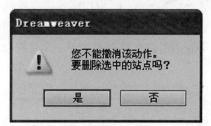

图3-19 Adobe Dreamweaver CS6提示对话框

★ 知识要点 ★

该操作实际上只是删除了Dreamweaver同该站点之间的关系，而实际本地站点内容，包括文件夹和文档等，都仍然保存在磁盘相应的位置，可以重新创建指向其位置的新站点，重新对其进行管理。

3.2.4 复制站点

执行"站点"|"管理站点"命令，弹出"管理站点"对话框，在对话框中选中要复制的站点，单击"复制当前选定的站点"按钮，如图 3-20 所示，即可将该站点复制，新复制出的站点名称会出现在"管理站点"对话框的站点列表中，如图 3-21 所示。单击"完成"按钮，完成对站点的复制。

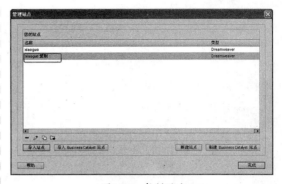

图3-21 复制站点

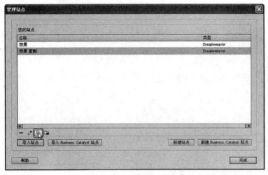

图3-20 单击"复制当前选定的站点"按钮

3.3 管理站点中的文件

在 Dreamweaver CS6 的"文件"面板中，可以找到多个工具来管理站点，向远程服务器传输文件，设置存回 / 取出文件，以及同步本地和远程站点上的文件。管理站点文件包括很多方面，如新建文件夹和文件、文件的复制和移动等。

3.3.1 创建文件夹和文件

网站每个栏目中的所有文件被统一存放在单独的文件夹内，根据包含的文件多少，又可以细分到子文件夹里。文件夹创建好以后，就可以在文件夹里创建相应的文件。

创建文件夹的具体操作步骤如下。

❶ 在"文件"面板的站点文件列表中单击鼠标右键，在弹出的菜单中选择"新建文件夹"选项，如图 3-22 所示。

❷ 选择该选项后，即可创建一个新文件夹，如图 3-23 所示。

图3-22 选择"新建文件夹"选项　　图3-23 创建文件夹

Dreamweaver CS6完全学习手册

创建文件的具体操作步骤如下。

❶ 在"文件"面板的站点文件列表框中单击鼠标右键,在弹出的菜单中选择"新建文件"选项,如图 3-24 所示。

❷ 选择命令后,即可创建一个新文件,如图 3-25 所示。

图3-24 选择"新建文件"选项   图3-25 创建文件

3.3.2 移动和复制文件

同大多数的文件管理一样,可以利用剪切、复制和粘贴功能来实现对文件的移动和复制,具体操作如下。

❶ 选择一个本地站点的文件列表,选中要移动和复制的文件,单击鼠标右键,在弹出的菜单中选择"编辑"选项,出现"剪切"、"复制"等选项,如图 3-26 所示。

❷ 如果要进行移动操作,则在"编辑"的子菜单中选择"剪切"选项;如果要进行复制操作,则在"编辑"的子菜单中选择"复制"选项。

❸ 选择要移动和复制的文件,在"编辑"的子菜单中选择"粘贴"选项,即可完成对文件的移动和复制。

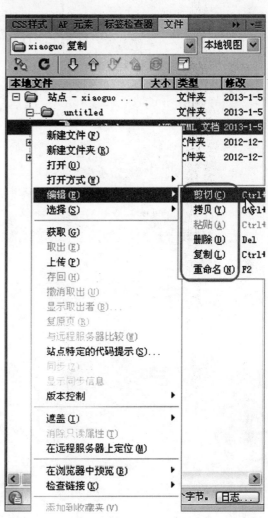

图3-26 "编辑"子菜单中的选项

3.4 使用站点地图

站点地图是以树形结构图方式显示站点中文件的链接关系。在站点地图中可以添加、修改、删除文件间的链接关系。利用站点地图，可以以图形的方式查看站点结构，构建网页之间的链接。在 Dreamweaver 中，在左边的面板中找到管理站点文件的"文件"面板，单击"文件"面板中的"扩展 / 折叠"按钮 ，即可展开"文件"面板。

单击"站点地图"按钮，在弹出的菜单中选择"仅地图"选项，则窗口中仅显示文件地图的形式。选择"地图和文件"选项，则在窗口的左侧显示站点地图，右侧以列表的形式显示站点中的文件，如图 3-27 所示。

图3-27 "地图和文件"选项

第4章 设置页面整体环境

本章导读

对于在 Dreamweaver 中创建的任何一个网页，都可以使用"页面属性"对话框来设置整个页面的属性。在"页面属性"对话框中可以指定页面的默认字体和字号、背景颜色、边距、链接样式及页面设计的其他方面，可以为创建的每个新页面指定新的页面属性，也可以修改现有的页面属性。

技术要点

- 掌握页面属性的设置
- 了解使用辅助设计

4.1 设置页面属性

在创建文档前或创建文档后，还需要对页面属性进行必要的设置，设置一些影响整个网页的参数。

4.1.1 设置外观

执行"修改"|"页面属性"命令，弹出"页面属性"对话框，在"分类"列表框中选择"外观（CSS）"选项，如图4-1所示。

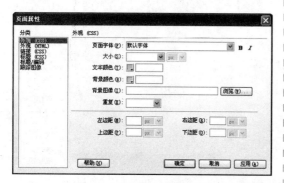

图4-1 "外观（CSS）"选项

★ 指点迷津 ★

怎样将页面的上边距和下边距都设置为0呢？要使页面中的上下部分不留白，需要将页面的上边距与下边距都设置为0。在Dreamweaver CS6中可以打开"页面属性"对话框，在"外观"页面属性中将页面的上边距与下边距都设置为0。

在"外观"页面属性中可以进行如下设置。

● 在"页面字体"右边的文本框中可以设置文本的字体。

● 在"大小"右边的文本框中可以设置网页中文本的字号。

● 在"文本颜色"右边的文本框中设置网页文本的颜色。

● 在"背景颜色"右边的文本框中可以设置网页的背景颜色。

● 单击"背景图像"右边的"浏览"按钮，

会弹出"选择图像源文件"对话框，在对话框中可以选择一个图像作为网页的背景图像。

● 在"重复"右边的下拉列表中指定背景图像在页面上的显示方式。

● "左边距"、"上边距"、"右边距"和"下边距"用来指定页面四周边距的大小。

★ 提示 ★

如果不设置左边距、上边距，就会看到页面的顶部和左边有明显的空白。

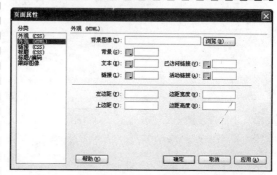

图4-2 "外观（HTML）"类别并设置各个选项

● 单击"背景图像"右边的"浏览"按钮，会弹出"选择图像源文件"对话框，在对话框中可以选择一个图像作为网页的背景图像。

● 在"背景"中设置页面的背景颜色。单击"背景颜色"框，并从颜色选择器中选择一种颜色。

● 在"文本"中指定显示字体时使用的默认颜色。

● "链接"指定应用于链接文本的颜色。

● "已访问链接"指定应用于已访问链接的颜色。

● "活动链接"指定当鼠标（或指针）在链接上单击时应用的颜色。

● "左边距"和"上边距"指定页面左边距和上边距的大小。

● "边距宽度"和"边距高度"指定页面边距的宽度和边距高度的大小。

4.1.2 设置链接（CSS）

在对话框中的"分类"列表框中选择"链接（CSS）"选项，如图4-3所示。

图4-3 "链接（CSS）"选项

★ 指点迷津 ★

在讲解之前，首先要明确告诉读者的是，此"链接"并非真正意义上的"链接"，它能做的只是对"链接"进行一些基础设置，而且只是针对文字方面，并不是真正意义上的"链接"，真正的"链接"是指从一个页面跳转到另一页面。

在"链接（CSS）"页面属性中可以进行如下设置。

● 在"链接字体"右边的文本框中可以设置页面中超链接文本的字体。

● 在"大小"右边的文本框中可以设置页面中超链接文本的字体大小。

● 在"链接颜色"右边的文本框中可以设置页面中超链接的颜色。

● 在"变换图像链接"右边的文本框中可以设置页面中变换图像后的超链接文本颜色。

● 在"已访问链接"右边的文本框中可以设置网页中访问过的超链接的颜色。

● 在"活动链接"右边的文本框中可以设

置网页中激活的超链接的颜色。

● 在"下划线样式"右边的文本框中可以自定义网页中鼠标上滚时采用的下划线样式。

4.1.3 设置标题（CSS）

在对话框中的"分类"列表框中选择"标题（CSS）"选项，如图4-4所示。

图4-4 "标题"选项

★ 指点迷津 ★

这里所说的"标题"指的并不是页面的标题内容，而是可以应用在具体文本中各级不同标题上的一种"标题字体样式"。在分类中可以定义"标题字体"及6种预定义的标题字体样式，包括粗体、斜体、大小和颜色。

在"标题"页面属性中可以进行如下设置。

● 在"标题字体"文本框中可以设置标题文字的字体。

● 在"标题1"文本框中可以设置一级标题的字号和颜色。

● 在"标题2"文本框中可以设置二级标题的字号和颜色。

● 在"标题3"文本框中可以设置三级标题的字号和颜色。

● 在"标题4"文本框中可以设置四级标题的字号和颜色。

● 在"标题5"文本框中可以设置五级标题的字号和颜色。

● 在"标题6"文本框中可以设置六级标题的字号和颜色。

4.1.4 设置标题/编码

★ 指点迷津 ★

这里的"标题"才是页面的标题内容，可填入和首页相关的文字，最终它将显示在浏览器的标题栏中。"编码"即文档编码，可直接选中"简体中文（GB2312）"。

在对话框中的"分类"列表框中选择"标题/编码"选项，如图4-5所示。

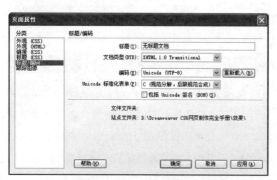

图4-5 "标题/编码"选项

★ 提示 ★

设置网页标题的最简单方法是在"文档"工具栏中的"标题"文本框中输入网页标题名称即可。

在"标题/编码"页面属性中可以进行如下设置。

● 在"标题"文本框中可以输入网页的标题。

● 在"文档类型（DTD）"下拉列表中指定文档类型定义。

● 在"编码"下拉列表中可以设置网页的文字编码。通常设置为中文，应用"简体中文（GB2312）"。

● "Unicode 标准化表单"仅在选择UTF-8作为文档编码时启用。

● "包括 Unicode 签名（BOM）"可在文档中包括字节顺序标记（BOM）。

4.1.5 设置跟踪图像

在对话框中的"分类"列表框中选择"跟踪图像"选项，如图4-6所示。

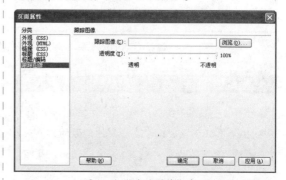

图4-6 "跟踪图像"选项

★ 指点迷津 ★

可以在"跟踪图像"框中选择一幅图像，它将显示在网页编辑窗口的背景中，这样在排版时可以提供引导网页的设计。但是有一点一定要明确，"跟踪图像"只是起辅助编辑的作用，最终并不会显示在浏览器中，所以千万不要把它当作页面的背景图像来使用。

4.2　　使用辅助设计

在网页文档中插入元素后，就要涉及元素的定位问题，要精确地定位元素，就要用到标尺和网格。

4.2.1 使用标尺

执行"查看"|"标尺"|"显示"命令，即可显示标尺，如图4-7所示。

图4-7 显示标尺

若要更改原点，可将标尺原点图标拖动到页面的任意位置。若要将原点重设到它的默认位置，需执行"查看"|"标尺"|"重设原点"命令，如图4-8所示。

图4-8 重设原点

若要更改度量单位，可以执行"查看"|"标尺"命令，在弹出的子菜单中选择"像素"、"英寸"或"厘米"，如图4-9所示，有了标尺就可以精确定位网页元素了。

图4-9 选择单位

4.2.2 使用网格

网格是用作在文档窗口的设计视图中对层进行绘制、定位或大小调整的可视化向导，可以使页面元素在移动时自动靠齐到网格，并通过指定网格设置来更改网格或控制靠齐行为。

执行"查看"|"网格设置"|"网格设置"命令，弹出图4-10所示的"网格设置"对话框。

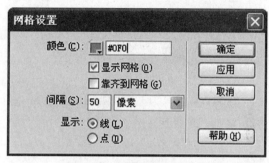

图4-10 "网格设置"对话框

★ 指点迷津 ★

"网格设置"对话框中主要有以下参数。

●颜色：指定网格线的颜色。单击色样表并从颜色选择器中选择一种颜色，或者在文本框中输入一个十六进制数字。

●显示网格：勾选此复选项，使网格在设计视图中可见。

●靠齐到网格：勾选此复选项，使页面元素靠齐到网格线。

●间隔：控制网格线的间距。在文本框中输入数值，后面的单位下拉列表包括"像素"、"英寸"和"厘米"3个选项。

●显示：指定网格线是显示为线条还是显示为点。

●单击"应用"按钮可应用更改而不关闭对话框，单击"确定"按钮可应用更改并关闭对话框。

无论网格是否可见，都可以使用靠齐，执行"查看"｜"网格设置"｜"显示网格"命令，即可显示网格，如图 4-11 所示。

如果要关闭网格，可以执行"查看"｜"网格设置"｜"显示网格"命令，将"显示网格"命令前的√符号去掉，如图 4-12 所示，即可关闭显示的网格。

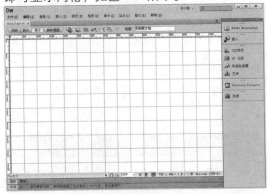

图4-11 显示网格

若要启用或禁用靠齐，执行"查看"｜"网格设置"｜"靠齐到网格"命令。

图4-12 关闭显示的网格

第2篇
静态网页设计

第5章 制作简洁的文本网页

本章导读

文本是网页的基本组成部分，人们通过网页了解的信息大部分是从文本对象中获得的。只有将文本内容处理好，才能使网页更加美观易读，使访问者在浏览时赏心悦目，激发访问者浏览的兴趣。本章主要讲述文本的插入、文本属性的设置、项目列表和编号列表的创建等。

技术要点

- 掌握文本的插入
- 掌握文本属性的设置
- 掌握项目列表和编号列表的创建
- 熟悉网页头部内容的插入
- 熟悉在网页中插入其他对象元素
- 掌握检查拼写与查找替换
- 掌握创建基本文本网页

5.1 插入文本

文字是人类语言最基本的表达方式，文本是网页中最简单，也是最基本的部分，无论当前的网页多么绚丽多彩，其中占多数的还是文本。一个网站成功与否，文本是最关键的因素。

5.1.1 普通文本

> 原始文件：CH05/5.1.1/index.htm

> 最终文件：CH05/5.1.1/index1.htm

在网页中可直接输入文本信息，也可以将其他应用程序中的文本直接粘贴到网页中，此外还可以导入已有的 Word 文档，如图 5-1 所示。在网页中添加文本的具体操作步骤如下。

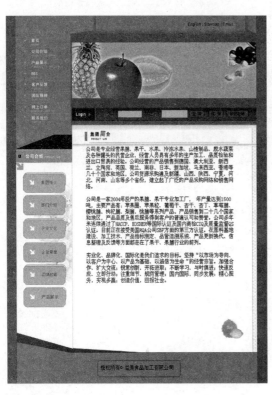

图5-1 输入文本效果

❶打开网页文档，如图 5-2 所示。

图5-2 打开网页文档

❷将光标放置在要输入文本的位置，输入文本，如图 5-3 所示。

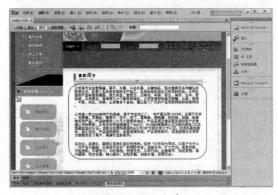

图5-3 输入文本

5.1.2 特殊字符

> 原始文件：CH05/5.1.2/index.htm

> 最终文件：CH05/5.1.2/index1.htm

制作网页时，有时要输入一些键盘上没有的特殊字符，如日元符号、注册商标符号等，这就需要使用 Dreamweaver 的特殊字符功能。下面通过版权符号的插入讲述特殊字符的添加，效果如图 5-4 所示，具体操作步骤如下。

图5-4 输入特殊字符效果

❶打开网页文档，将光标置于要插入特殊字符的位置，如图 5-5 所示。

图5-5 打开网页文档

❷执行"插入"|"HTML"|"特殊字符"|"版权"命令，如图 5-6 所示。

图5-6 执行"版权"命令

❸选择命令后就可插入特殊字符，如图 5-7 所示。

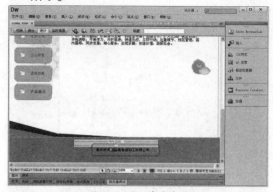

图5-7 插入特殊字符

★ 高手支招 ★

插入特殊字符的方法还有以下两种。

● 单击"文本"插入栏中按钮右侧的小三角形，在弹出的菜单中选择要插入的特殊符号。

● 执行"插入"|"HTML"|"特殊字符"|"其他字符"命令，弹出"插入其他字符"对话框，在对话框中选择相应的特殊符号，单击"确定"按钮，也可以插入特殊字符。

❹保存文档，按 F12 键在浏览器中预览，效果如图 5-4 所示。

★ 指点迷津 ★

许多浏览器（尤其是旧版本的浏览器，以及除Netscape Netvigator和Internet Explorer外的其他浏览器）无法正常显示很多特殊字符，因此应尽量少用特殊字符。

5.1.3 插入日期

> 原始文件：CH05/5.1.3/index.htm

> 最终文件：CH05/5.1.3/index1.htm

在 Dreamweaver 中插入日期非常方便，它提供了一个插入日期的快捷方式，用任意格式即可在文档中插入当前时间，同时它还提供了日期更新选项，当保存文件时，日期也随着更新。插入日期如图5-8所示。插入日期具体操作步骤如下。

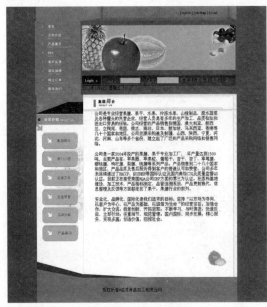

图5-8　插入日期效果

❶打开网页文档，如图5-9所示。

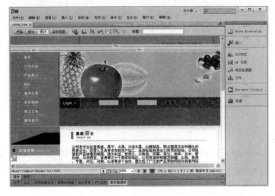

图5-9　打开网页文档

❷将光标置于要插入日期的位置，执行"插入"|"日期"命令，弹出"插入日期"对话框，在"插入日期"对话框中，在"星期格式"、"日期格式"和"时间格式"列表中分别选择一种合适的格式。勾选"储存时自动更新"复选项，这样每一次存储文档时，都会自动更新文档中插入的日期，如图5-10所示。

❸单击"确定"按钮，即可插入日期，如图5-11所示。

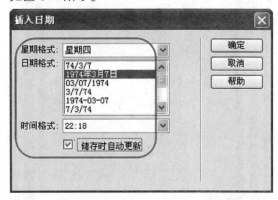

图5-10　"插入日期"对话框

图5-11　插入日期

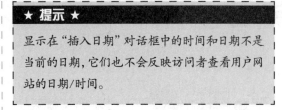

★ 提示 ★

显示在"插入日期"对话框中的时间和日期不是当前的日期，它们也不会反映访问者查看用户网站的日期/时间。

❹保存文档，按F12键在浏览器中浏览效果，如图5-8所示。

5.2 设置文本属性

文本属性主要包括两类，段落格式和文字格式。文字格式又包括文字的字体、字号、颜色以及文本的对齐方式等。

5.2.1 设置标题段落格式

标题常常用来强调段落要表现的内容，在HTML中共定义了6级标题，即从1级到6级，每级标题的字体大小依次递减。

选中设置标题段落的文本，执行"窗口"|"属性"命令，打开"属性"面板，在属性面板中单击"HTML"选项卡，在选项卡中单击"格式"右边的下拉列表，在弹出的下拉列表中选择标题样式，如图5-12所示。

图5-12 设置文本格式

★ 知识要点 ★

在"格式"下拉列表中可以设置以下段落格式。

● 段落：选择该项，则将插入点所在的文字块定义为普通段落，其两端分别被添加<p>和</p>标记。

● 预先格式化的：选择该项，则将插入点所在的段落设置为格式化文本。其两端分别被添加<pre>和</pre>标记。这时候在文字中间的所有空格和回车等格式全部被保留。

● 无：选择该项，则取消对段落的设置。

5.2.2 设置文本字体和字号

选择一种合适的字号是决定网页是否美观、布局是否合理的关键。在设置网页时，应该对文本设置相应的字体字号，具体操作步骤如下。

❶ 选中要设置字号的文本，在"属性"面板中选择"CSS"选项卡，单击"大小"右边的文本框，在弹出的下拉列表中选择字号，或者直接在文本框中输入相应的字号，如图5-13所示。

❷ 弹出"新建CSS规则"对话框，在对话框中的"选择器类型"下拉列表中选择"类（可应用于任何HTML元素）"选项，在"选择器名称"栏中输入名称，在"规则定义"下拉列表中选择"（仅限该文档）"选项，如图5-14所示。单击"确定"按钮，完成设置字体和字号。

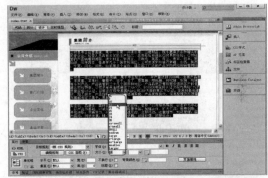

图5-13 设置文本的字号

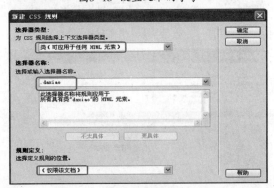

图5-14 "新建CSS规则"对话框

5.2.3 添加新字体

字体对网页中的文本来说是非常重要的，Dreamweaver 中自带的字体比较少，可以在 Dreamweaver 的字体列表中添加更多的字体，添加新字体的具体操作步骤如下。

❶使用 Dreamweaver 打开网页文档，在"属性"面板中的"字体"下拉列表中选择"编辑字体列表"选项，如图 5-15 所示。

❷在对话框中的"可用字体"列表框中选择要添加的字体，单击⟪按钮添加到左侧的"选择的字体"列表框中，在"字体"列表框中也会显示新添加的字体，如图 5-16 所示。重复以上操作即可添加多种字体，若要取消已添加的字体，可以选中该字体后再单击⟫按钮。

❸完成一个字体样式的编辑后，单击➕按钮可进行下一个样式的编辑。若要删除某个已经编辑的字体样式，可选中该样式后再单击➖按钮。

❹完成字体样式的编辑后，单击"确定"按钮关闭该对话框。

图5-15　选择"编辑字体列表"选项

图5-16　"编辑字体列表"对话框

5.2.4 设置文本颜色

还可以改变网页文本的颜色，设置文本颜色的具体操作步骤如下。

❶选中设置颜色的文本，在"属性"面板中单击"文本颜色"按钮，打开图 5-17 所示的调色板。在调色板中选中所需的颜色，当光标变为🖋形状时，单击鼠标左键即可选取该颜色。

❷弹出"新建 CSS 规则"对话框，在对话框中的"选择器类型"下拉列表中选择"类"选项，在"选择器名称"文本框中输入名称，在"规则定义"下拉列表中选择"（仅限该文档）选项"，如图 5-18 所示。

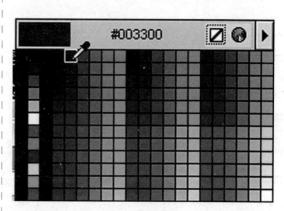

图5-17　调色板

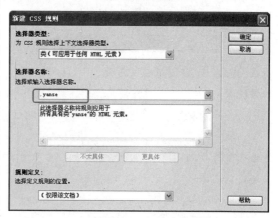

图5-18　"新建CSS规则"对话框

★ 知识要点 ★

如果调色板中的颜色不能满足需要，则单击 按钮，弹出"颜色"对话框，在对话框中选择需要的颜色即可。

❸单击"确定"按钮，设置文本颜色，如图 5-19 所示。

图5-19 设置文本颜色

5.2.5 设置文本样式

在"属性"面板中可以设置粗体、斜体，单击"粗体" B 按钮，可将文本在粗体和正常体之间切换，单击"斜体" I 按钮，可将文本在斜体和正常体之间切换。

选中文档中相应的文本，在"属性"面板中单击"粗体" B 按钮，将选择的文本加粗，如图 5-20 所示。

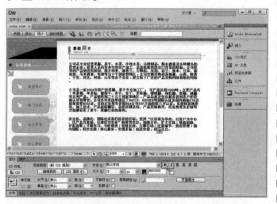

图5-20 加粗文本

★ 知识要点 ★

选中文本，执行"格式"|"样式"命令，则会弹出一个子菜单。在子菜单中选择合适的文本样式，当选中一种字体样式后，该选项的左侧会出现一个对勾标记，可以依次为选中的文本内容设置多种字体风格。

5.2.6 设置文本对齐方式

在"属性"面板中有 4 种对齐方式，每一个对齐方式分别对应一个按钮， 按钮表示"左对齐"， 按钮表示"居中对齐"， 按钮表示"右对齐"， 按钮表示"两端对齐"。选中要设置对齐方式的文本，在"属性"面板中单击"右对齐"按钮，如图 5-21 所示。

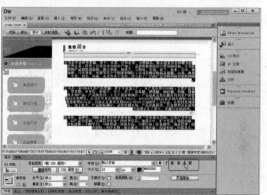

图5-21 设置为右对齐

★ 知识要点 ★

为什么让一行字居中，其他行字也居中呢？在Dreamweaver中进行居中对齐、右对齐操作时，默认的区域是P、H1~H6、DIV等格式标识符，如果语句没有用上述标识符隔开，Dreamweaver会将整段文字都进行居中处理，解决方法就是将居中文本用P标识符隔开。

5.2.7 设置文本缩进和凸出

所谓缩进主要是相对于文档窗口的左端而言，将文字缩进，以表示同普通段落的区别。将光标置于缩进的段落中，执行"文本"|"缩进"命令，即可将当前段落缩进，如图5-22所示。执行"文本"|"凸出"命令，即可将当前段落凸出，如图5-23所示。

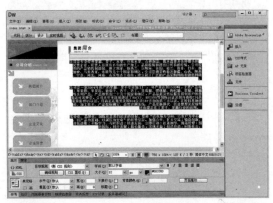

图5-23 当前段落凸出

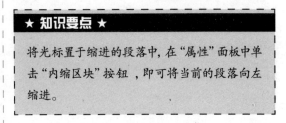

★ 知识要点 ★

将光标置于缩进的段落中，在"属性"面板中单击"内缩区块"按钮，即可将当前的段落向左缩进。

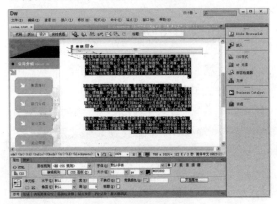

图5-22 当前段落缩进

5.3 创建项目列表和编号列表

在网页编辑中，有时会使用列表。包含层次关系、并列关系的标题都可以制作成列表形式，这样有利于访问者理解网页内容。列表包括项目列表和编号列表，下面分别进行介绍。

5.3.1 创建项目列表

如果项目列表之间是并列关系，则需要生成项目符号列表。创建项目列表的具体操作步骤如下。

❶打开网页文档，如图5-24所示。

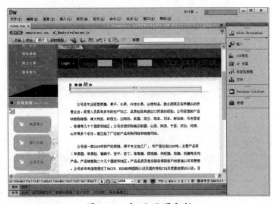

图5-24 打开网页文档

❷将光标放置在要创建项目列表的位置，执行"格式"|"列表"|"项目列表"命令，创建项目列表，如图5-25所示。

将光标放置在要创建编号列表的位置，执行"格式"|"列表"|"编号列表"命令，创建编号列表，如图5-26所示。

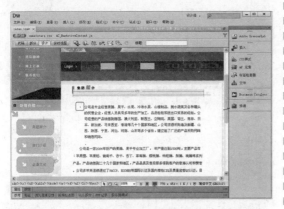

图5-25 创建项目列表

图5-26 创建编号列表

★ 指点迷津 ★

单击"属性"面板中的"项目列表" 按钮，即可创建项目列表。

★ 指点迷津 ★

单击"属性"面板中的"编号列表" 按钮，即可创建编号列表。

5.3.2 创建编号列表

当网页内的文本需要按序排列时，就应该使用编号列表。编号列表的项目符号可以在阿拉伯数字、罗马数字和英文字母中做出选择。

5.4　插入网页头部内容

文件头标签也就是通常说的 Meta 标签，文件头标签在网页中是看不到的，它包含在网页中 <head>...</head> 标签之间。所有包含在该标签之间的内容在网页中都是不可见的。

文件头标签主要包括标题、Meta、关键字、说明、刷新、基础和链接，下面分别介绍常用的文件头标签的使用。

5.4.1 插入Meta

Meta 对象常用于插入一些为 Web 服务器提供选项的标记符，方法是通过 http-equiv 属性和其他各种在 Web 页面中包括的、不会使浏览者看到的数据。设置 Meta 的具体操作步骤如下。

❶执行"插入"｜"HTML"｜"文件头标签"｜"META"命令，弹出"META"对话框，如图 5-27 所示。

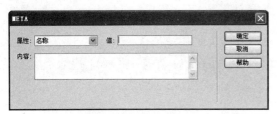

图5-27 "META"对话框

❷在"属性"下拉列表中可以选择"名称"或"http-equiv"选项，指定 Meta 标签是否包含有关页面的描述信息或 http 标题信息。

❸在"值"文本框中指定在该标签中提供的信息类型。

❹在"内容"文本框中输入实际的信息。

❺设置完毕后，单击"确定"按钮即可。

★ 高手支招 ★

单击"常用"插入栏中的按钮，在弹出的菜单中选择Meta选项，弹出"META"对话框，插入META信息。

5.4.2 插入关键字

关键字也就是与网页主题内容相关的简短而有代表性的词汇，这是给网络中的搜索引擎准备的。关键字一般要尽可能地概括网页内容，这样浏览者只要输入很少的关键字，就能最大程度地搜索网页。插入关键字的具体操作步骤如下。

❶执行"插入"｜"HTML"｜"文件头标签"｜"关键字"命令，弹出"关键字"对话框，如图 5-28 所示。

❷在"关键字"文本框中输入一些值，单击"确定"按钮即可。

图5-28 "关键字"对话框

★ 高手支招 ★

单击"常用"插入栏中的按钮，在弹出的菜单中选择"关键字"选项，弹出"关键字"对话框，输入关键字即可。

5.4.3 插入说明

插入说明的具体操作步骤如下。

❶执行"插入"｜"HTML"｜"文件头标签"｜"说明"命令，弹出"说明"对话框，如图 5-29 所示。

❷在"说明"文本框中输入一些值，单击"确定"按钮即可。

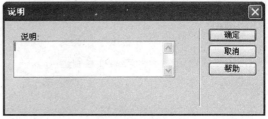

图5-29 "说明"对话框

★ 高手支招 ★

单击"常用"插入栏中的按钮，在弹出的菜单中选择"说明"选项，弹出"说明"对话框，插入说明。

5.4.4 刷新

设置网页的自动刷新特性，使其在浏览器中显示时，每隔一段指定的时间，就跳转到某个页面或是刷新自身。插入刷新的具体操作步骤如下。

❶执行"插入"|"HTML"|"文件头标签"|"刷新"命令,弹出"刷新"对话框,如图5-30所示。

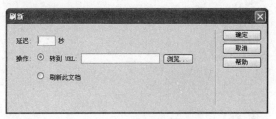

图5-30 "刷新"对话框

★ 知识要点 ★

●在"延迟"文本框中输入刷新文档要等待的时间。

●在"操作"选项区域中,可以选择重新下载页面的地址。选中"转到URL"单选项时,单击文本框右侧的"浏览"按钮,在弹出的"选择文件"对话框中选择要重新下载的Web页面文件。选中"刷新此文档"单选项时,将重新下载当前的页面。

❷设置完毕后,单击"确定"按钮即可。

5.4.5 设置"基础"

"基础"定义了文档的基本URL地址,在文档中,所有相对地址形式的URL都是相对于这个URL地址而言的。设置基础元素的具体操作步骤如下。

❶执行"插入"|"HTML"|"文件头标签"|"基础"命令,弹出"基础"对话框,如图5-31所示。

图5-31 "基础"对话框

★ 知识要点 ★

在"基础"对话框中可以设置以下参数。

● HREF:基础URL。单击文本框右边的"浏览"按钮,在弹出的对话框中选择一个文件,或在文本框中直接输入路径。

●目标:在其下拉列表中选择打开链接文档的框架集。这里共包括以下4个选项。

空白:将链接的文档载入一个新的、未命名的浏览器窗口。

父:将链接的文档载入包含该链接的框架的父框架集或窗口。如果包含链接的框架没有嵌套,则相当于_top,链接的文档将被载入到整个浏览器窗口。

自身:将链接的文档载入链接所在的同一框架或窗口。此目标是默认的,所以通常不需要指定它。

顶部:将链接的文档载入整个浏览器窗口,从而删除所有框架。

❷在对话框中进行相应的设置,单击"确定"按钮,完成设置"基础"选项。

5.4.6 设置"链接"

"链接"设置可以定义当前网页和本地站点中的另一网页之间的关系。设置链接的具体操作步骤如下。

❶执行"插入"|"HTML"|"文件头标签"|"链接"命令,弹出"链接"对话框,如图5-32所示。

图5-32 "链接"对话框

★ 高手支招 ★

在"链接"对话框中可以设置以下参数。
- HREF: 链接资源所在的URL地址。
- ID: 输入ID值。
- 标题: 输入该链接的描述。
- Rel和Rev: 输入文档与链接资源的链接关系。

❷在对话框中进行相应的设置，单击"确定"按钮，完成设置文档链接。

5.5 在网页中插入其他元素

网页中除了文本、图像和表格等这些基本的元素之外，还有其他一些非常重要的元素，如特殊字符、水平线、注释等内容，这些都是网页中较常用的元素。

5.5.1 插入水平线

> 原始文件: CH05/5.5.1/index.htm
> 最终文件: CH05/5.5.1/index1.htm

水平线在网页文档中经常用到，它主要用于分隔文档内容，使文档结构清晰明了，合理使用水平线可以获得非常好的效果。一篇内容繁杂的文档，如果合理放置水平线，会变得层次分明，易于阅读。下面通过实例讲述在网页中插入水平线的效果，如图 5-33 所示，具体操作步骤如下。

❶打开网页文档，如图 5-34 所示。

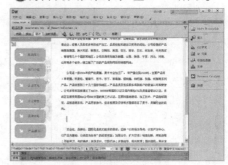

图5-34　打开网页文档

❷将光标置于要插入水平线的位置，执行"插入"|"HTML"|"水平线"命令，插入水平线，如图 5-35 所示。

★ 提示 ★

将光标放置在插入水平线的位置，单击"常用"插入栏中的"水平线" ▬按钮，也可插入水平线。

图5-33　插入水平线的效果

图5-35　插入水平线

❸选中水平线，打开"属性"面板，可以在"属性"面板中设置水平线的"高"、"宽"、"对齐方式"和"阴影"等参数，如图5-36所示。

图5-36 设置水平线的属性

❹保存文档，按F12键即可在浏览器中浏览效果。

5.5.2 插入注释

注释是在HTML代码中插入的描述性文本，用来解释该代码或提供其他信息。插入注释的具体操作步骤如下。

❶将光标置于插入注释的位置，执行"插入"|"注释"命令，弹出"注释"对话框，如图5-37所示。

图5-37 "注释"对话框

❷在"注释"文本框输入注释内容，单击"确定"按钮，即可插入注释。

5.6 检查拼写与查找替换

使用"命令"菜单中的"检查拼写"命令可以检查当前文档中的拼写错误，"检查拼写"命令忽略HTML标签和属性值。

使用"查找和替换"对话框可以在文档中搜索文本或标签，并用其他的文本或标签替换找到的内容。

5.6.1 检查拼写

执行"命令"|"检查拼写"命令，弹出图5-38所示的Dreamweaver提示框。单击"是"按钮，弹出"检查拼写"对话框，如图5-39所示，单击"关闭"按钮完成检查拼写。

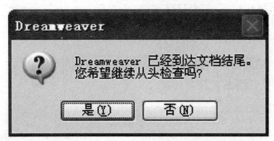

图5-38 Dreamweaver提示框

图5-39 "检查拼写"对话框

★ **知识要点** ★

在"检查拼写"对话框中可以设置以下参数。
●字典里找不到单词：在Dreamweaver字典中没有找到的单词。
●更改为：Dreamweaver提示用来替换的单词。
●添加到私人：将无法识别的单词添加到个人字典。
●忽略：忽略无法识别的单词。
●更改：将无法识别的单词替换为在"更改为"文本框中输入的文本或"建议"列表中的选定

内容。
●忽略全部：忽略所有无法识别的单词。
●全部更改：以相同的方式替换所有无法识别的单词。

5.6.2 查找和替换

网页制作中很多情况下都是文本的输入工作，在输入的过程中难免会出现一些错误，特别是有大量的文本输入时，就有可能出现大量的相同错误，如果要手动去修改这些错误，则可能会因为文件较多或错误较多，而使工作变得非常繁重。

Dreamweaver 提供了和 Word 类似的查找和替换功能，它可以快速地修改大量相同的错误，或替换相同的字符，而且无论是代码还是文档内容，也无论是单一的文档，还是整个网站内所有的文档，都可以一次完成修改操作。

执行"编辑"|"查找和替换"命令，弹出"查找和替换"对话框，如图 5-40 所示。

图5-40 "查找和替换"对话框

●在"查找范围"下拉列表框中有"所选文字"、"当前文档"、"打开的文档"、"文夹…"、"站点中选定的文件"和"整个当前本地站点"6个选项，如图 5-41 所示。

图5-41 "查找范围"下拉列表框中的选项

其中"所选文字"是查找所选的文字；"当前文档"指当前的文档；"打开的文档"是指当前所打开的文档；选择"文件夹…"选项，会在"文件夹…"选项的右边出现选择文件的文本框，单击文本框后面的"搜索文件"按钮，弹出"选择搜索文件夹"对话框，在对话框中选择一个文件。

●在"搜索"下拉列表框中有"源代码"、"文本"、"文本（高级）"和"指定标签"4个选项，如图5-42所示。

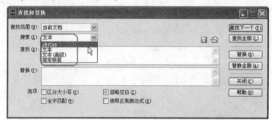

图5-42 "搜索"下拉列表框中的选项

其中"源代码"是在"代码"视图中搜索；"文本"是在"设计"视图中搜索；选择"文本

（高级）"选项后，在其下面的下拉列表框中有"在标签中"和"不在标签中"两个选项。

选择"指定标签"选项，在其下面的下拉列表框中有"含有属性"和"设置属性"等选项。

●在"查找"列表框中输入要查找的内容。

●在"替换"列表框中输入要替换的内容。

●在"选项"右边有"区分大小写"、"全字匹配"、"忽略空白"和"使用正则表达式"4个选项，可以根据不同的查找替换内容选中不同的选项。

●"查找下一个"按钮用于查找下一个内容，单击该按钮，可一个一个内容进行查找。

●"查找全部"按钮用于查找全部的内容，单击该按钮，可一次性全部查找。

●"替换"按钮用于替换内容，单击该按钮，可一个一个内容进行替换。

●"替换全部"是指替换全部的内容，单击此按钮，可以一次性全部进行替换。

5.7 综合实战：创建基本文本网页

原始文件：CH05/5.7/index.htm
最终文件：CH05/5.7/index1.htm

前面讲述了 Dreamweaver CS6 的基本知识，以及在网页中插入文本和设置文本属性。下面利用实例讲述创建基本文本网页的效果，如图 5-43 所示，具体操作步骤如下。

图5-43 基本文本网页效果

❶ 打开网页文档，如图5-44所示。

图5-44　打开网页文档

❷ 将光标放置在要输入文字的位置，输入文字，如图5-45所示。

图5-45　输入文字

❸ 选中输入的文字，在"属性"面板中单击"大小"文本框右边的按钮，在弹出的列表中选择12像素，如图5-46所示。

图5-46　选择文字大小

❹ 弹出"新建CSS规则"对话框，在对话框中的"选择器名称"中输入名称".danxiao"，如图5-47所示。

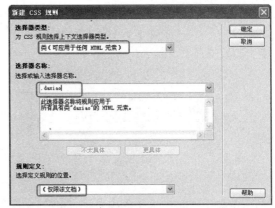

图5-47　"新建CSS规则"对话框

❺ 单击"颜色"按钮，打开调色板，在对话框中选择颜色 #60，如图5-48所示。

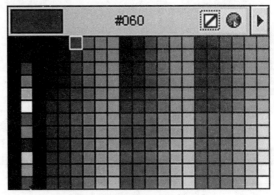

图5-48　在调色板中选择颜色

❻ 设置文本颜色，如图5-49所示。

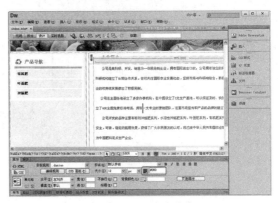

图5-49　设置文本颜色

❼ 选中输入的文本，在属性面板中单击"字体"文本框右边的按钮，在弹出的列表中选择字体，如图5-50所示。

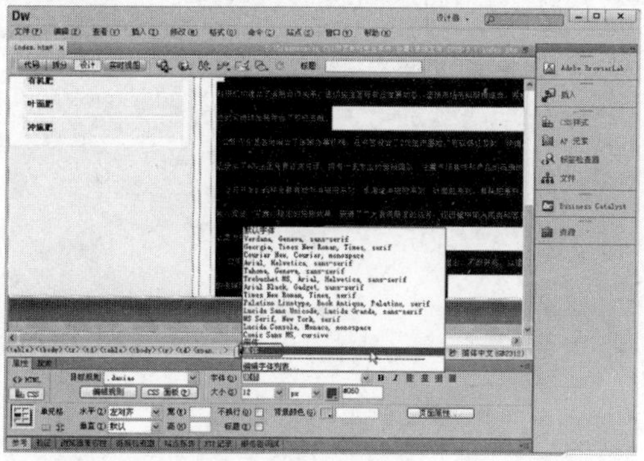

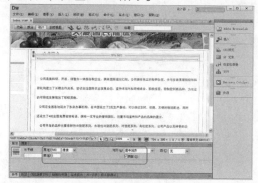

❾选中插入的水平线，打开"属性"面板，在面板中设置水平线的相关属性，将"宽"设置为500，"高"设置为1，"对齐"设置为"居中对齐"，如图5-52所示。

图5-52 设置水平线属性

❿保存文档，按F12键即可在浏览器中预览，效果如图5-43所示。

图5-50 选择字体

❽将光标置于要插入水平线的位置，执行"插入"|"HTML"|"水平线"命令，插入水平线，如图5-51所示。

图5-51 插入水平线

第6章 使用图像丰富网页内容

本章导读

　　图像是网页上最常用的对象之一，制作精美的图像可以大大增强网页的视觉效果，令网页更加生动多彩。在网页中恰当地使用图像，能够极大地吸引浏览者的眼球。因此，利用好图像，也是网页设计的关键。本章主要介绍在网页中插入图像、属性设置和网页图像的编辑等，通过本章的学习可以创建出精美的图文混排网页。

技术要点

- ●了解网页中常用的图像格式
- ●掌握在网页中插入图像
- ●掌握图像属性的设置
- ●掌握在网页中编辑图像
- ●掌握翻转图像导航的创建

实例展示

插入网页图像

创建图文混排网页

创建鼠标经过图像前

创建鼠标经过图像后

6.1 网页中常用的图像格式

网页中图像的格式通常有 3 种，即 GIF、JPEG 和 PNG。目前 GIF 和 JPEG 文件格式的支持情况最好，大多数浏览器都可以查看它们。由于 PNG 文件具有较大的灵活性并且文件较小，所以它几乎对于任何类型的网页图像都是最适合的。但是 Microsoft Internet Explorer 和 Netscape Navigator 只能部分支持 PNG 图像的显示。建议使用 GIF 或 JPEG 格式以满足更多人的需求。

6.1.1 GIF格式

GIF 是英文单词 Graphic Interchange Format 的缩写，即图像交换格式，文件最多使用 256 种颜色，最适合显示色调不连续或具有大面积单一颜色的图像，例如导航条、按钮、图标、徽标或其他具有统一色彩和色调的图像。

GIF 格式的最大优点就是制作动态图像，可以将数张静态文件作为动画帧串联起来，转换成一张动画文件。

GIF 格式的另一优点就是可以将图像以交错的方式在网页中呈现。所谓交错显示，就是当图像尚未下载完成时，浏览器会先以马赛克的形式将图像慢慢显示，让浏览者可以大略猜出下载图像的雏形。

6.1.2 JPEG格式

JPEG 是英文单词 Joint Photographic Experts Group（联合图像专家组）的缩写，专门用来处理照片图像。JPEG 图像为每一个像素提供了 24 位可用的颜色信息，从而提供了上百万种颜色。为了使 JPEG 便于应用，大量的颜色信息必须压缩。压缩通过删除那些运算法则认为是多余的信息来进行。JPEG 格式通常被归类为有损压缩，图像的压缩是以降低图像的质量为代价减小图像尺寸的。

6.1.3 PNG格式

PNG 是英文单词 Portable Network Graphic 的缩写，即便携网络图像，文件格式是一种替代 GIF 格式的无专利权限制的格式，它包括对索引色、灰度、真彩色图像以及 alpha 通道透明的支持。PNG 是 Macromedia Fireworks 固有的文件格式。PNG 文件可保留所有原始层、矢量、颜色和效果信息，并且在任何时候所有元素都是可以完全编辑的。文件必须具有 .png 文件扩展名才能被 Dreamweaver 所识别。

6.2 在网页中插入图像

前面介绍了网页中常见的 3 种图像格式，下面就来学习如何在网页中使用图像。在使用图像前，一定要有目的地选择图像，最好运用图像处理软件美化一下图像，否则插入的图像可能会不美观，非常死板。

6.2.1 插入普通图像

> 原始文件：CH06/6.2.1/index.htm
>
> 最终文件：CH06/6.2.1/index1.htm

图像是网页构成中最重要的元素之一，美观的图像会为网站增添生命力，同时也加深对网站风格的印象。下面通过如图6-1所示的实例讲述在网页中插入图像，具体操作步骤如下。

图6-1 插入网页图像效果

❶打开网页文档，如图6-2所示。

图6-2 打开网页文档

❷将光标置于插入图像的位置，执行"插入"|"图像"命令，弹出"选择图像源文件"对话框，在对话框中选择图像images/tu.jpg，如图6-3所示。

❸单击"确定"按钮，插入图像，如图6-4所示。

★ 提示 ★

如果选中的文件不在本地网站的根目录下，则弹出如下图所示的选择框，系统要求用户复制图像文件到本地网站的根目录，单击"是"按键，此时会弹出"拷贝文件为"对话框，让用户选择文件的存放位置，可选择根目录或根目录下的任何文件夹，这里建议读者新建一个名称为images的文件夹，今后可以把网站中的所有图像文件都放入到该文件夹中。

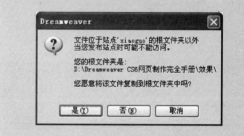

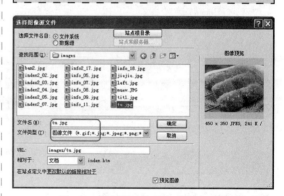

图6-3 "选择图像源文件"对话框

图6-4 插入图像

使用以下方法也可以插入图像。

● 执行"窗口"|"资源"命令,打开"资源"面板,在面板中单击⊡按钮,展开图像文件夹,选定图像文件,然后用鼠标拖动图像到网页中合适的位置。

● 单击"常用"插入栏中的⊡按钮,弹出"选择图像源文件"对话框,在对话框中选择需要的图像文件。

图6-6 打开网页文档

❷执行"插入"|"图像对象"|"图像占位符"命令,弹出"图像占位符"对话框,在对话框中进行相应的设置,如图6-7所示。

❸单击"确定"按钮,插入图像占位符,如图6-8所示。

6.2.2 插入图像占位符

原始文件:CH06/6.2.2/index.htm

最终文件:CH06/6.2.2/index1.htm

有时候根据页面布局的需要,要在网页中插入一幅图片。这个时候可以不制作图片,而是使用占位符来代替图片位置,如图6-5所示。插入图像占位符的具体操作步骤如下。

图6-7 "图像占位符"对话框

图6-5 图像占位符

❶打开网页文档,如图6-6所示,将光标放置在要插入图像占位符的位置。

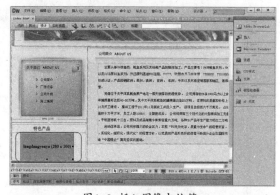

图6-8 插入图像占位符

在"常用"插入栏中单击 图标,在弹出的菜单中选择"图像占位符"图标🖼,也可以弹出"图像占位符"对话框。

6.2.3 插入鼠标经过图像

原始文件：CH06/6.2.3/index.htm

最终文件：CH06/6.2.3/index1.htm

在浏览器中查看网页时，当鼠标指针经过图像时，该图像就会变成另外一幅图像；当鼠标移开时，该图像有又会变回原来的图像。这种效果在 Dreamweaver 中可以非常方便地做出来。

鼠标未经过图像时的效果如图 6-9 所示，当鼠标经过图像时的效果如图 6-10 所示，具体操作步骤如下。

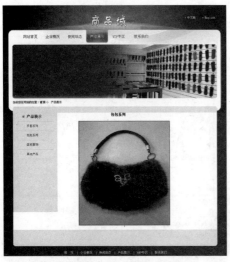

图6-9 鼠标未经过图像时的效果

图6-10 鼠标经过图像时的效果

❶打开网页文档，如图 6-11 所示。

图6-11 打开网页文档

❷将光标置于插入鼠标经过图像的位置，执行"插入"｜"图像对象"｜"鼠标经过图像"命令，弹出"插入鼠标经过图像"对话框，如图 6-12 所示。

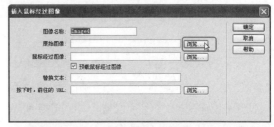

图6-12 "插入鼠标经过图像" 对话框

★ 知识要点 ★

"插入鼠标经过图像"对话框中可以进行如下设置。

● 图像名称：设置这个滚动图像的名称。

● 原始图像：滚动图像的原始图像，在其后的文本框中输入此原始图像的路径，或单击"浏览"按钮，打开"原始图像"对话框，在"原始图像"对话框中可选择图像。

● 鼠标经过图像：用来设置鼠标经过图像时，原始图像替换成的图像。

● 预载鼠标经过图像：选中该复选框复选项，网页打开就预下载替换图像到本地。当鼠标经过图像时，能迅速的地切换到替换图像；如果取消该复选项，当鼠标经过该图像时才下载替换图像，替换可能会出现不连贯的现象。

● 替换文本：用来设置图像的替换文本，当图像不显示时,显示这个替换文本。

● 按下时,前往的URL:用来设置滚动图像上应用的超链接。

★ 提示 ★

在"常用"插入栏中单击 按钮右边的小三角,在弹出的菜单中选择"鼠标经过图像" ,弹出"插入鼠标经过图像"对话框,也可以插入鼠标经过图像。

---

❸单击"原始图像"文本框右边的"浏览"按钮,在弹出的"原始图像:"对话框中选择相应的图像,如图6-13所示,单击"确定"按钮,添加到对话框。

❹单击"鼠标经过图像"文本框右边的"浏览"按钮,在弹出的"鼠标经过图像对象:"对话框中选择相应的图像,如图6-14所示。

图6-13 "原始图像:"对话框

图6-14 "鼠标经过图像:"对话框

❺单击"确定"按钮,添加到对话框,如图6-15所示。

❻单击"确定"按钮,插入鼠标经过图像,如图6-16所示。

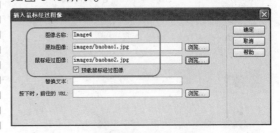

图6-15 添加到对话框

图6-16 插入鼠标经过图像

★ 提示 ★

在插入鼠标经过图像时,如果不为该图像设置链接,Dreamweaver将在HTML源代码中插入一个空链接#,该链接上将附加鼠标经过的图像行为,如果将该链接删除,鼠标经过图像将不起作用。

---

❼保存文档,按F12键在浏览器中预览,鼠标未经过图像时的效果如图6-9所示,鼠标经过图像时的效果如图6-10所示。

6.3 设置图像属性

插入图像后，如果图像的大小和位置并不合适，还需要对图像的属性进行具体的调整，如大小、位置和对齐方式等。

6.3.1 调整图像大小

选择插入的图像，在"属性"面板中的"宽"和"高"文本框中调整图像大小，如图6-17所示。

图6-17 图像的属性面板

★ 知识要点 ★

在图像"属性"面板中可以进行如下设置。

● 宽和高：以像素为单位设定图像的宽度和高度。当在网页中插入图像时，Dreamweaver自动使用图像的原始尺寸。可以使用以下单位指定图像大小：点、英寸、毫米和厘米。在HTML源代码中，Dreamweaver将这些值转换为以像素为单位。

● 源文件：指定图像的具体路径。

● 链接：为图像设置超级链接。可以单击 📁 按钮浏览选择要链接的文件，或直接输入URL路径。

● 目标：链接时的目标窗口或框架。在其下拉列表中包括4个选项：

_blank：将链接的对象在一个未命名的新浏览器窗口中打开。

_parent：将链接的对象在含有该链接的框架的父框架集或父窗口中打开。

_self：将链接的对象在该链接所在的同一框架或窗口中打开。_self是默认选项，通常不需要指定它。

_top：将链接的对象在整个浏览器窗口中打开，因而会替代所有框架。

● 替换：图片的注释。当浏览器不能正常显示图像时，便在图像的位置用这个注释代替图像。

● 编辑：启动"外部编辑器"首选参数中指定的图像编辑其并使用该图像编辑器打开选定的图像。

编辑 🖼️：启动外部图像编辑器编辑选中的图像。

编辑图像设置 🔧：弹出"图像预览"对话框，在对话框中可以对图像进行设置。

重新取样 📐：将"宽"和"高"的值重新设置为图像的原始大小。调整所选图像大小后，此按钮显示在"宽"和"高"文本框的右侧。如果没有调整过图像的大小，该按钮不会显示出来。

裁剪 ✂️：修剪图像的大小，从所选图像中删除不需要的区域。

亮度和对比度 🔆：调整图像的亮度和对比度。

锐化 △：调整图像的清晰度。

● 地图：名称和"热点工具"标注和创建客户端图像地图。

● 垂直边距：图像在垂直方向与文本域或其它其他页面元素的间距。

● 水平边距：图像在水平方向与文本域或其它其他页面元素的间距。

● 原始：指定在载入主图像之前应该载入的图像。

6.3.2 设置图像对齐方式

选择图像，单击鼠标右键，在弹出的菜单中选择设置图像的对齐方式，如图 6-18 所示。对齐后的效果如图 6-19 所示。

图6-18 设置图像右对齐

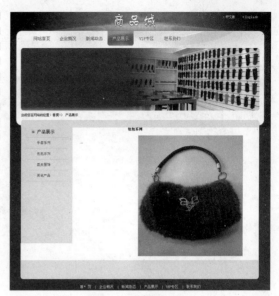

图6-19 对齐后的效果

6.4 在网页中编辑图像

裁剪、调整亮度/对比度和锐化等一些辅助性的图像编辑功能不用离开 Dreamweaver 就能够完成，编辑工具是内嵌的 Fireworks 技术。有了这些简单的图像处理工具，在编辑网页图像时就轻松多了，不需要打开其他图像处理工具进行处理，从而大大提高了工作效率。

6.4.1 裁剪图像

裁剪图像的具体操作步骤如下。

❶选中图像，打开属性面板，在属性面板中单击"编辑"右边的"裁剪"按钮，如图 6-20 所示。

❷弹出 Dreamweaver 提示对话框，如图 6-21 所示。

图6-20 单击"裁剪"按钮

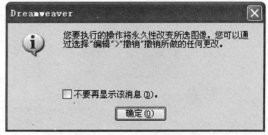

图6-21 提示对话框

❸单击"确定"按钮,在图像上出现裁剪的控制点,如图6-22所示,调整大小后,双击图像,即可裁剪图像。

★ 提示 ★

使用Dreamweaver裁剪图像时,会直接更改磁盘上的源图像文件,因此,可能需要备份图像文件,以便在需要恢复到原始图像时使用。

在退出 Dreamweaver 或在外部图像编辑应用程序中编辑该文件之前,可以撤销"裁剪"命令的效果。

图6-22　调整裁剪图像大小

6.4.2　重新取样图像

重新取样可以添加或减少已调整大小的 JPEG 和 GIF 图像文件中的像素,并与原始图像的外观尽可能地匹配,对图像进行重新取样会减小图像文件的大小,但可以提高图像的下载性能。在"属性"面板中单击"重新取样"按钮，如图 6-23 所示。

图6-23　选择"重新取样"按钮

6.4.3　调整图像亮度和对比度

图像属性面板中的"亮度和对比度"按钮用于调整图像的亮度和对比度,具体操作步骤如下。

❶单击并选中图像,在图像属性面板中单击"编辑"右边的"亮度和对比度"按钮，如图 6-24 所示。

❷弹出"亮度/对比度"对话框,在对话框中拖动"亮度"和"对比度"滑块到合适的位置,如图 6-25 所示。

图6-24　单击"亮度和对比度"按钮

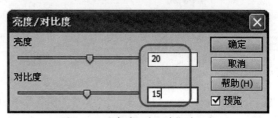

图6-25　"亮度/对比度"对话框

❸调整完"亮度"和"对比度"后,单击"确定"按钮,效果如图 6-26 所示。

图6-26　调整后的效果

★ 提示 ★

在"亮度/对比度"对话框中向左拖动滑块可以降低亮度和对比度，向右拖动滑块可以增加亮度和对比度，其取值范围在−100～+100之间，常用的取值0为最佳。

6.4.4 锐化图像

锐化将增加对象边缘像素的对比度，从而增加图像的清晰度或锐度，在Dreamweaver中锐化图像的具体操作步骤如下。

❶选中要锐化的图像，单击"属性"面板中的"锐化"按钮 △，如图6-27所示。

❷弹出"锐化"对话框，在对话框中将"锐化"设置为8，如图6-28所示。

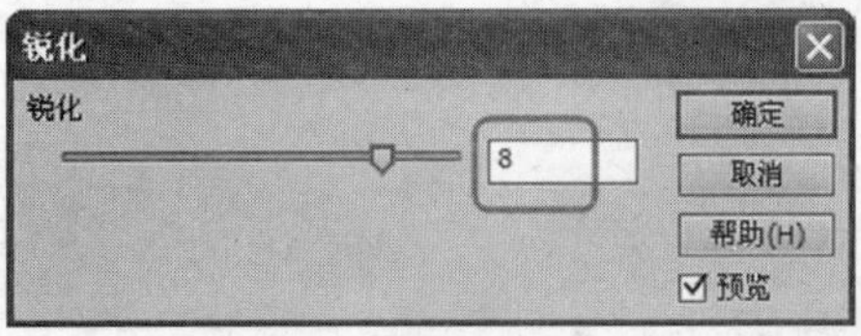

图6-28 "锐化"对话框

❸单击"确定"按钮，即可锐化图像，如图6-29所示。

图6-27 单击"锐化"按钮

图6-29 锐化图像

★ 提示 ★

只能在保存包含图像的页面之前撤销"锐化"命令的效果并恢复到原始图像文件。页面一旦保存，对图像所做更改即永久保存。

6.5 综合实战

本章主要讲述了如何在网页中插入图像、设置图像属性、在网页中简单编辑图像和插入其他图像元素等，下面通过以上所学到的知识来具体讲述。

6.5.1 实战:创建图文混排网页

原始文件：CH06/实战1/index.htm

最终文件：CH06/实战1/index1.htm

文字和图像是网页中最基本的元素，在网页中插入图像就使得网页更加生动形象，在网页中创建图文混排的方法非常简单，图6-30所示的是图文混排的效果，具体操作步骤如下。

图6-30 创建图文混排的效果

★ 指点迷津 ★

如何使文字和图片内容共处？

在Dreamweaver中，图片对象是需要独占一行的，那么文字内容只能在与其平行的一行的位置上，怎么样才可以让文字围绕着图片显示呢？需要选中图片，单击鼠标右键，在弹出的菜单中选择"对齐"|"右对齐"选项，这时会发现文字已均匀的地排列在图片的右边了。

❶打开网页文档，如图6-31所示。

图6-31 打开网页文档

❷将光标置于要插入图像的位置，执行"插入"|"图像"命令，弹出"选择图像源文件"对话框，在对话框中选择图像 images/room_tu.jpg，如图6-32所示。

❸单击"确定"按钮，插入图像，如图6-33所示。

图6-32 "选择图像源文件"对话框

图6-33 插入图像

❹选中插入的图像，单击鼠标右键，在弹出的菜单中选择"对齐"|"右对齐"选项，如图6-34所示。

图6-34 设置图像的对齐

★ 高手支招 ★

修改图像的高度和宽度的值可以改变图像的显示尺寸，但是这并不能改变图像下载所用的时间，因为浏览器是先将图像数据下载，然后才改变图像尺寸的。要想减少图像下载所需要时间并使图像无论什么时候都显示相同的尺寸，建议在图像编辑软件中，重新处理该图像，这样得到的效果将是最好的。

⑤保存文档，按 F12 键在浏览器中预览，效果如图 6-30 所示。

6.5.2 实战:创建翻转图像导航

> 原始文件: CH06/实战2/index.htm
> 最终文件: CH06/实战2/index1.htm

导航栏一般是由一组图像组成，这些图像的显示内容随鼠标的操作而变化。导航栏通常为在页面和文件之间移动提供一条简捷的途径。创建鼠标经过图像导航栏的方法非常简单，鼠标未经过导航栏时的效果如图 6-35 所示，鼠标经过导航栏时的效果如图 6-36 所示，具体操作步骤如下。

图6-35 鼠标未经过导航栏时的效果

图6-36 鼠标经过导航栏时的效果

①打开网页文档，如图 6-37 所示。

②将光标置于要插入鼠标经过图像导航栏的位置，执行"插入"|"图像对象"|"鼠标经过图像"命令，弹出"插入鼠标经过图像"对话框，如图 6-38 所示。

图6-37 打开网页文档

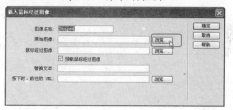

图6-38 "插入鼠标经过图像"对话框

③在对话框中单击"原始图像"右边的"浏览"按钮，弹出"原始图像："对话框，在对话框中选择图像 images/1.jpg，如图 6-39 所示。

④单击"确定"按钮，添加到文本框中。在对话框中单击"鼠标经过图像"右边的"浏览"按钮，在弹出的"鼠标经过图像："对话框中选择图像 images/shouye.jpg，如图 6-40 所示。

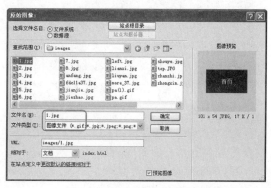

图6-39 "原始图像："对话框

图6-40　"鼠标经过图像:"对话框

❺单击"确定"按钮,添到文本框中,如图 6-41 所示。

❻单击"确定"按钮,插入鼠标经过图像导航,如图 6-42 所示。

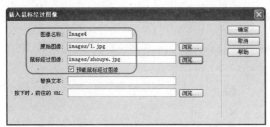

图6-41　添加到文本框中

图6-42　插入鼠标经过图像导航

❼用同样的步骤在其他的单元格中插入导航栏图像,如图 6-43 所示。

图6-43　插入其他的导航图像

❽保存文档,鼠标未经过导航栏时的效果如图 6-35 所示,鼠标经过导航栏时的效果如图 6-36 所示。

第7章 创建超级链接

本章导读

超级链接是构成网站最重要的部分之一，单击网页中的超级链接，即可跳转到相应的网页，因此可以非常方便地从一个网页转达另一个网页。在网页上创建超级链接，就可以把Internet上众多的网站和网页联系起来，构成一个有机的整体。本章主要讲述超级链接的基本概念、各种类型的超级链接的创建。

技术要点

- 了解关于超级链接的基本概念
- 熟悉创建超级链接的方法
- 掌握创建各种类型的链接
- 掌握管理超级链接
- 掌握创建锚点链接网页
- 掌握创建图像热点链接

实例展示

创建下载文件链接

创建脚本链接

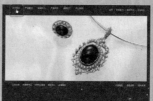
创建图像热点链接

创建锚点链接

7.1　关于超链接的基本概念

链接是从一个网页或文件到另一个网页或文件的访问路径，不但可以指向图像或多媒体文件，还可以指向电子邮件地址或程序等。当网站访问者单击链接时，将根据目标的类型执行相应的操作，即在 Web 浏览器中打开或运行。

要正确地创建链接，就必须了解链接与被链接文档之间的路径，每一个网页都有一个唯一的地址，称为统一资源定位符（URL）。网页中的超级链接按照链接路径的不同，可以分为相对路径和绝对路径两种链接形式。

7.1.1　绝对路径

绝对路径是包括服务器规范在内的完全路径，绝对路径不管源文件在什么位置，都可以非常精确地找到，除非目标文档的位置发生变化，否则链接不会失败。

采用绝对路径的好处是，它同链接的源端点无关，只要网站的地址不变，则无论文档在站点中如何移动，都可以正常实现跳转而不会发生错误。另外，如果希望链接到其他的站点上的文件，就必须用绝对路径。

采用绝对路径的缺点在于，这种方式的链接不利于测试，如果在站点中使用绝对地址，要想测试链接是否有效，就必须在 Internet 服务器端对链接进行测试，它的另一个缺点是不利于站点的移植。

7.1.2　相对路径

相对路径对于大多数的本地链接来说，是最适用的路径。在当前文档与所链接的文档处于同一文件夹内，文档相对路径特别有用。文档相对路径还可用来链接到其他的文件夹中的文档，方法是利用文件夹层次结构，指定从当前文档到所链接的文档的路径，文档相对路径省略掉对于当前文档和所链接的文档都相同的绝对 URL 部分，而只提供路径的不同部分。

使用相对路径的好处在于，可以将整个网站移植到另一个地址的网站中，而不需要修改文档中的链接路径。

7.2　创建超级链接的方法

可以使用多种方法创建超级链接。Dreamweaver 通常使用文档相对路径创建指向站点中其他网页的链接。

7.2.1　使用"属性"面板创建链接

利用"属性"面板创建链接的方法很简单，选择要创建链接的对象，执行"窗口"|"属性"命令，打开"属性"面板。在面板中的"链接"文本框中的输入要链接的路径，即可创建链接，如图 7-1 所示。

图7-1 在"属性"面板中设置链接

7.2.2 使用指向文件图标创建链接

利用直接拖动的方法创建链接时，要先建立一个站点，执行"窗口"|"属性"命令，打开"属性"面板，选中要创建链接的对象，在面板中单击"指向文件"  按钮，按住鼠标左键不放并将该按扭拖动到站点窗口中的目标文件上，释放鼠标左键即可创建链接，如图7-2所示。

图7-2 指向文件图标创建链接

7.2.3 使用菜单创建链接

❶使用菜单命令创建链接也非常简单，选中创建超链接的文本，执行"插入"|"超级链接"命令，弹出"超级链接"对话框，如图7-3所示。在对话框中的"链接"文本框中输入链接的目标，或单击"链接"文本框右边的"浏览文件"按钮，选择相应的链接目标，单击"确定"按钮，即可创建链接。

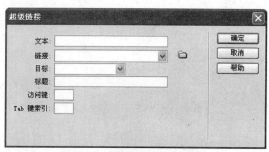

图7-3 "超级链接"对话框

★ 知识要点 ★

在"超级链接"对话框中可以设置如下参数。

● 文本：设置超链接显示的文本。

● 链接：设置超链接链接到的路径，最好输入相对路径而不是绝对路径。

● 目标：设置超链接的打开方式，包括4个选项。

● 标题：设置超链接的标题。

● 访问键：设置键盘快捷键，设置好后，如果按键盘上对应的快捷键将选中这个超链接。

● Tab键索引：设置在网页中用Tab键选中这个超链接的顺序。

❷设置完各参数后，单击"确定"按钮，即可插入链接。

7.3　创建各种类型的链接

前面介绍了超级链接的基本概念和创建链接的方法，通过前面的学习，读者已经对超链接有了大概的了解，下面将分别讲述各种类型超链接的创建。

7.3.1　创建文本链接

> 原始文件：CH07/7.3.1/index.html
> 最终文件：CH07/7.3.1/index1.html

当浏览网页时，鼠标经过某些文本，会出现一个手形图标，同时文本也会发生相应的变化，提示浏览者这是带链接的文本。此时单击鼠标，会打开所链接的网页，这就是文本超级链接。

创建文本链接的效果如图 7-4 所示，具体操作步骤如下。

图7-4　创建文本链接效果

❶打开网页文档，选中要创建链接的文本，如图 7-5 所示。

❷打开"属性"面板，在面板中单击"链接"文本框右边的"浏览文件"按钮，弹

出"选择文件"对话框，选择链接的文件 jianjie.html，如图 7-6 所示。

图7-5　打开网页文档

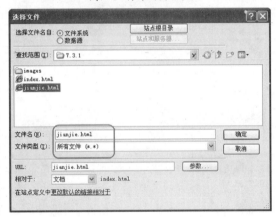

图7-6　"选择文件"对话框

❸单击"确定"按钮，文件即可被添加到"链接"文本框中，如图 7-7 所示。

图7-7　添加文件

★ 知识要点 ★

★ 知识要点 ★

在属性面板中的"链接"文本框中也可以直接输入要链接的内容。

④保存文档，按F12键，在浏览器中预览，效果如图7-4所示。

7.3.2 创建图像热点链接

> 原始文件：CH07/7.3.2/index.html

> 最终文件：CH07/7.3.2/index1.html

在创建图像热点链接过程中，首先选中图像，然后在"属性"面板中选择热点工具并在图像上绘制热区，创建图像热点链接的效果后，当鼠标单击图像"关于我们"时，如图7-8所示，会出现一个小手，如图7-8所示，具体操作步骤如下。

图7-8 图像热点链接效果

★ 高手支招 ★

当预览网页时，热点链接不会显示，当鼠标光标移至热点链接上时会变为手形，以提示浏览者该处为超链接。

①打开网页文档，选中创建热点链接的图像，如图7-9所示。

图7-9 打开网页文档

②执行"窗口"|"属性"命令，打开"属性"面板，在"属性"面板中单击"矩形热点工具"按钮，选择"矩形热点工具"，如图7-10所示。

图7-10 选择矩形热点工具

★ 高手支招 ★

除了可以使用"矩形热点工具"外，还可以使用"椭圆形热点工具"和"多边形热点工具"来绘制"椭圆形热点区域"和"多边形热点区域"，绘制的方法和"矩形热点"一样。

③将光标置于图像上要创建热点的部分，绘制一个矩形热点，并在属性面板的"链接"文本框中输入链接，如图7-11所示。

图7-11 绘制一个矩形热点

④ 使用与以上步骤相同的方法绘制其他的热点并设置热点链接，如图 7-12 所示。

图7-12 绘制矩形热点

⑤ 保存文档，按 F12 键在浏览器中预览，当单击图像"关于我们"后的效果如图 7-8 所示。

★ 高手支招 ★

图像热点链接和图像链接有很多相似之处，在有些情况下，读者在浏览器中甚至都分辨不出它们。虽然它们的最终效果基本相同，但两者实现的原理还是有很大差异的。读者在为自己的网页加入链接之前，应根据具体的实际情况，选择和使用适合的链接方式。

7.3.3 创建E-mail链接

原始文件：CH07/7.3.3/index.html

最终文件：CH07/7.3.3/index1.html

E-mail 链接也叫电子邮件链接，电子邮件地址作为超链接的链接目标与其他链接目标不同。当用户在浏览器上单击指向电子邮件地址的超链接时，将会打开默认的邮件管理器的新邮件窗口，其中会提示用户输入信息并将该信息传送给指定的 E-mail 地址。下面对文字"联系我们"创建电子邮件链接，当单击文字"联系我们"时效果如图 7-13 所示，具体操作步骤如下。

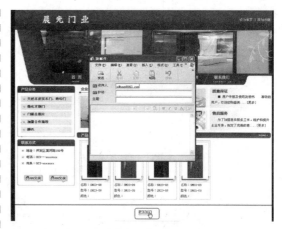

图7-13 创建电子邮件链接的效果

★ 提示 ★

单击电子邮件链接后，系统将自动启动电子邮件软件，并在收件人地址中自动填写上电子邮件链接所指定的邮箱地址。

① 打开网页文档，将光标置于要创建电子邮件链接的位置，如图 7-14 所示。

图7-14 打开网页文档

② 执行"插入"｜"电子邮件链接"命令，如图 7-15 所示。

③ 弹出"电子邮件链接"对话框，在对话框的"文本"文本框中输入"联系我们"，在 E-mail 文本框中输入 sdhzgw@163.com，如图 7-16 所示。

图7-15 执行"电子邮件链接"命令

图7-16 "电子邮件链接"对话框

单击"常用"插入栏中的"电子邮件链接"按钮 ，也可以弹出"电子邮件链接"对话框。

❹单击"确定"按钮，创建电子邮件链接，如图 7-17 所示。

图7-17 创建电子邮件链接

❺保存文档，按F12键在浏览器中预览，单击"联系我们"链接文字，效果如图7-13所示。

如何避免页面电子邮件地址被搜索到？
读者也许经常会收到不请自来的垃圾邮件，如果拥有一个站点并发布了E-Mail链接，那么其他人会利用特殊工具搜索到这个地址并加

入到他们的数据库中。要想避免E-Mail地址被搜索到，可以在页面上不按标准格式书写E-Mail链接，如yourname at mail.com，它等同与于 yourname@mail.com。

7.3.4 创建下载文件链接

原始文件：CH07/7.3.4/index.html

最终文件：CH07/7.3.4/index1.html

如果要在网站中提供下载资料，就需要为文件提供下载链接，如果超级链接指向的不是一个网页文件，而是其他文件例如 zip、mp3、exe 文件等，单击链接的时候就会下载文件。创建下载文件的链接效果如图 7-18 所示，具体操作步骤如下。

图7-18 下载文件的链接效果

网站中每个下载文件必须对应一个下载链接，而不能为多个文件或者一个文件夹建立下载链接，如果需要对多个文件或者文件夹提供下载，只能利用压缩软件将这些文件或者文件夹压缩为一个文件。

❶打开网页文档，选中要创建链接的文字，如图 7-19 所示。

图7-19 打开网页文档

Dreamweaver CS6完全学习手册

❷执行"窗口"|"属性"命令，打开"属性"面板，在面板中单击"链接"文本框右边的按钮，弹出"选择文件"对话框，在对话框中选择要下载的文件"新建 文本文档 .zip"，如图 7-20 所示。

❸单击"确定"按钮，添加到"链接"文本框中，如图 7-21 所示。

图7-20 "选择文件"对话框

图7-21 添加到"链接"文本框中

❹保存文档，按 F12 键在浏览器中预览，单击文字"文件下载"，效果如图 7-18 所示。

7.3.5 创建锚点链接

原始文件：CH07/7.3.5/index.html

最终文件：CH07/7.3.5/index1.html

有时网页很长，需要上下拖动滚动条来查看文档内容，为了找到其中的目标，不得不将整个文档内容浏览一遍，这样就浪费了很多时间。利用锚点链接能够更精确地控制访问者在单击超链接之后到达的位置，使访问者能够快

速浏览到选定的位置，加快信息检索速度。创建锚点链接的效果如图 7-22 所示，具体操作步骤如下。

图7-22 创建锚点链接效果

❶打开网页文档，将光标置于要插入命名锚记的位置，如图 7-23 所示。

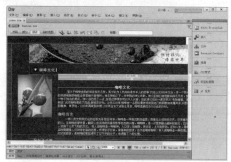

图7-23 打开网页文档

❷执行"插入"|"命名锚记"命令，弹出"命名锚记"对话框，在对话框中的"锚记名称"文本框中输入"a"，如图 7-24 所示。

★ 提示 ★

还可以单击"常用"插入栏中的"命名锚记"按钮，弹出"命名锚记"对话框。

❸单击"确定"按钮，即可插入命名锚记，如图 7-25 所示。

图7-24 "命名锚记"对话框

静态网页设计

图7-25 插入命名锚记

❹选中文字"咖啡文化",打开"属性"面板,在面板中的"链接"文本框中输入链接"# a",如图 7-26 所示。

图7-26 输入链接

❺将光标置于相应文字的前面,执行"插入"|"命名锚记"锚记,弹出"命名锚记"对话框,在对话框中的"锚记名称"文本框中输入名称"b",如图 7-27 所示。

❻单击"确定"按钮,插入命名锚记,如图 7-28 所示。

图7-27 "命名锚记"对话框

图7-28 插入命名锚记

❼选中文字"咖啡历史",打开属性面板,在面板中的"链接"文本框中输入链接"#b",如图 7-29 所示。

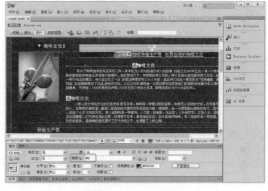

图7-29 输入链接

❽将光标置于相应的位置,执行"插入"|"命名锚记"命令,弹出"命名锚记"对话框,在对话框中的"锚记名称"文本框中输入名称"c",如图 7-30 所示。

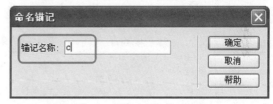

图7-30 "命名锚记"对话框

❾单击"确定"按钮,插入命名锚记,如图 7-31 所示。

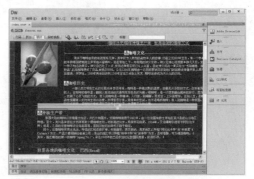

图7-31 插入命名锚记

第 7 章 创建超级链接

⑩选中文字"咖啡种植生产带",打开属性面板,在"属性"面板中的"链接"文本框中输入链接"#c",如图7-32所示。

图7-32 输入链接

⑪将光标置于相应的位置,执行"插入"|"命名锚记"命令,弹出"命名锚记"对话框,在对话框中的"锚记名称"文本框中输入"d",如图7-33所示。

⑫单击"确定"按钮,插入命名锚记,如图7-34所示。

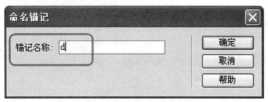

图7-33 命名锚记

图7-34 插入命名锚记

⑬选中文字"世界各地的咖啡文化",打开"属性"面板,在面板中的"链接"文本框中输入链接"#d",如图7-35所示。

图7-35 输入链接

⑭保存文档,按F12键,在浏览器中预览,当单击某一个链接时,会跳转到相应的内容处,效果如图7-22所示。

7.3.6 创建脚本链接

原始文件:CH07/7.3.6/index.htn

最终文件:CH07/7.3.6/index1.htm

脚本超链接执行JavaScript代码或调用JavaScript函数,它非常有用,能够在不离开当前网页文档的情况下为访问者提供有关某项的附加信息。脚本超链接还可以用于在访问者单击特定项时,执行计算、表单验证和其他处理任务。下面利用脚本超链接创建关闭网页的效果,如图7-36所示,具体操作步骤如下。

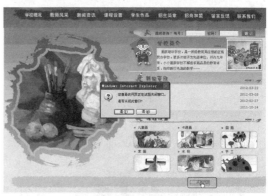

图7-36 创建关闭网页的效果

❶打开网页文档,选中文本"关闭网页",如图7-37所示。

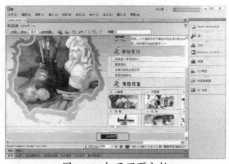

图7-37 打开网页文档

❷在"属性"面板中的"链接"文本框中输入"javascript:window.close()",如图7-38所示。

❸保存文档,按F12键在浏览器中浏览效果,单击"关闭网页"超文本链接,会自动弹出一个提示对话框,询问是否关闭窗口,单击"是"按钮,即可关闭网页,如图7-36所示。

图7-38 输入链接

7.3.7 创建空链接

空链接用于向页面上的对象或文本附加行为,创建空链接的具体操作步骤如下。

❶打开要创建空链接的网页文档,选中文字,如图7-39所示。

图7-39 打开网页文档

❷执行"窗口"|"属性"命令,打开"属性"面板,在"链接"文本框中输入"#"即可,如图7-40所示。

图7-40 输入链接

7.4 管理超级链接

超链接是网页中不可缺少的一部分,通过超链接可以使各个网页链接在一起,使网站中众多的网页构成一个有机整体,通过管理网页中的超链接,也可以对网页进行相应的管理。

7.4.1 自动更新链接

每当在站点内移动或重命名文档时,Dreamweaver可更新其指向该文档的链接,当将整个站点存储在本地硬盘上时,自动更新链接功能最适合用 Dreamweaver 不更改远程文件夹中的文件。为了加快更新过程,Dreamweaver 可创建一个缓存文件,用以存储有关本地文件夹所有链接的信息,在添加、更改或删除指向本地站点上的文件的链接时,该缓存文件以可见的方式进行更新。

设置自动更新链接的方法如下。

执行"编辑"|"首选参数"命令,在打

开的对话框的"分类"列表框中选择"常规"选项,如图 7-41 所示。

图7-41 "首选参数"对话框

在"文档选项"区域中,从"移动文件时更新链接"下拉列表中选择"总是"或"提示"选项,若选择"总是",则每当移动或重命名选定的文档时,Dreamweaver 将自动更新其指向该文档的所有链接,如果选择"提示",在移动文档时,Dreamweaver 将显示一个对话框,在对话框中列出此更改影响到所有文件,提示是否更新文件,单击"更新"按钮将更新这些文件中的链接。

7.4.2 在站点范围内更改链接

除了每当移动或重命名文件时让 Dreamweaver 自动更新链接外,还可以手动更改所有链接,以指向其他位置,具体操作步骤如下。

❶打开已创建的站点地图,选中一个文件,执行"站点"|"改变站点链接范围的链接"命令,选择该命令后,弹出"更改整个站点链接"对话框,如图 7-42 所示。

❷在"变成新链接"文本框中输入链接的文件,单击"确定"按钮,弹出"更改文件"对话框,如图 7-43 所示。

图7-42 "更改整个站点链接"对话框

图7-43 "更改文件"对话框

❸单击"更新"按钮,完成更改整个站点范围内的链接。

7.4.3 检查站点中的链接错误

检查站点中链接错误的具体操作步骤如下。

❶执行"站点"|"检查站点范围的链接"命令,打开"链接检查器"面板,在"显示"选项中选择"断掉的链接",如图 7-44 所示。单击最右边的"浏览文件夹"图标选择正确的文件,可以修改无效链接。

图7-44 选择"断掉的链接"选项

❷在"显示"下拉表中选择"外部链接"可以检查出与外部网站链接的全部信息,如图 7-45 所示。

图7-45 选择"外部链接"选项

❸在"显示"下拉表中选择"孤立的文件",检查出来的孤立文件用 Delete 键即可删除,如图 7-46 所示。

图7-46 选择"孤立的文件"选项

7.5 综合实战

本章主要讲述了关于超链接的基本概念、创建超链接的方法、创建各种类型的链接以及如何管理超级链接等。下面通过两个实例具体讲述和概括本章所学的知识。

7.5.1 实战: 创建锚点链接网页

原始文件: CH07/实战1/index.html

最终文件: CH07/实战1/index1.html

创建锚点链接的效果如图 7-47 所示,具体操作步骤如下。

图7-47 创建锚点链接

❶ 打开网页文档,将光标置于要插入命名锚记的位置,如图 7-48 所示。

❷ 执行"插入"|"命名锚记"命令,弹出"命名锚记"对话框,在该对话框中的"锚记名称"文本框中输入"gaishu",如图 7-49 所示。

图7-48 打开网页文档

图7-49 "命名锚记"对话框

❸ 单击"确定"按钮,即可插入命名锚记,如图 7-50 所示。

图7-50 插入命名锚记

❹ 选中左侧导航栏中的文字"品牌概述",打开"属性"面板,在面板中的"链接"文本框中输入链接"#gaishu",如图 7-51 所示。

图7-51 输入链接

❺将光标置于相应文字的前面，执行"插入"|"命名锚记"锚记，弹出"命名锚记"对话框，在该对话框中的"锚记名称"中输入"licheng"，如图7-52所示。

❻单击"确定"按钮，插入命名锚记，如图7-53所示。

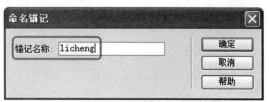

图7-52　"命名锚记"对话框

图7-53　插入命名锚记

❼选中左侧导航栏中的文字"品牌历程"，打开"属性"面板，在面板中的"链接"文本框中输入链接"#licheng"，如图7-54所示。

❽将光标置于相应的位置，执行"插入"|"命名锚记"命令，弹出"命名锚记"对话框，在"锚记名称"文本框中输入名称"jiagou"，如图7-55所示。

图7-54　输入链接

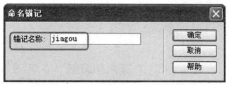

图7-55　"命名锚记"对话框

❾单击"确定"按钮，插入命名锚记，如图7-56所示。

图7-56　插入命名锚记

❿选中左侧导航栏中的文字"品牌架构"，打开"属性"面板，在"属性"面板中的"链接"文本框中输入链接"#jiagou"，如图7-57所示。

图7-57　输入链接

⓫将光标置于相应的位置，执行"插入"|"命名锚记"命令，弹出"命名锚记"对话框，在该对话框中的"锚记名称"文本框中输入"qianjing"，如图7-58所示。

⓬单击"确定"按钮，插入命名锚记，如图7-59所示。

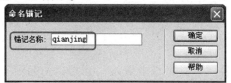

图7-58　命名锚记

图7-59 插入命名锚记

⑬选中左侧导航栏中的文字"品牌前景"，打开"属性"面板，在面板中的"链接"文本框中输入链接"#qianjing"，如图7-60所示。

图7-60 输入链接

⑭保存文档，按F12键，在浏览器中预览，当单击某一个链接时，会跳转到相应的内容处，效果如图7-47所示。

7.5.2 实战：创建图像热点链接

> 原始文件：CH07/实战2/index.html
>
> 最终文件：CH07/实战2/index1.html

创建图像热点链接后，当鼠标单击图像"首页"时，效果如图7-61所示，具体操作步骤如下。

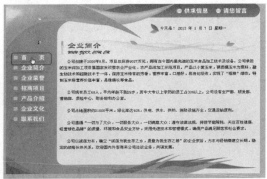

图7-61 图像热点链接效果

❶打开网页文档，选中创建热点链接的图像，如图7-62所示。

图7-62 打开网页文档

❷执行"窗口"|"属性"命令，打开"属性"面板，在"属性"面板中单击"矩形热点工具"按钮，选择"矩形热点工具"，如图7-63所示。

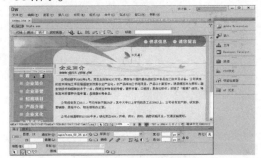

图7-63 "属性"面板

❸将光标置于图像上要创建热点的部分，绘制一个矩形热点，并输入链接，如图7-64所示。

图7-64 绘制一个矩形热点

❹同以上步骤绘制其他的热点并设置热点链接，如图7-65所示。

图7-65 绘制其他的热点

⑤保存文档，按 F12 键在浏览器中预览，单击图像"首页"后的效果如图 7-61 所示。

第8章 使用表格排版网页数据

本章导读

　　表格是网页排版设计的常用工具，表格在网页中不仅可以用来排列数据，而且可以对页面中的图像、文本等元素进行准确的定位，使得页面在形式上既丰富多彩又有条理，从而使页面显得更加整齐有序。本章主要讲述表格的创建、表格属性的设置、表格的基本操作、表格的排序和导入表格式数据等。

技术要点

- ●掌握表格的插入
- ●掌握表格及其元素属性的设置
- ●掌握表格的基本操作
- ●熟悉表格的其他功能
- ●掌握制作网页细线表格
- ●掌握制作网页圆角表格
- ●掌握利用表格布局网页

8.1　创建表格

在 Adobe Dreamweaver CS6 中，表格可以用于制作简单的图表，还可以用于安排网页文档的整体布局，起着非常重要的作用。

8.1.1　表格的基本概念

在开始制作表格之前，先对表格的各部分名称做简单介绍。

●一张表格横向称为行，纵向称为列。行列交叉部分就称为单元格。

●单元格中的内容和边框之间的距离称为边距。

●单元格和单元格之间的距离称为间距。

●整张表格的边缘称为边框。

选中整个表格，就出现表格的"属性"面板，可以在"属性"面板中设置表格的相关参数，表格的各部分名称如图 8-1 所示。

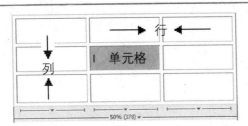

图8-1　表格的名称

8.1.2　插入表格

在 Dreamweaver 中，表格可以用于制作简单的图表，还可以用于安排网页文档的整体布局，起着非常重要的作用。在网页中插入表格的方法非常简单，具体操作步骤如下。

❶打开网页文档，执行"插入"|"表格"命令，如图 8-2 所示。

❷弹出"表格"对话框，在对话框中将"行数"设置为 3，"列"设置为 4，"表格宽度"设置为 650 像素，如图 8-3 所示。

图8-2　打开网页文档

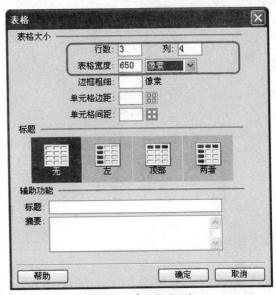

图8-3　"表格"对话框

★ 提示 ★

在"常用"插入栏中单击表格按钮，弹出"表格"对话框。

★ 知识要点 ★

在"表格"对话框中可以进行如下设置。

●行数：在文本框中输入新建表格的行数。

● 列: 在文本框中输入新建表格的列数。

● 表格宽度: 用于设置表格的宽度, 其中右边的下拉列表中包含百分比和像素。

● 边框粗细: 用于设置表格边框的宽度, 如果设置为0, 在浏览时则看不到表格的边框。

● 单元格边距: 单元格内容和单元格边界之间的像素数。

● 单元格间距: 单元格之间的像素数。

● 标题: 可以定义表头样式, 4种样式可以任选一种。

● 辅助功能: 定义表格的标题。

● 标题: 用来定义表格标题的对齐方式。

● 摘要: 用来对表格进行注释。

❸单击"确定"按钮, 插入表格, 如图8-4所示。

图8-4 插入表格

★ 提示 ★

如果没有明确指定单元格间距和单元格边距的值, 大多数浏览器都将单元格边距设置为1, 将单元格间距设置为2来显示表格。若要确保浏览器不显示表格中的边距和间距, 可以将单元格边距和间距均设置为0。大多数浏览器按边框设置为1来显示表格。

8.2 设置表格及其元素属性

直接插入的表格有时并不能让人满意, 在 Dreamweaver 中, 通过设置表格或单元格的属性, 可以很方便地修改表格的外观。

8.2.1 设置表格属性

将光标置于单元格中, 该单元格就处于选中状态, 此时"属性"面板中显示出所有允许设置的单元格属性的选项, 如图 8-5 所示。

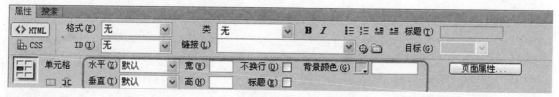

图8-5 单元格的"属性"面板

★ 知识要点 ★

在单元格"属性"面板中可以设置以下参数。

● 水平：设置单元格中对象在水平方向上的对齐方式，"水平"下拉列表框中包含"默认"、"左对齐"、"居中对齐"和"右对齐"4个选项。

● 垂直：也是设置单元格中对象在垂直方向上的对齐方式，"垂直"下拉列表框中包含"默认"、"顶端"、"居中"、"底部"和"基线"5个选项。

● 宽和高：用于设置单元格的宽与高。

● 不换行：表示单元格的宽度将随文字长度的不断增加而加长。

● 标题：将当前单元格设置为标题行。

● 背景颜色：用于设置单元格的颜色。

● 页面属性：设置单元格的页面属性。

8.2.2 设置单元格的属性

创建完表格后可以根据实际需要对表格的属性设置，如宽度、边框、对齐等，也可只对某些单元格设置。设置表格属性之前首先要选中表格，在"属性"面板中将显示表格的属性，并进行相应的设置，如图8-6所示。

图8-6 设置表格属性

★ 高手支招 ★

表格"属性"面板参数如下。

● 表格：输入表格的名称。

● 行和列：输入表格的行数和列数。

● 宽：输入表格的宽度，其单位可以是"像素"或"百分比"。

● 像素：选择该项，表明该表格的宽度值是以像素为单位。这时表格的宽度是绝对宽度，不随浏览器窗口的变化而变化。

● 百分比：选择该项，表明该表格的宽度值是表格宽度与浏览器窗口宽度的百分比数值。这时表格的宽度是相对宽度，会随着浏览器窗口大小的变化而变化。

● 填充：单元格内容和单元格边界之间的像素数。

● 间距：相邻的表格单元格间的像素数。

● 对齐：用来设置表格的对齐方式，有"默认"、"左对齐"、"居中对齐"和"右对齐"4个选项。

●边框：用来设置表格边框的宽度。

●用于清除列宽。

●将表格宽由百分比转为像素。

●将表格宽由像素转换为百分比。

●用于清除行高。

8.3 表格的基本操作

创建了表格后，用户要根据网页设置需要对表格进行处理，例如选择表格和选择单元格、调整表格和单元格的大小、添加或删除行或列、拆分单元格、剪切、复制和粘贴单元格等，熟练掌握表格的基本操作，可以提高制作网页速度。

8.3.1 选择表格

要想对表格进行编辑，那么首先选择它，主要有以下4种方法选取整个表格。

●将光标置于表格的左上角，按住鼠标的左键不放，拖曳鼠标指针到表格的右下角，将整个表格中的单元格选中，单击鼠标右键，在弹出的菜单中选择"表格"|"选择表格"选项，如图8-7所示。

图8-7 执行"选择表格"命令

●单击表格边框线的任意位置，即可选中表格，如图8-8所示。

图8-8 单击表格边框线

●将光标置于表格内任意位置，执行"修改"|"表格"|"选择表格"命令，如图8-9所示。

图8-9 执行"选择表格"命令

●将光标置于表格内任意位置，单击文档窗口左下角的<table>标签，也可选中表格，如图8-10所示。

图8-10 选择<table>标签

8.3.2 调整表格和单元格的大小

在文档中插入表格后，若想改变表格的高度和宽度可先选中该表格，当出现3个控制点后将鼠标移动到控制点上，当鼠标指针变成图8-11和图8-12所示的形状时，按住鼠标左键并拖动即可改变表格的高度和宽度。

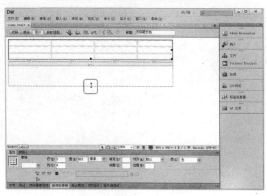

图8-11 调整表格的高度

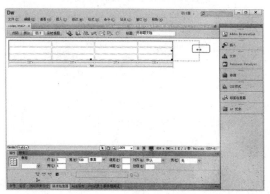

图8-12 调整表格的宽度

★ 提示 ★

还可以在"属性"面板中改变表格的"宽"和"高"。

8.3.3 添加或删除行或列

可以执行"修改"|"表格"菜单中的子命令，增加或减少行与列。增加行与列可以用以下方法。

● 将光标置于相应的单元格中，执行"修改"|"表格"|"插入行"命令，即可插入一行。

● 将光标置于相应的位置，执行"修改"|"表格"|"插入列"命令，即可在相应的位置插入一列。

● 将光标置于相应的位置，执行"修改"|"表格"|"插入行或列"命令，弹出"插入行或列"对话框，在对话框中进行相应的设置，如图8-13所示。单击"确定"按钮，即可在相应的位置插入行或列，如图8-14所示。

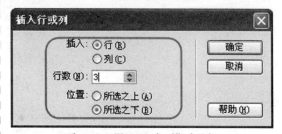

图8-13 "插入行或列"对话框

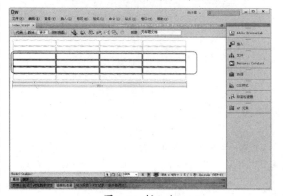

图8-14 插入行

★ 高手支招 ★

在"插入行或列"对话框中可以进行如下设置。

● 插入：包含"行"和"列"两个单选按钮，一次只能选择其中一个来插入行或者列。该选项组的初始状态选择的是"行"选项，所以下面的选项就是"行数"。如果选择的是"列"选项，那么下面的选项就变成了"列数"，在"列数"选项的文本框内可以直接输入要插入的列数。

● 位置：包含"所选之上"和"所选之下"两个单选按钮。如果"插入"选项选择的是"列"选项，那么"位置"选项后面的两个单选按钮就会变成"在当前列之前"和"在当前列之后"。

删除行或列有以下几种方法。

● 选中要删除的行或列，执行"编辑"|"清除"命令，即可删除行或列，如图 8-15 所示。

图8-15 执行"删除行"命令

● 将光标置于要删除行或列的位置，执行"修改"|"表格"|"删除行"命令，或执行"修改"|"表格"|"删除列"命令，即可删除行或列。

● 选中要删除的行或列，按 Delete 键或按 BackSpace 键也可删除行或列。

8.3.4 拆分单元格

在使用表格的过程中，有时需要拆分单元格以达到自己所需的效果。拆分单元格就是将选中的表格单元格拆分为多行或多列，具体操作步骤如下。

❶ 将光标置于要拆分的单元格中，执行"修改"|"表格"|"拆分单元格"命令，弹出"拆分单元格"对话框，如图 8-16 所示。

❷ 在对话框中的"把单元格拆分"选择"列"单选项，将"列数"设置为 4，单击"确定"按钮，即可将单元格拆分，如图 8-17 所示。

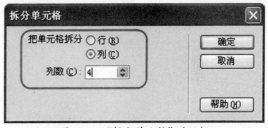

图8-16 "拆分单元格"对话框

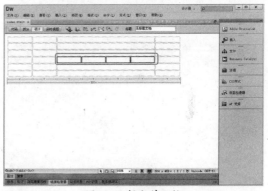

图8-17 拆分单元格

★ 高手支招 ★

拆分单元格还有以下两种方法如下：

● 将光标置于要拆分的单元格中，单击鼠标右键，在弹出的菜单中选择"表格"|"拆分单元格"选项，弹出"拆分单元格"对话框，然后进行相应的设置。

● 单击属性面板中的"拆分单元格为行或列"按钮，即可进行拆分单元格操作，它往往是创建复杂表格的重要步骤。

8.3.5 合并单元格

合并单元格就是将选中表格单元格的内容合并到一个单元格。

合并单元格，首先将要合并的单元格选中；然后执行"修改"｜"表格"｜"合并单元格"命令，将多个单元格合并成一个单元格。或选中单元格单击鼠标右键，在弹出的菜单中选择"表格"｜"合并单元格"选项，将多个单元格合并成一个单元格，如图8-18所示。

图8-18 合并单元格

★ 高手支招 ★

也可以单击"属性"面板中的"合并所选单元格，使用跨度"按钮，进行合并单元格操作，它往往是创建复杂表格的重要步骤。

8.3.6 剪切、复制、粘贴表格

下面讲述剪贴、复制和粘贴表格，具体操作步骤如下。

①选择要剪贴的表格，执行"编辑"｜"剪贴"命令。

②选择要复制的表格，执行"编辑"｜"拷贝"命令，如图8-19所示。

图8-19 执行"拷贝"命令

③将光标置于表格中，执行"编辑"｜"粘贴"命令，粘贴表格后的效果如图8-20所示。

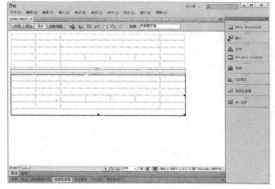

图8-20 粘贴表格

8.4 表格的其他功能

为了更加快速而有效地处理网页中的表格和内容，Dreamweaver CS6提供了多种自动处理功能，包括导入表格数据和排序表格等。本节将介绍表格自动化处理技巧，以提升网页表格设计技能。

8.4.1 导入表格式数据

Dreamweaver 中的导入表格式数据功能能够根据素材来源的结构，为网页自动建立相应的表格，并自动生成表格数据。因此，当遇到大篇幅的表格内容编排，而手头又拥有相关表格式素材时，便可使网页编排工作轻松得多。下面通过实例讲述导入表格数据，效果如图8-21所示，具体操作步骤如下。

图8-21 导入表格式数据效果

原始文件：CH08/8.4.1/index.html

最终文件：CH08/8.4.1/index1.html

❶打开网页文档，将光标置于要导入表格式数据的位置，如图 8-22 所示。

❷执行"插入"|"表格对象"|"导入表格式数据"命令，弹出"导入表格式数据"对话框，如图 8-23 所示。

图8-22 打开网页文档

图8-23 "导入表格式数据"对话框

★ 高手支招 ★

在"导入表格式数据"对话框中可以进行如下设置。

● 数据文件：输入要导入的数据文件的保存路径和文件名。或单击右边的"浏览"按钮进行选择。

● 定界符：选择定界符，使之与导入的数据文件格式匹配。有"Tab"、"逗点"、"分号"、"引号"和"其他"5个选项。

● 表格宽度：设置导入表格的宽度。

● 匹配内容：勾选此单选项，将创建一个根据最长文件进行调整的表格。

● 设置为：勾选此单选项，在后面的文本框中输入表格的宽度并设置其单位。

● 单元格边距：单元格内容和单元格边界之间的像素数。

● 单元格间距：相邻的表格单元格间的像素数。

● 格式化首行：设置首行标题的格式。

● 边框：以像素为单位设置表格边框的宽度。

❸在对话框中单击"数据文件"文本框右边的"浏览"按钮，弹出"打开"对话框，在对话框中选择数据文件，如图 8-24 所示。

❹单击"打开"按钮，添加到文本框中，在对话框中的"定界符"下拉表中选择"逗点"选项，"表格宽度"选中"匹配内容"单选项，如图 8-25 所示。

图8-24　"打开"对话框

图8-25　"导入表格式数据"对话框

★ 高手支招 ★

在导入数据表格时注意定界符必须是逗号，否则可能会造成表格格式的混乱。

⑤单击"确定"按钮，导入表格式数据，如图 8-26 所示。

图8-26　导入表格式数据

⑥保存文档，按 F12 键在浏览器中预览，效果如图 8-21 所示。

8.4.2　排序表格

原始文件：CH08/8.4.2/index.html

最终文件：CH08/8.4.2/index1.html

排序表格的主要功能针对具有格式数据的表格而言，是根据表格列表中的数据来排序的。下面通过实例讲述排序表格，效果如图 8-27 所示，具体操作步骤如下。

图8-27　排序表格效果

①打开网页文档，如图 8-28 所示。

②执行"命令"|"排序表格"命令，弹出"排序表格"对话框，在该对话框中将"排序按"设置为列 3，"顺序"设置为"按数字顺序"，在下拉列表中选择"升序"，如图 8-29 所示。

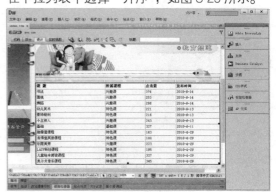

图8-28　打开网页文档

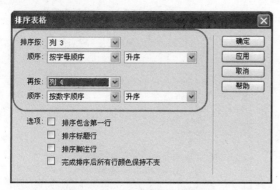

图8-29 "排序表格"对话框

★ 高手支招 ★

在"排序表格"对话框中可以设置如下内容。

● 排序按: 确定哪个列的值将用于对表格排序。

● 顺序: 确定是按字母还是按数字顺序以及升序还是降序对表格排序。

● 再按: 确定在不同列上第二种排列方法的排列顺序。在其后面的下拉列表中指定应用第二种排列方法的列, 在后面的下拉列表中指定第二种排序方法的排序顺序。

● 排序包含第一行: 指定表格的第一行应该包括在排序中。

● 排序标题行: 指定使用与body行相同的条件对表格thead部分中的所有行排序。

● 排序脚注行: 指定使用与body行相同的条件对表格tfoot部分中的所有行排序。

● 完成排序后所有行颜色保持不变: 指定排序之后表格行属性应该与同一内容保持关联。

❸单击"确定"按钮, 对表格进行排序, 如图 8-30 所示。

图8-30 对表格进行排序

★ 高手支招 ★

如果表格中含有合并或拆分的单元格, 则表格无法使用表格排序功能。

8.5 综合实战

表格最基本的作用就是让复杂的数据变得更有条理, 让人容易看懂。在设计页面时, 往往要利用表格来布局定位网页元素。下面通过几个实例的讲解来掌握表格的使用方法。

8.5.1 实战: 制作网页细线表格

原始文件: CH08/实战1/index.htm

最终文件: CH08/实战1/index1.htm

通过设置表格属性和单元格的属性可以制作细线表格, 创建细线表格的效果如图 8-31

所示, 具体操作步骤如下。

图8-31 细线表格的效果

❶打开网页文档，如图 8-32 所示。

❷将光标置于要插入表格的位置，执行"插入"｜"表格"命令，弹出"表格"对话框，在该对话框中将"行数"设置为"4"，将"列"设置为"4"，将"表格宽度"设置为"90%"，如图 8-33 所示。

图8-32 打开网页文档

图8-33 "表格"对话框

❸单击"确定"按钮，插入表格，如图 8-34 所示。

❹选中插入的表格，打开"属性"面板，在面板中将"填充"设置为 5，将"间距"设置为 1，将"对齐"设置为居中对齐，如图 8-35 所示。

图8-34 插入表格

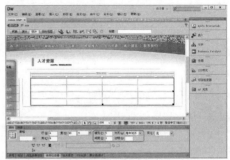

图8-35 设置表格属性

❺选中插入的表格，打开"代码"视图，在表格代码中输入 bgColor="#596B08"，如图 8-36 所示。

图8-36 输入代码

❻返回"设计"视图，可以看到设置表格的背景颜色，如图 8-37 所示。

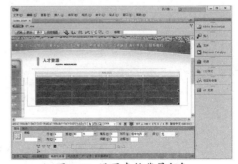

图8-37 设置表格背景颜色

❼选中所有的单元格,将单元格的背景颜色设置为"#FFFFFF",如图 8-38 所示。

图8-38 设置单元格的背景颜色

❽将光标置于表格的单元格中,输入相应的文字,如图 8-39 所示。

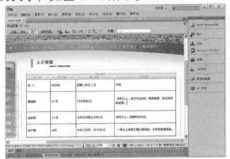

图8-39 输入文字

❾保存文档,按 F12 键即可在浏览器中预览,效果如图 8-31 所示。

8.5.2 实战:制作网页圆角表格

> 原始文件:CH08/实战2/index.html

> 最终文件:CH08/实战2/index1.html

先把这个圆角做成图像,然后再插入到表格中来,下面通过实例讲述创建圆角表格,效果如图 8-40 所示,具体操作步骤如下。

图8-40 创建圆角表格效果

❶打开网页文档,将光标置于页面中,如图 8-41 所示。

❷执行"插入"|"表格"命令,弹出"表格"对话框,在对话框中将"行数"设置为 3,"列"设置为 1,"表格宽度"设置为 100%,如图 8-42 所示。

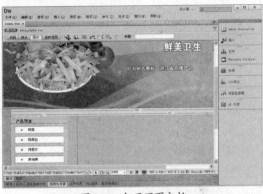

图8-41 打开网页文档

图8-42 "表格"对话框

❸单击"确定"按钮,插入表格,此表格记为"表格 1",如图 8-43 所示。

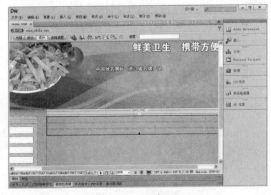

图8-43 插入"表格1"

❹选中插入的表格，打开"属性"面板，在面板中将"填充"和"间距"分别设置为0，如图 8-44 所示。

图8-44 设置表格属性

❺将光标置于"表格1"的第1行单元格中，执行"插入"|"图像"命令，弹出"选择图像源文件"对话框，在对话框中选择圆角图像文件 images/tu11.jpg，如图 8-45 所示。

图8-45 "选择图像源文件"对话框

❻单击"确定"按钮，插入图像，如图 8-46 所示。

图8-46 插入图像

❼将光标置于"表格1"的第2行单元格中，将单元格的"背景颜色"设置为"#FFFFFF"，如图 8-47 所示。

图8-47 设置单元格属性

❽将光标置于"表格1"的第2行单元格中，执行"插入"|"表格"命令，插入2行1列的表格，此表格即为"表格2"，在"属性"面板中将"对齐"设置为"居中对齐"，如图 8-48 所示。

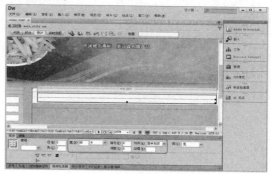

图8-48 插入"表格2"

❾将光标置于"表格2"的第1行单元格中，插入1行3列的表格，此表格记为"表格3"，如图 8-49 所示。

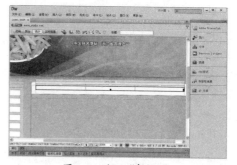

图8-49 插入"表格3"

⑩将光标置于"表格3"的第1列单元格中，执行"插入"|"图像"命令，插入图像images/tu13.jpg，如图 8-50 所示。

图8-50 插入图像

⑪将光标置于"表格3"的第2列单元格中，打开"代码"视图，在代码中输入背景图像代码 background=images/tu15.jpg，如图 8-51 所示。

图8-51 输入代码

⑫返回"设计"视图，可以看到插入的背景图像，在背景图像上输入相应的文字，如图 8-52 所示。

图8-52 输入文字

⑬将光标置于"表格3"的第3列单元格中，执行"插入"|"图像"命令，插入图像images/tu14.jpg，如图 8-53 所示。

图8-53 插入图像

⑭将光标置于"表格2"的第2行单元格中，输入相应的文字，如图 8-54 所示。

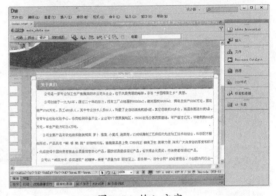

图8-54 输入文字

⑮将光标置于"表格1"的第3行单元格中，执行"插入"|"图像"命令，插入圆角图像 images/tu12.jpg，如图 8-55 所示。

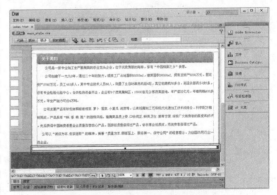

图8-55 插入圆角图像

⑯保存文档，按F12键在浏览器中预览，效果如图 8-40 所示。

8.5.3 实战：利用表格布局网页

表格在网页布局中的作用是无处不在的，无论使用简单的静态网页还是动态功能的网页，都要使用表格进行排版。下面的例子是通过表格布局网页的，效果如图8-56所示，具体操作步骤如下。

图8-56 利用表格布局网页效果

❶执行"文件"|"新建"命令，弹出"新建文档"对话框，在对话框中选择"空白页"|"HTML"|"无"选项，如图8-57所示。

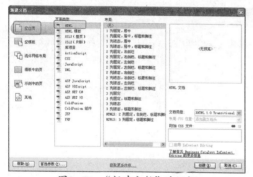

图8-57 "新建文档"对话框

❷单击"确定"按钮，创建文档，如图8-58所示。

图8-58 创建文档

❸执行"文件"|"另存为"对话框，弹出"另存为"对话框，在该对话框的"文件名"文本框中输入名称，如图8-59所示。

❹单击"确定"按钮，保存文档，将光标置于页面中，执行"修改"|"页面属性"命令，弹出"页面属性"对话框，在该对话框中将"上边距"、"下边距"、"右边距"和"左边距"设置为0，单击"确定"按钮，修改页面属性，如图8-60所示。

图8-59 "另存为"对话框

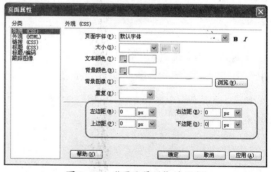

图8-60 "页面属性"对话框

❺将光标置于页面中，执行"插入"|"表格"命令，弹出"表格"对话框，在对话框中将"行数"设置为6，"列"设置为1，"表格宽度"设置为985像素，如图8-61所示。

❻单击"确定"按钮，插入表格，此表格记为"表格1"，如图8-62所示。

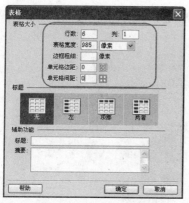

图8-61 "表格"对话框

图8-62 插入"表格1"

❼将光标置于"表格1"的第1行单元格中，执行"插入"｜"图像"命令，弹出"选择图像源文件"对话框，在该对话框中选择图像文件images/index_02.jpg，如图8-63所示。

❽单击"确定"按钮，插入图像，如图8-64所示。

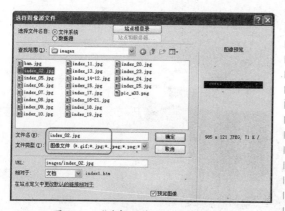

图8-63 "选择图像源文件"对话框

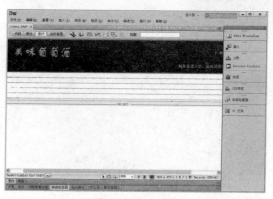

图8-64 插入图像

❾将光标置于"表格1"的第2行单元格中，执行"插入"｜"表格"命令，插入1行7列的表格，此表格记为"表格2"，如图8-65所示。

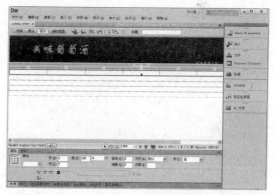

图8-65 插入"表格2"

❿在"表格2"的单元格中，分别输入相应的图像文件，如图8-66所示。

图8-66 插入图像

⑪将光标置于"表格1"的第3行单元格中，执行"插入"|"图像"命令，插入图像 images/ban.jpg，如图8-67所示。

图8-67 插入图像

⑫将光标置于"表格1"的第4行单元格中，执行"插入"|"表格"命令，插入1行3列的表格此表格记为"表格3"，如图8-68所示。

图8-68 插入"表格3"

⑬将光标置于"表格3"的第1列单元格中，执行"插入"|"表格"命令，插入2行1列的表格，此表格记为"表格4"，如图8-69所示。

图8-69 插入"表格4"

⑭将光标置于"表格4"的第1行单元格中，执行"插入"|"图像"命令，插入图像 images/index_13.jpg，如图8-70所示。

图8-70 插入图像

⑮将光标置于"表格4"的第2行单元格中，打开"代码"视图，在代码中输入背景图像代码 background=images/index_17.jpg，如图8-71所示。

图8-71 输入代码

⑯返回"设计"视图，可以看到插入的背景图像，如图8-72所示。

图8-72 插入背景图像

⑰将光标置于背景图像上，执行"插
入"｜"表格"命令，插入4行1列的表格，将
"填充"设置为5，"间距"设置为2，"对齐"
设置为"居中对齐"，此表格记为"表格5"，
如图8-73所示。

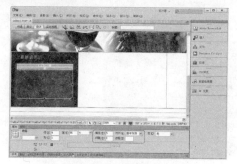

图8-73 插入"表格5"

⑱在"表格5"的单元格中分别输入相
应的文字，并将文字的颜色设置为"#dfb77e"，
"大小"设置为12像素，如图8-74所示。

图8-74 输入文字

⑲将光标置于"表格3"的第2列单元格
中，执行"插入"｜"表格"命令，插入2行1
列的表格，此表格记为"表格6"，如图8-75
所示。

图8-75 插入"表格6"

⑳将光标置于"表格"6的第1行单元
格中，执行"插入"｜"图像"命令，插入图
像images/index_14-12.jpg，如图8-76所示。

图8-76 插入图像

㉑将光标置于"表格6"的第2行单元格
中，打开"代码"视图，在代码中输入背景图
像代码background=images/index_18.jpg，如图
8-77所示。

图8-77 输入代码

㉒返回"设计"视图，可以看到插入的
背景图像，如图8-78所示。

图8-78 输入背景图像

㉓将光标置于背景图像上，执行"插入"|"表格"命令，插入1行1列的表格，此表格记为"表格7"，如图8-79所示。

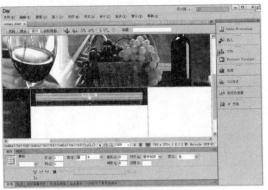

图8-79 插入表格7

㉔将光标置于"表格7"的单元格中，输入相应的文字，如图8-80所示。

图8-80 输入文字

㉕将光标置于相应的位置，执行"插入"|"图像"命令，插入图像 images/pic_a03.png，如图8-81所示。

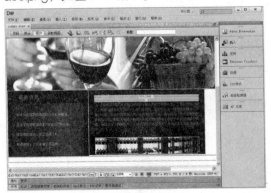

图8-81 插入图像

㉖将光标置于"表格3"的第3列单元格中，执行"插入"|"图像"命令，插入6行1列的表格，此表格记为"表格8"，如图8-82所示。

图8-82 插入"表格8"

㉗分别在"表格8"的单元格中插入相应的图像，如图8-83所示。

图8-83 插入图像

㉘将光标置于"表格1"的第5行单元格中，执行"插入"|"图像"命令，插入图像 images/index_18-21.jpg，如图8-84所示。

图8-84 插入图像

静态网页设计

㉙将光标置于"表格1"的第6行单元格中，将单元格的背景颜色设置为 #460000，"高"设置为 50，如图 8-85 所示。

图8-85 设置单元格的背景颜色和高

㉚将光标置于"表格1"的第6行单元格中，输入相应的文字，如图 8-86 所示。

图8-86 输入文字

㉛保存文档，完成利用表格制作网页，效果如图 8-56 所示。

第9章 用AP Div和Spry框架布局对象

本章导读

　　Dreamweaver 中的 AP Div 实际上就是来自 CSS 中的定位技术，只不过 Dreamweaver 将其进行了可视化操作。Spry 框架是一个可用来构建更加丰富的网页的 JavaScript 和 CSS 库，使用它可以显示 XML 数据，并创建显示动态数据的交互式页面元素，而无需刷新整个页面。

技术要点

- ●掌握使用 AP Div 进行排版
- ●使用 AP Div 实现网页特效
- ●掌握使用 Spry 布局对象
- ●掌握利用 AP Div 制作网页下拉菜单

实例展示

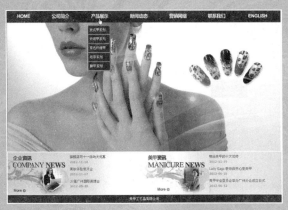

利用AP Div制作网页下拉菜单

9.1　使用AP Div进行排版

在 Dreamweaver 中，AP Div 和表格一样可以用于网页的版式和布局，在网页中适当地使用层，可以让版式变得更加轻松。

9.1.1　AP Div的基本使用

AP Div 是 CSS 中 的 定 位 技 术，在 Dreamweaver 中将其进行了可视化操作。文本、图像、表格等元素只能固定其位置，不能互相叠加在一起，使用 AP Div 功能，可以将其放置在网页中的任何一个位置，还可以按顺序排放网页文档中的其他构成元素。层体现了网页技术从二维空间向三维空间的一种延伸。层和行为的综合使用，还可以创作出动画效果而不使用任何的 JavaScript 或 HTML 编码。

我们可以将 AP Div 理解为一个文档窗口内的又一个小窗口，像在普通窗口中的操作一样，在 AP Div 中可以输入文字，也可以插入图像、动影像、声音、表格等，并对其进行编辑。但是，利用层可以非常灵活地放置内容。

下面是 AP Div 的功能。

● 重叠排放网页中的元素：利用 AP Div，可以实现不同的图像重叠排列，而且可以随意改变排放的顺序。

● 精确的定位：单击 AP Div 上方的四边形控制手柄，将其拖动到指定位置，就可以改变层的位置。如果要精确地定位 AP Div 在页面中的位置，可以在 AP Div 的属性面板中输入精确的数值坐标。如果将 AP Div 的坐标值设置为负数，AP Div 会在页面中消失。

● 显示和隐藏 AP Div：AP Div 的显示和隐藏可以在 AP Div 面板中完成。当 AP Div 面板中的 AP Div 名称前显示的是"闭合眼睛"的图标，表示 AP Div 被隐藏；当 AP Div 面板中的 AP

Div 名称前显示的是"睁开眼睛"的图标，表示 AP Div 被显示。

9.1.2　使用AP Div排版

Dreamweaver 可以很方便地在网页上创建 AP Div，并精确地定位 AP Div 的位置，创建 AP Div 具体操作步骤如下。

❶ 打开网页文档，如图 9-1 所示。

图9-1　打开网页文档

❷ 将光标置于页面中，执行"插入"|"布局对象"|"AP Div"命令，如图 9-2 所示。

图9-2　执行"AP Div"命令

❸ 执行命令后，即可插入 AP Div，如图 9-3 所示。

图9-3 插入AP Div

插入AP Div还有以下两种方法。

● 在"布局"插入栏中直接用鼠标拖曳"绘制AP Div"按钮圖，插入AP Div。

● 在"布局"插入栏中单击"绘制AP Div"按钮圖，在文档窗口中按住鼠标不放并拖动，可以绘制一个AP Div。按住Ctrl键不放，可以连续绘制多个AP Div。

9.1.3 利用AP Div溢出排版

在"AP元素"属性面板中的"溢出"下拉列表用于控制当AP元素的内容超过AP元素的指定大小时如何在浏览器中显示AP元素，如图9-4所示。

图9-4 "AP元素"属性面板中的"溢出"选项

在AP Div"属性"面板中可以进行如下设置。

● CSS-P元素：AP Div的名称，用于识别不同的AP Div。

● 左：用于设置AP Div的左边界距离浏览器窗口左边界的距离。

● 上：用于设置AP Div的上边界距离浏览器窗口上边界的距离。

● 宽：用于设置AP Div的宽。

● 高：用于设置AP Div的高。

● Z轴：用于设置AP Div的Z轴顺序。

● 背景图像：AP Div的背景图。

● 可见性：用于设置AP Div的显示状态，包括default、inherit、visible和hidden等4个选项。

● 背景颜色：用于设置AP Div的背景颜色。

● 剪辑：用来指定AP Div的哪一部分是可见的，输入的数值是距离AP Div的4个边界的距离。

● 溢出：如果AP Div里面的文字过多或图像过大，AP Div的大小不足以全部显示的处理方式。

溢出中的各选项设置如下。

visible（可见）：指示在AP元素中显示额外的内容；实际上，AP元素会通过延伸来容纳额外的内容。

hidden（隐藏）：指定不在浏览器中显示额外的内容。

scroll（滚动条）：指定浏览器应在AP元素上添加滚动条，而不管是否需要滚动条。

auto（自动）：当AP Div中的内容超出AP Div范围时才显示AP元素的滚动条。

● 类：可以从该下拉列表中选择CSS样式定义AP Div。

"溢出"选项在不同的浏览器中会获得不同程度的支持。

9.2 使用AP Div实现网页特效

插入 AP Div 后可以在"属性"面板和"AP 元素"面板中修改 AP Div 的相关属性，如控制 AP Div 在页面中的显示方式、大小、背景和可见性等。

9.2.1 改变AP Div可见属性

在"属性"面板中的"可见性"中可以改变 AP Div 的可见性，如图 9-5 所示。

图9-5 设置AP Div的可见性

"可见性"中的各选项设置如下。

● default（默认）：选择该选项时，则使用浏览器的默认设置。

● inherit（继承）：选择该选项时，在有嵌套的 AP Div 的情况下，当前 AP Div 使用父 AP Div 的可见性属性。

● visible（可见）：选择该选项时，则无论父 AP Div 是否可见，当前 AP Div 都可见。

● hidden（隐藏）：选择该选项时，则无论父 AP Div 是否可见，该 AP Div 都为隐藏。

9.2.2 改变AP Div的堆叠顺序

在 AP 元素面板中更改 AP 元素的堆叠顺序。

在"AP 元素"面板中选定某个 AP Div，然后单击"Z 轴"对应的属性列，此时会出现 Z 轴值设置框，在设置框中更改数值即可调整 AP Div 的堆叠顺序。数值越大，显示越在上面，如图 9-6 所示。

图9-6 更改AP元素的堆叠顺序

★ 提示 ★

如果在AP Div面板的顶部选择"防止重叠"复选项，则 AP Div 之间将不能重叠，而只能并行排列，在移动时，也无法将AP Div 移动到已经被其他AP Div覆盖的地方。

在"AP 元素"面板中选中要改变堆叠顺序的 AP Div，然后按住鼠标拖动 AP Div 至想要的重叠位置，在移动 AP Div 时可以看到一条线，当该线显示在想要的堆叠顺序时释放鼠标，即可改变 AP Div 的顺序。

在"AP 元素"属性面板更改 AP 元素的堆叠顺序，在"AP 元素"面板或"文档"窗口中选择 AP 元素。执行"窗口"|"属性"命令，在面板中的"Z 轴"文本框中输入一个数字，如图 9-7 所示。

图9-7 "AP元素"属性面板

9.2.3 显示隐藏网页中的AP Div

当处理文档时，可以使用"AP Div"面板手动显示和隐藏AP Div。当前选定AP Div始终会变为可见，它在选定时将出现在其他AP Div的前面。设置AP Div的显示/隐藏属性的具体操作步骤如下。

❶执行"窗口"|"AP元素"命令，打开"AP元素"面板，如图9-8所示。

图9-8 "AP元素"面板

❷单击"AP元素"面板中的"眼睛"按钮👁，可以显示或隐藏AP Div，当"AP元素"面板中的"眼睛"按钮为👁图标时，显示AP Div，如图9-9所示。

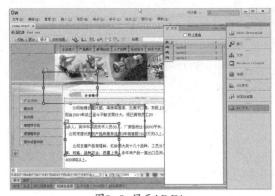

图9-9 显示AP Div

❸单击"AP元素"面板中的"眼睛"按钮👁，当"AP元素"面板中的"眼睛"按钮为👁图标时，表示隐藏AP Div，如图9-10所示。

图9-10 隐藏AP Div

9.2.4 实现网页中AP元素的拖动

AP Div 的最大的特点是可以在文档窗口中任意移动，移动 AP Div 的方法有以下几种。

● 在 AP Div 的属性面板中，通过改变"左"和"上"的文本框中的数值，即可改变 AP Div 在页面中的位置，如图 9-11 所示。

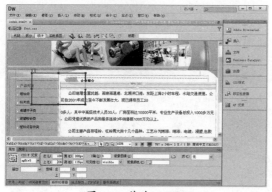

图9-11 移动AP Div

● 选中移动的 AP Div，使用键盘上的 4 个方向键，按动方向键一次可以移动一个像素的距离，如图 9-12 所示。

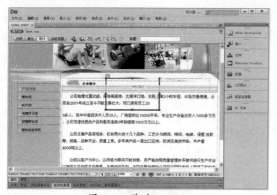

图9-12 移动AP Div

● 选中移动的 AP Div，按住 Shift 键，然后按键盘上的 4 个方向键中的任意一个可以移动 10 个像素的距离，如图 9-13 所示。

图9-13 移动AP Div

● 选中移动的 AP Div，拖动 AP Div 右上角的"回"字图标，可以移动 AP Div，如图 9-14 所示。

图9-14 移动AP Div

9.3 使用Spry布局对象

Spry 框架支持一组用标准 HTML、CSS 和 JavaScript 编写的可重用构件，可以方便地插入这些构件（采用最简单的 HTML 和 CSS 代码），然后设置构件的样式。框架行为允许用户执行下列操作：显示或隐藏页面上的内容、更改页面的外观（如颜色）与菜单项交互等。

9.3.1 使用Spry菜单栏

菜单栏构件是一组可导航的菜单按钮，当站点访问者将鼠标悬停在其中的某个按钮上时，将显示相应的子菜单。使用菜单栏构件可在紧凑的空间中显示大量可导航信息，并使站点访问者无需深入浏览站点，即可了解站点上提供的内容。

使用 Spry 菜单栏的具体操作步骤如下。

❶打开新建的文档，将光标置于页面中，执行"插入"|"布局对象"|"Spry 菜单栏"命令。

❷选择命令后，弹出"Spry 菜单栏"对话框，在对话框有两种菜单栏构件：垂直构件和水平构件，勾选"水平"单选项，如图 9-15 所示。

❸单击"确定"按钮，插入 Spry 菜单栏，如图 9-16 所示。

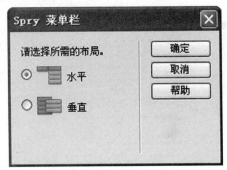

图9-15 "Spry菜单栏"对话框

图9-16 插入Spry菜单栏

9.3.2 使用Spry选项卡式面板

选项卡式面板构件是一组面板，用来将内容存储到紧凑空间中。站点访问者可通过单击他们要访问的面板上的选项卡来隐藏或显示存储在选项卡式面板中的内容。当访问者单击不同的选项卡时，构件的面板会相应地打开。在给定时间内，选项卡式面板构件中只有一个内容面板处于打开状态。具体操作步骤如下。

将光标置于页面中，执行"插入"|"布局对象"|"Spry 选项卡式面板"命令，插入Spry 选项卡式面板，如图 9-17 所示。

图9-17 插入Spry选项卡式面板

选项卡式面板构件的 HTML 代码中包含一个含有所有面板的外部 div 标签、一个标签列表、一个用来包含内容面板的 div，以及各面板对应的 div。在选项卡式面板构件的 HTML 中，在文档头中和选项卡式面板构件的 HTML 标记之后还包括脚本标签。

> ★ 高手支招 ★
>
> 当将光标置于标签2选项卡中时，就会出现按钮，单击此按钮，即可进入标签2选项卡并对其进行编辑。

9.3.3 使用Spry折叠式

折叠构件是一组可折叠的面板，可以将大量内容存储在一个紧凑的空间中。站点访问者可通过单击该面板上的选项卡来隐藏或显示存储在折叠构件中的内容。当访问者单击不同的选项卡时，折叠构件的面板会相应地展开或收缩。在折叠构件中，每次只能有一个内容面板处于打开且可见的状态。

将光标置于页面中，执行"插入"|"布局对象"|"Spry折叠式"命令，插入Spry折叠式，如图9-18所示。

图9-18 插入Spry折叠式

★ 高手支招 ★

折叠构件的默认HTML中包含一个含有所有面板的外部Div标签以及各面板对应的Div标签，各面板的标签中还有一个标题Div和内容Div。折叠构件可以包含任意数量的单独面板。在折叠构件的HTML中，在文档头中和折叠构件的HTML标记之后还包括SCRIPT标签。

9.3.4 使用Spry可折叠面板

可折叠面板构件是一个面板，可将内容存储到紧凑的空间中。用户单击构件的选项卡即可隐藏或显示存储在可折叠面板中的内容。

将光标置于页面中，执行"插入"|"布局对象"|"Spry可折叠面板"命令，即可插入Spry可折叠面板，如图9-19所示。

图9-19 插入Spry可折叠面板

★ 高手支招 ★

可折叠面板构件的HTML中包含一个外部Div标签，其中包含内容Div标签和选项卡容器Div标签。在可折叠面板构件的HTML中，在文档头中和可折叠面板的HTML标记之后还包括脚木标签。

9.4 综合案例：利用AP Div制作网页下拉菜单

下拉菜单是网上最常见效果之一，下拉菜单不仅节省了网页排版上的空间，使网页布局简洁有序，而且一个新颖美观的下拉菜单也为网页增色不少。Div拥有很多表格所不具备的特点，如可以重叠、便于移动、可设为隐藏等。这些特点有助于我们的设计思维不受局限，从而发挥更多的想象力。利用AP Div制作网页下拉菜单效果如图9-20所示，具体操作步骤如下。

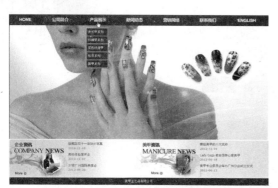

图9-20 AP Div制作网页下拉菜单效果

原始文件：CH09/综合案例/index.htm

最终文件：CH09/综合案例/index1.htm

❶打开网页文档，如图9-21所示。

图9-21 打开网页文档

❷将光标置于页面中，执行"插入"|"布局对象"|"AP Div"命令，插入AP Div，在"属性"面板中将"左"、"上"、"宽"、"高"分别设置为303px、63px、86px、143px，将"背景颜色"设置为"#5D1E87"，如图9-22所示。

图9-22 插入AP Div

❸将光标置于AP Div中，插入4行1列的表格，将"表格宽度"设置为100%，将"间距"设置为1，"填充"设置为5，"边框"设置为1，如图9-23所示。

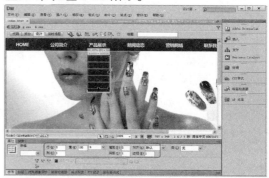

图9-23 插入表格

❹在单元格中输入文字，将"大小"设置为12像素，如图9-24所示。

图9-24 输入文字

❺选中图像"产品展示"，打开"行为"面板，在面板中单击"添加行为"按钮，在弹出的菜单中选择"显示-隐藏元素"选项，如图9-25所示。

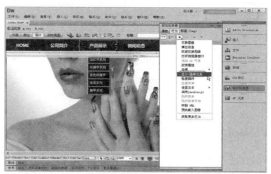

图9-25 选择"显示-隐藏元素"选项

⑥弹出"显示-隐藏元素"对话框，在对话框中单击"显示"按钮，如图 9-26 所示。

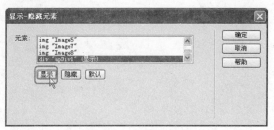

图9-26 单击"显示"按钮

⑦单击"确定"按钮，将行为添加到"行为"面板中，将事件设置为 onMouseOver，如图 9-27 所示。

⑧在"行为"面板中单击"添加行为"按钮，在弹出的菜单中选择"显示-隐藏元素"选项，弹出"显示-隐藏元素"对话框，在该对话框中单击"隐藏"按钮，如图 9-28 所示。

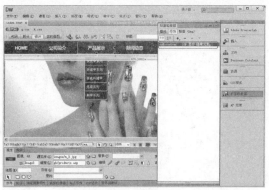

图9-27 设置事件

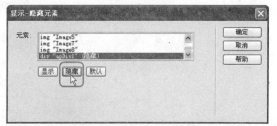

图9-28 "显示-隐藏元素"对话框

⑨单击"确定"按钮，将行为添加到"行为"面板中，将事件设置为 onMouseOut，如图 9-29 所示。

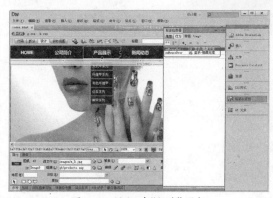

图9-29 添加到"行为"面板

⑩执行"窗口"｜"AP 元素"命令，打开"AP 元素"面板，在面板中的 apDiv1 前面单击 ⊝ 按钮，如图 9-30 所示。

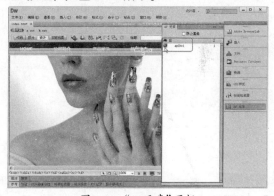

图9-30 "AP元素"面板

⑪保存文档，按 F12 键即可在浏览器中预览，效果如图 9-20 所示。

第 9 章 用 AP Div 和 Spry 框架布局对象

第10章 使用模板和库提高网页制作效率

本章导读

　　本章主要学习如何提高网页的制作效率，这就是"模板"和"库"。它们不是网页设计师在设计网页时必须要使用的技术，但是如果合理地使用它们将会大大提高工作效率。合理地使用模板和库也是创建整个网站的重中之重。

技术要点

- 了解使用资源面板管理站点资源
- 掌握创建模板
- 掌握使用模板
- 掌握管理模板
- 掌握创建与应用库项目
- 掌握创建完整的模板网页

实例展示

基于模板创建网页

应用库项目

创建模板

利用模板创建网页

10.1 使用"资源"面板管理站点资源

使用"资源"面板可以轻松地跟踪和预览已经存储在站点中的图像、影片、颜色、脚本和链接等几种资源，可以轻松地把任何一种资源从"资源"面板之间拖动到当前所编辑的文档中并将其插入到某一页面中。

10.1.1 在"资源"面板中查看资源

执行"窗口"|"资源"命令，打开"资源"面板，"资源"面板默认位于"文件"面板组中，如图10-1所示。

在打开"资源"面板时，可能没有任何内容，但Dreamweaver可以快速搜索所选网站资源，并自动将其排列在"资源"面板中。使用"资源"面板之前，用户必须先设置好本地网站，并启用站点缓存，这样"资源"面板中才能显示资源分类中的内容，并且随时进行更新。

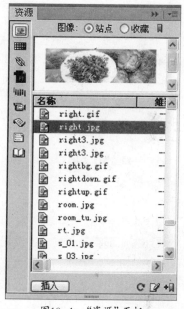

图10-1　"资源"面板

10.1.2 将资源添加到文档

可以将大多数类型的资源插入到文档中，方法是将它们拖动到文档窗口中的"代码"视图或"设计"视图，或者使用"插入"按钮。

❶将某资源从"资源"面板拖动到文档，如果该区域未显示，则在选择菜单中的"查看"|"文件头内容"命令。

❷在面板中选择某资源，然后单击面板底部的"插入"按钮，该资源即被插入文档中，如图10-2所示。

图10-2　将资源添加到文档

10.1.3 在收藏夹中添加或删除资源

有多种方法可在"资源"面板中向站点的"收藏"列表添加资源。

●单击"资源"面板中的"图像"按钮。在"资源"面板的"站点"列表中选择一种或多种资源，然后单击该面板底部的"添加到收藏"按钮。

●在"资源"面板的"站点"列表中选择一个或多个资源，单击鼠标右键，然后在弹出的菜单中选择"添加到收藏"命令。

●在"文件"面板中选择一个或多个文件，单击鼠标右键，然后在弹出的菜单中选择"添加到收藏"命令。

●在"资源"面板中，选择位于面板顶部的"收藏"选项。

●在"收藏"列表中选择一种或多种资源。

有多种方法可从"资源"面板的"收藏"列表中删除资源。

●单击面板底部的"从收藏中删除"按钮。

●资源将从"收藏"列表中被删除，但它们仍出现在"站点"列表中。如果删除一个收藏夹，则该文件夹及其中的所有资源都被从"收藏"列表中删除。

10.2 创建模板

在网页制作中很多劳动是重复的，如很多页面的顶部和底部都是一样的，而同一栏目中除了某一块区域外，版式、内容也完全一样。如果将这些工作简化，就能够大幅度提高效率。而 Dreamwever 中的模板就可以解决这一问题，模板主要用于同一栏目中的页面制作。本地站点用到的所有模板都保存在网站根目录下的 Templates 文件夹中，其扩展名为 .dwt。

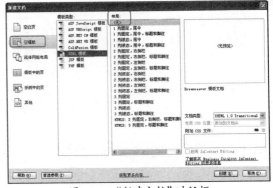

图10-3 "新建文档"对话框

10.2.1 直接创建模板

从空白文档直接创建模板的具体操作步骤如下。

❶执行"文件"|"新建"命令，弹出"新建文档"对话框，在该对话框中选择"空模板"|"HTML 模板"|"无"选项，如图 10-3 所示。

❷单击"创建"按钮，即可创建一个空白模板，如图 10-4 所示。

图10-4 创建模板

❸执行"文件"|"保存"命令，弹出 Dreamweaver 提示对话框，如图 10-5 所示。

❹单击"确定"按钮，弹出"另存模板"对话框，在该对话框中的"另存为"文本框中输入 Untitled-2，如图 10-6 所示。

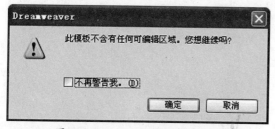

图10-5 Dreamweaver提示对话框

图10-6 "另存模板"对话框

❺单击"保存"按钮，即可完成模板的创建，如图 10-7 所示。

图10-7 另存为模板

10.2.2 从现有文档创建模板

从现有文档中创建模板的具体操作步骤如下。

❶打开网页文档，如图 10-8 所示。

❷执行"文件"|"另存为模板"命令，

弹出"另存模板"对话框，在该对话框中的"站点"下拉列表中选择 10.2.2，在"另存为"文本框中输入 moban，如图 10-9 所示。

图10-8 打开网页文档

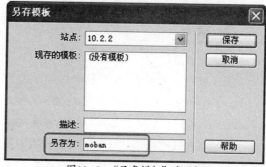

图10-9 "另存模板"对话框

❸单击"保存"按钮，弹出 Dreamweaver 提示对话框，提示是否更新链接，如图 10-10 所示。

❹单击"是"按钮，即可将现有文档另存为模板，如图 10-11 所示。

图10-10 Dreamweaver CS6提示对话框

图10-11 另存为模板文件

10.3 使用模板

模板实际上就是具有固定格式和内容的文件，文件扩展名为.dwt。模板的功能很强大，通过定义和锁定可编辑区域可以保护模板的格式和内容不会被修改，只有在可编辑区域中才能输入新的内容。模板最大的作用就是可以创建统一风格的网页文件，在模板内容发生变化后，可以同时更新站点中所有使用到该模板的网页文件，而不需要逐一修改页面文件。

图10-12 打开文档

10.3.1 定义可编辑区

可编辑区域就是基于模板文档的未锁定区域，是网页套用模板后，可以编辑的区域。在创建模板后，模板的布局就固定了，如果要在模板中针对某些内容进行修改，即可为该内容创建可编辑区。创建可编辑区域的具体操作步骤如下。

❶打开网页文档，将光标置于要创建可编辑区域的位置，如图10-12所示。

❷执行"插入"|"模板对象"|"可编辑区域"命令，弹出"新建可编辑区域"对话框，如图10-13所示。

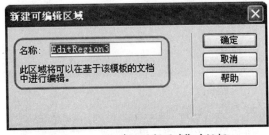

图10-13 "新建可编辑区域"对话框

❸单击"确定"按钮，创建可编辑区域，如图10-14所示。

图10-14 创建可编辑区域

★ 提示 ★

单击"常用"插入栏中的⊡·按钮,在弹出的菜单中选择⊡按钮,弹出"新建可编辑区域"对话框,插入可编辑区域。

10.3.2 定义新的可选区域

模板中除了可以插入最常用的"可编辑区域"外,还可以插入一些其他类型的区域,它们分别为:"可选区域"、"重复区域"、"可编辑的可选区域"和"重复表格"。由于这些类型需要使用代码操作,并且在实际的工作中并不经常使用,因此这里我们只简单地介绍一下。

"可选区域"是用户在模板中指定为可选的区域,用于保存有可能在基于模板的文档中出现的内容。使用可选区域,可以显示和隐藏特别标记的区域,在这些区域中用户将无法编辑内容。

定义新的可选区域的具体操作步骤如下。

❶执行"插入"|"模板对象"|"可选区域"命令,或者单击"常用"插入栏"模板"按钮⊡·右边的小三角图标,在弹出的子菜单中单击"可选区域"按钮⊞,弹出"新建可选区域"对话框,如图10-15所示。

❷在"新建可选区域"对话框的"名称"文本框中输入这个可选区域的名称,如果选中"默认显示"复选项,单击"确定"按钮,即可创建一个可选区域。

❸单击"高级"选项卡,打开"高级"选项,在其中进行设置,如图10-16所示。

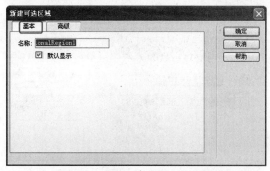

图10-15 "新建可选区域"对话框

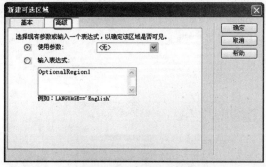

图10-16 "高级"选项卡

★ 提示 ★

可选区域并不是可编辑区域,它仍然是被锁定的。当然也可以将可选区域设置为可编辑区域,两者并不冲突。

10.3.3 定义重复区域

"重复区域"是可以根据需要在基于模板的页面中复制任意次数的模板区域。使用重复区域,可以通过重复特定项目来控制页面布局,如目录项、说明布局或者重复数据行。重复区域本身不是可编辑区域,要使重复区域中的内容可编辑,请在重复区域内插入可编辑区域。

定义重复区域的具体步骤如下。

❶执行"插入"｜"模板对象"｜"重复区域"命令，或者单击常用插入栏"模板"按钮 📄·右边的小三角图标，在弹出的子菜单中单击"重复区域"按钮📄，打开"新建重复区域"对话框，如图10-17所示。

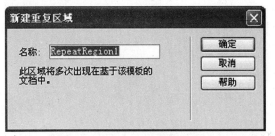

图10-17　"新建重复区域"对话框

❷在该对话框中"名称"文本框中输入名称，单击"确定"按钮，即可创建重复区域。

10.3.4　基于模板创建网页

模板创建好之后，就可以应用模板快速、高效地设计风格一致的网页，下面通过图10-18所示的效果讲述如何应用模板创建网页，具体操作步骤如下。

> 原始文件：CH10/10.3.4/Templates/moban.dwt
>
> 最终文件：CH10/10.3.4/index1.html

★ 提示 ★

在创建模板时，可编辑区和锁定区域都可以进行修改。但是，在利用模板创建的网页过程中，只能在可编辑区中进行更改，而无法修改锁定区域中的内容。

图10-18　利用模板创建网页

❶执行"文件"｜"新建"命令，弹出"新建文档"对话框，在该对话框中选择"模板中的页"｜"10.3.4"｜"moban"，如图10-19所示。

❷单击"创建"按钮，利用模板创建网页，如图10-20所示。

图10-19　"新建文档"对话框

图10-20　利用模板创建网页

❸将光标置于可编辑区域中，执行"插入"|"表格"命令，弹出"表格"对话框，在该对话框中将"行数"设置为2，"列"设置为1，"表格宽度"设置为100%，如图10-21所示。

❹单击"确定"按钮，插入表格，如图10-22所示。

图10-21 "表格"对话框

图10-22 插入表格

❺将光标置于表格的第1行单元格中，执行"插入"|"图像"命令，弹出"选择图像源文件"对话框，在该对话框中选择图像文件images/a.jpg，如图10-23所示。

❻单击"确定"按钮，完成插入图像，如图10-24所示。

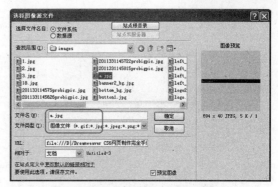

图10-23 "选择图像源文件"对话框

图10-24 插入图像

❼将光标置于表格的第2行单元格中，输入相应的文字，如图10-25所示。

图10-25 输入文字

❽将光标置于文字中，执行"插入"|"图像"命令，插入图像images/2011331145815probigpic.jpg，如图10-26所示。

图10-26 插入图像

❾选中插入的图像，单击鼠标右键，在弹出的下拉菜单中选择"对齐"丨"右对齐"选项，如图10-27所示。

❿执行"文件"丨"保存"命令，弹出"另存为"对话框，在该对话框中的"文件名"文本框中输入名称，如图10-28所示。

图10-27 设置图像对齐方式

图10-28 "另存为"对话框

⓫单击"保存"按钮，保存文档，按F12键在浏览器中预览，效果如图10-18所示。

10.4 管理模板

在Dreamweaver中，可以对模板文件进行各种管理操作，如重命名、删除等。

10.4.1 更新模板

在通过模板创建文档后，文档就同模板密不可分了。以后每次修改模板，都可以利用Dreamweaver的站点管理特性，自动对这些文档进行更新，从而改变文档的风格。

❶打开模板文档，选中图像，在"属性"面板中"链接"选择矩形热点工具，如图10-29所示。

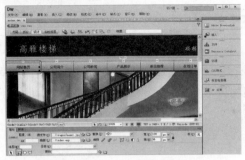

图10-29 打开模板文档

❷在图像上绘制矩形热点，并输入相应的链接，如图10-30所示。

图10-30 绘制热点

❸执行"文件"｜"保存"命令，弹出"更新模板文件"对话框，在该对话框中显示要更新的网页文档，如图10-31所示。

❹单击"更新"按钮，弹出"更新页面"对话框，如图10-32示。

图10-31 "更新模板文件"对话框

图10-32 "更新页面"对话框

❺打开利用模板创建的文档，可以看到文档已经更新的效果，如图10-33所示。

图10-33 更新文档

10.4.2 把页面从模板中分离出来

若要更改基于模板的文档的锁定区域，必须将该文档从模板中分离。文档分离之后，整个文档都将变为可编辑的。

❶打开模板网页文档，执行"修改"｜"模板"｜"从模板中分离"命令，如图10-34所示。

图10-34 执行"从模板中分离"命令

❷选择命令后，即可从模板中分离出来，如图10-35所示。

图10-35 从模板中分离出来

10.5 创建与应用库项目

在 Dreamweaver 中，另一种维护文档风格的方法是使用库项目。如果说模板从整体上控制了文档风格的话，那么库项目则从局部上维护了文档的风格。

10.5.1 关于库项目

库是一种特殊的 Dreamweaver 文件，其中包含已创建的以便放在网页上的单独的"资源"或"资源"副本的集合，库里的这些资源被称为库项目。库项目是可以在多个页面中重复使用的存储页面的对象元素，每当更改某个库项目的内容时，都可以同时更新所有使用了该项目的页面。不难发现，在更新这一点上，模板和库都是为了提高工作效率而存在的。

在库中，读者可以存储各种各样的页面元素，如图像、表格、声音和 Flash 影片等。

使用库项目时，Dreamweaver 并不是在网页中插入库项目，它事实上只插入了一个指向库项目的链接。

至于什么情况下适合使用库项目，其中还是有些规律的，这里有一个如何使用库项目的示例。

假定要为某公司建立一个大型站点。公司想让其广告语出现在站点的每个页面上，但是销售部门还没有最后确定广告语的文字。如果创建一个包含该广告语的库项目并在每个页面上使用，那么当销售部门提供该广告语的最终版本时，可以更改该库项目并自动更新每一个使用它的页面。

再举个例子，如果想让页面中具有相同的标题或脚注（如版权信息），但又不想受整体页面布局的限制，在这种情况下，可以使用库项目存储它们。

10.5.2 创建库项目

可以先创建新的库项目，然后再编辑其中的内容，也可以将文档中选中的内容作为库项目保存。如果使用了库，就可以通过改动库更新所有采用库的网页，不用一个一个地修改网页元素或重新制作网页。创建库项目的效果如图 10-36 所示，具体操作步骤如下。

图10-36 库项目效果

最终文件：CH10/10.5.2/top.lbi

❶执行"文件"｜"新建"命令，弹出"新建文档"对话框，在该对话框中选择"空白页"中的"库项目"选项，如图10-37所示。

❷单击"创建"按钮，创建一个库文档，如图10-38所示。

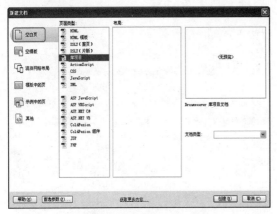

图10-37　"新建文档"对话框

图10-38　创建库文档

❸执行"文件"｜"另存为"命令，弹出"另存为"对话框，在该对话框中的"保存类型"下拉列表中选择"库文件（.lbi）"，在"文件名"文本框中输入top.lbi，如图10-39所示。

❹单击"保存"按钮，保存文档，将光标置于文档中，执行"插入"｜"表格"命令，弹出"表格"对话框，在该对话框中将"行数"设置为2，"列"设置为1，"表格宽度"设置为"902像素"，如图10-40所示。

图10-39　"另存为"对话框

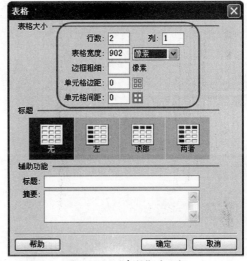

图10-40　"表格"对话框

❺单击"确定"按钮，插入表格，如图10-41所示。

图10-41　插入表格

❻将光标置于表格的第 1 行单元格中，执行"插入"|"图像"命令，弹出"选择图像源文件"对话框，在该对话框中选择图像文件 images/SZJJ2.jpg，如图 10-42 所示。

图10-42 "选择图像源文件"对话框

❼单击"确定"按钮，插入图像，如图 10-43 所示。

图10-43 插入图像

❽将光标置于表格的第 2 行单元格中，输入背景图像代码 background=images/ 字条 .jpg，如图 10-44 所示。

图10-44 输入背景图像代码

❾返回设计视图，看到插入的背景图像，将光标置于背景图像上，执行"插入"|"表格"命令，插入一个 1 行 8 列的表格，如图 10-45 所示。

图10-45 插入表格

❿将光标置于刚插入的表格中，输入文字，如图 10-46 所示。

图10-46 输入文字

⓫保存文档，按 F12 键在浏览器中预览，效果如图 10-36 所示。

10.5.3 应用库项目

> 原始文件：CH10/10.5.3/index.html
> 最终文件：CH10/10.5.3/index1.html

创建库项目后，就可以将其插入到其他网页中。下面在图 10-47 所示的网页中应用库效果，具体操作步骤如下。

图10-47 在网页中应用库效果

❶打开网页文档，如图 10-48 所示。

图10-48 打开网页文档

❷执行"窗口"｜"资源"命令，打开"资源"面板，在面板中单击"库"按钮 ▦，显示库项目，如图 10-49 所示。

图10-49 显示库项目

❸将光标置于要插入库的位置，选中库top，单击左下角的"插入"按钮，插入库项目，如图 10-50 所示。

图10-50 插入库项目

★ 高手支招 ★

如果仅仅希望添加库项目内容对应的代码，而不希望它作为库项目出现，则可以按住Ctrl键，再将相应的库项目从"资源"面板中拖到文档窗口。这样插入的内容就以普通文档的形式出现。

❹保存文档，按 F12 键在浏览器中预览，效果如图 10-47 所示。

10.5.4 修改库项目

可以通过修改某个库项目来修改整个站点中所有应用该库项目的文档，实现统一更新文档风格的目标。

❶打开库文件，选中导航文字，如图 10-51 所示。

图10-51 打开库文件

❷删除导航文字，如图 10-52 所示。

图10-52　删除文字

❸执行"修改"|"库"|"更新页面"命令，弹出"更新页面"对话框，如图 10-53 所示。单击"开始"按钮，即可按照指示更新文件，如图 10-54 所示。

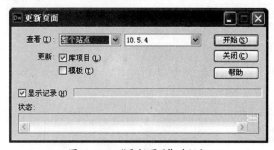

图10-53　"更新页面"对话框

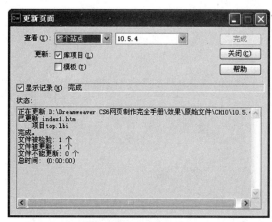

图10-54　显示更新文件

❹打开应用库项目的文件，可以看到文件已经被更新，如图 10-55 所示。

图10-55　更新应用库项目的文档

10.6　综合实战：创建完整的模板网页

在网页中使用模板可以统一整个站点的页面风格，使用库项目可以对页面的局部统一风格，在制作网页时使用库和模板可以节省大量的工作时间，并且对日后的升级带来很大的方便。下面通过实例讲述模板的创建和应用。

10.6.1　实战：创建模板

最终文件：/CH10/实战1/moban.dwt

创建企业网站模板的效果如图 10-56 所示，具体操作步骤如下。

图10-56　企业网站模板效果

❶执行"文件"|"新建"命令，弹出"新建文档"对话框，在该对话框中选择"空模板"|"HTML模板"|"无"选项，如图10-57所示。

❷单击"创建"按钮，创建一空白文档网页，如图10-58所示。

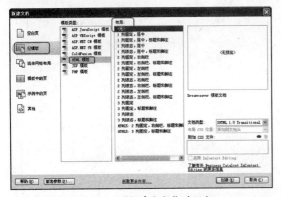

图10-57 "新建文档"对话框

图10-58 新建文档

❸执行"文件"|"保存"命令，弹出"Dreamweaver"提示对话框，如图10-59所示。

❹单击"确定"按钮，弹出"另存模板"对话框，在该对话框的"另存为"文本框中输入名称，如图10-60所示。

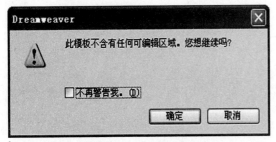

图10-59 提示对话框

图10-60 "另存模板"对话框

❺单击"保存"按钮，保存模板文档，将光标置于页面中，执行"修改"|"页面属性"命令，弹出"页面属性"对话框，在对话框中将"上边距"、"下边距"、"左边距"、"右边距"均设置为0，如图10-61所示。

❻单击"确定"按钮，修改页面属性，执行"插入"|"表格"命令，弹出"表格"对话框，在该对话框中将"行数"设置为5，"列"设置为1，"表格宽度"设置780像素，如图10-62所示。

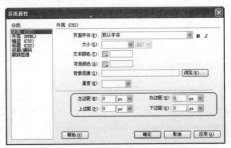

图10-61 "页面属性"对话框

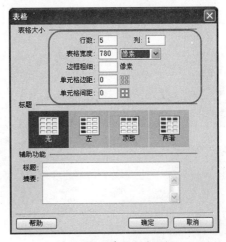

图10-62 "表格"对话框

⑦单击"确定"按钮，插入表格，此表格记为"表格1"，如图10-63所示。

⑧将光标置于"表格1"的第1行单元格中，执行"插入"|"图像"命令，弹出"选择图像源文件"对话框，在对话框中选择相应的图像文件../images/header.jpg，如图10-64所示。

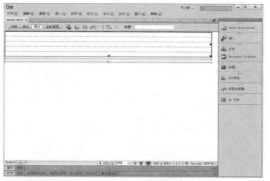

图10-63 插入"表格1"

图10-64 "选择图像源文件"对话框

⑨单击"确定"按钮，插入图像，如图10-65所示。

图10-65 插入图像

⑩将光标置于"表格1"的第2行单元格中，执行"插入"|"表格"命令，插入1行7列的表格，此表格记为"表格2"，如图10-66所示。

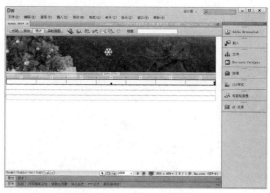

图10-66 插入"表格2"

⑪在"表格2"的单元格中分别插入相应的图像文件，如图10-67所示。

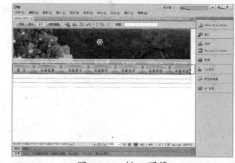

图10-67 插入图像

⑫将光标置于"表格1"的第3行单元格中，执行"插入"|"表格"命令，插入1行3列的表格，此表格记为"表格3"，如图10-68所示。

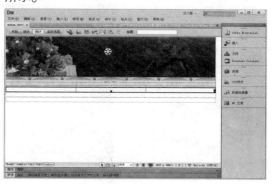

图10-68 插入"表格3"

⓭在"表格3"的单元格中分别插入相应的图像文件，如图10-69所示。

图10-69 插入图像文件

⓮将光标置于"表格1"的第4行单元格中，执行"插入"|"表格"命令，插入1行2列的表格，此表格记为"表格4"，如图10-70所示。

图10-70 插入"表格4"

⓯将光标置于"表格4"的第1列单元格中，执行"插入"|"表格"命令，插入6行1列的表格，此表格记为"表格5"，如图10-71所示。

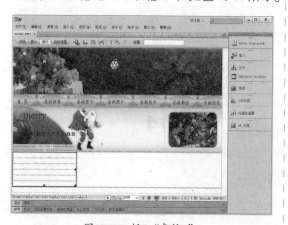

图10-71 插入"表格5"

⓰将光标置于"表格5"的第1行单元格中，打开"代码"视图，在代码中输入背景图像代码background=../images/header3.jpg，如图10-72所示。

图10-72 输入代码

⓱返回"设计"视图，可以看到插入的背景图像，将光标置于背景图像上，输入文字"圣诞故事"，将字体"大小"设置为14像素，"颜色"设置为#8c2031，如图10-73所示。

图10-73 输入文字

⓲将光标置于"表格5"的第2行单元格中，执行"插入"|"表格"命令，插入1行2列的表格，此表格记为"表格6"，如图10-74所示。

图10-74 插入"表格6"

⑲将光标置于"表格6"的第1列单元格中，执行"插入"|"图像"命令，插入图像../images/pr_4.jpg，如图10-75所示。

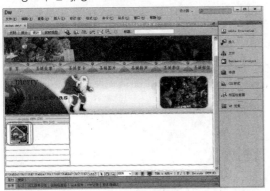

图10-75　插入图像

⑳将光标置于"表格6"的第2列单元格中，输入相应的文字，如图10-76所示。

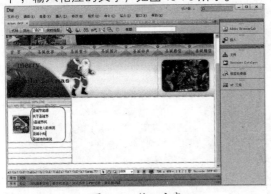

图10-76　输入文字

㉑将光标置于"表格5"的第3行单元格中，打开"代码"视图，在代码中输入背景图像代码background=../images/header3.jpg，如图10-77所示。

图10-77　输入代码

㉒返回"设计"视图，可以看到插入的背景图像，将光标置于背景图像上，输入文字"圣诞话题"，"大小"设置为14像素，"颜色"设置为#8c2031，如图10-78所示。

图10-78　输入文字

㉓将光标置于"表格5"的第4行单元格中，输入相应的文字，如图10-79所示。

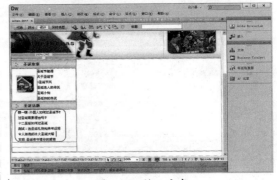

图10-79　输入文字

㉔将光标置于"表格5"的第5行单元格中，执行"插入"|"图像"命令，插入图像../images/more.gif，将图像对齐方式设置为右对齐，如图10-80所示。

图10-80　插入图像

㉕将光标置于"表格5"的第6行单元格中，打开"代码"视图，在代码中输入背景图像代码 background=../images/header3.jpg，如图 10-81 所示。

图10-81 输入代码

㉖返回"设计"视图，可以看到插入的背景图像，将光标置于背景图像上，输入文字"圣诞贺卡"，"大小"设置为14像素，"颜色"设置为 #8c2031，如图 10-82 所示。

图10-82 输入文字

㉗将光标置于"表格4"的第2列单元格中，执行"插入"|"模板对象"|"可编辑区域"命令，弹出"新建可编辑区域"对话框，如图 10-83 所示。

㉘单击"确定"按钮，插入可编辑区域，如图 10-84 所示。

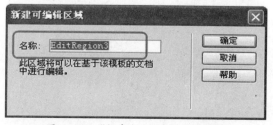

图10-83 "新建可编辑区域"对话框

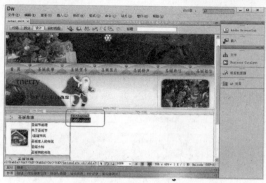

图10-84 插入可编辑区域

㉙将光标置于"表格1"的第5行单元格中，打开"代码"视图，在代码中输入背景图像代码 background=../images/footer.jpg，如图 10-85 所示。

图10-85 输入代码

㉚返回"设计"视图，可以看到插入的背景图像，如图 10-86 所示。

图10-86 插入背景图像

㉛保存文档，完成模板的制作，效果如图 10-56 所示。

10.6.2 实战：利用模板创建网页

原始文件：CH10/实战2/moban.dwt

最终文件：CH10/实战2/index1.html

利用模板创建网页的效果如图 10-87 所示，具体操作步骤如下。

图10-87 利用模板创建网页效果

❶执行"文件"|"新建"命令，弹出"新建文档"对话框，在该对话框中选择"模板中的页"|"站点实战 2"|"moban"选项，如图 10-88 所示。

图10-88 "新建文档"对话框

❷单击"创建"按钮，利用模板创建文档，如图 10-89 所示。

图10-89 利用模板创建文档

❸执行"文件"|"保存"命令，弹出"另存为"对话框，在该对话框中的"文件名"文本框中输入名称，如图 10-90 所示。

❹单击"保存"命令，保存文档，将光标置于可编辑区域中，执行"插入"|"表格"命令，弹出"表格"对话框，在该对话框中将"行数"设置为 4，"列"设置为 1，如图 10-91 所示。

图10-90 "另存为"对话框

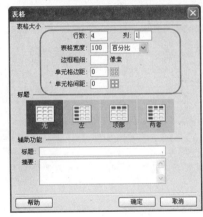

图10-91 "表格"对话框

❺单击"确定"按钮，插入表格，此表格记为"表格1"，如图 10-92 所示。

图10-92 插入"表格1"

⑥将光标置于"表格1"的第1行单元格中，打开"代码"视图，在代码中输入背景图像代码 background=images/header1.jpg，如图10-93所示。

图10-93 输入代码

⑦返回"设计"视图，可以看到插入的背景图像，将光标置于背景图像上，执行"插入"|"表格"命令，插入1行2列的表格，此表格记为"表格2"，如图10-94所示。

图10-94 插入表格2

⑧将光标置于"表格2"的第1列单元格中，输入文字"圣诞短信"，将"大小"设置为14像素，"颜色"设置为#8c2031，如图10-95所示。

图10-95 输入文字

⑨将光标置于"表格2"的第2列单元格中，执行"插入"|"图像"命令，弹出"选择图像源文件"对话框，在该对话框中选择图像文件 images/more.gif，如图10-96所示。

⑩单击"确定"按钮，插入图像，如图10-97所示。

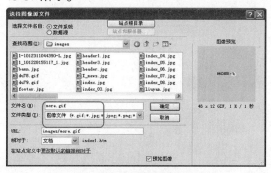

图10-96 "选择图像源文件"对话框

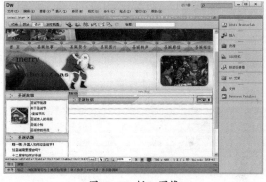

图10-97 插入图像

⑪将光标置于"表格1"的第2行单元格中，执行"插入"|"表格"命令，插入1行1列的表格，此表格记为"表格3"，如图10-98所示。

图10-98 插入"表格3"

⑫将光标置于"表格3"的单元格中,输入相应的文字,如图10-99所示。

图10-99 输入文字

⑬将光标置于"表格1"的第3行单元格中,打开"代码"视图,在代码中输入背景图像代码background=images/header1.jpg,如图10-100所示。

图10-100 输入代码

⑭返回"设计"视图,可以看到插入的背景图像,将光标置于背景图像上,执行"插入"|"表格"命令,插入1行2列的表格,此表格记为"表格4",如图10-101所示。

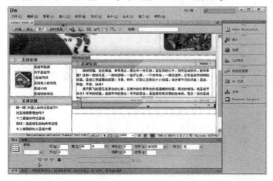

图10-101 插入"表格4"

⑮将光标置于"表格4"的第1列单元格中,输入文字"圣诞图片",将"大小"设置为14像素,"颜色"设置为#8c2031,如图10-102所示。

图10-102 输入文字

⑯将光标置于"表格4"的第2列单元格中,执行"插入"|"图像"命令,插入图像images/more.gif,如图10-103所示。

图10-103 插入图像

⑰将光标置于"表格1"的第4行单元格中,执行"插入"|"表格"命令,插入2行4列的表格,此表格记为"表格5",如图10-104所示。

图10-104 插入"表格5"

⑱在"表格5"的单元格中分别插入相应的图像，如图10-105所示。

图10-105 插入图像

⑲保存文档，完成利用模板创建的网页，效果如图10-87所示。

第11章 创建精彩的多媒体网页

本章导读
　　利用 Dreamweaver 还可以迅速、方便地为网页添加声音和影片。可以插入和编辑多媒体对象，如 Java Applet 小程序、Flash 影片、音乐文件或视频对象等。它们作为重要的辅助元素，将会使页面的效果更加生动，使网站的内容更加丰富。

技术要点
- ●掌握 Flash 的插入
- ●掌握插入 Shockwave 动画
- ●掌握添加背景音乐的方法
- ●掌握插入 Java Applet
- ●掌握插入插件
- ●掌握插入透明 Flash 动画

实例展示

插入Flash动画

插入Shockwave动画

添加背景音乐效果

利用Java Applet制作
水中倒映效果

11.1 插入Flash

在网页中插入 Flash 影片可以增加网页的动感性，使网页更具吸引力，因此多媒体元素在网页中应用越来越广泛。

11.1.1 插入Flash动画

原始文件: CH11/11.1.1/index.htm

最终文件: CH 11/11.1.1/index1.htm

SWF 动画是在专门的 Flash 软件中制作完成的，Dreamweaver 能将现有的 SWF 动画插入到文档中。在 Dreamweaver 中插入 SWF 影片的效果如图 11-1 所示，具体操作步骤如下。

图11-1 插入SWF影片的效果

❶打开网页文档，将光标置于要插入 SWF 影片的位置，如图 11-2 所示。

图11-2 打开网页文档

❷执行"插入"|"媒体"|"SWF"命令，弹出"选择 SWF"对话框，在该对话框中选择文件 index.swf，如图 11-3 所示。

★ 指点迷津 ★

单击"常用"插入栏中的媒体按钮 🖬，在弹出的菜单中选择SWF选项，弹出"选择SWF"对话框，插入SWF影片。

❸单击"确定"按钮，插入 SWF 影片，如图 11-4 所示。

图11-3 "选择SWF"对话框

图11-4 插入SWF影片

④选中插入的 Flash，打开"属性"面板，在"属性"面板中设置 Flash 相关属性，如图 11-5 所示。

图11-5 Flash属性面板

★ 指点迷津 ★

SWF"属性"面板的各项设置如下所述。

●SWF文本框：输入SWF动画的名称。

●宽和高：设置文档中SWF动画的尺寸，可以输入数值改变其大小，也可以在文档中拖动缩放手柄来改变其大小。

●文件：指定SWF文件的路径。

●背景颜色：指定影片区域的背景颜色。在不播放影片时（在加载时和在播放后）也显示此颜色。

●类：可用于对影片应用CSS类。

●循环：勾选此复选项可以重复播放SWF动画。

●自动播放：勾选此复选项，当在浏览器中载入网页文档时，自动播放SWF动画。

●垂直边距和水平边距：指定动画边框与网页上边界和左边界的距离。

●品质：设置SWF动画在浏览器中的播放质量，包括"低品质"、"自动低品质"、"自动高品质"和"高品质"4个选项。

●比例：设置显示比例，包括"全部显示"、"无边框"和"严格匹配"3个选项。

●对齐：设置SWF在页面中的对齐方式。

●Wmode：为SWF文件设置Wmode参数以避免与DHTML元素（例如Spry构件）相冲突。默认值是"不透明"，这样在浏览器中，DHTML

元素就可以显示在SWF文件的上面。如果SWF文件包括透明度，并且希望DHTML元素显示在它们的后面，则选择"透明"选项。

●播放：在"文档"窗口中播放影片。

●参数：打开一个对话框，可在其中输入传递给影片的附加参数。影片必须已设计好，可以接收这些附加参数。

⑤保存文档，按F12键即可在浏览器中预览，效果如图 11-1 所示。

11.1.2 插入Flash视频

原始文件：CH11/11.1.2/index.html

最终文件：CH11/11.1.2/index1.html

随着宽带技术的发展和推广，出现了许多视频网站。越来越多的人选择观看在线视频，同时也有很多的网站提供在线视频服务。

下面通过图 11-6 所示的效果，讲述如何在网页中插入 Flash 视频，具体操作步骤如下。

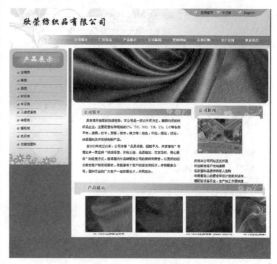

图11-6 插入Flash视频效果

①打开网页文档，将光标置于要插入视频的位置，如图 11-7 所示。

图11-7 打开网页文档

❷执行"插入"|"媒体"|"FLV视频"命令，弹出"插入FLV"对话框，在该对话框中单击"URL"文本框后面的"浏览"按钮，如图11-8所示。

❸在弹出的"选择FLV"对话框中选择视频文件，如图11-9所示。

图11-8 "插入FLV"对话框

图11-9 "选择FLV"对话框

★ 指点迷津 ★

单击"常用"插入栏中的媒体按钮，在弹出的菜单中选择FLV选项，弹出"插入FLV"对话框。

❹单击"确定"按钮，返回到"插入FLV"对话框，在该对话框中进行相应的设置，如图11-10所示。

❺单击"确定"按钮，插入视频，如图11-11所示。

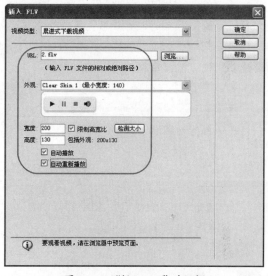

图11-10 "插入FLV"对话框

图11-11 插入视频

❻保存文档，按F12键在浏览器中预览，效果如图11-6所示。

★ 指点迷津 ★

使用Dreamweaver能够轻松地在网页中插入Flash视频内容，而无需使用Flash创作工具。在浏览器中查看Dreamweaver插入的Flash视频组件时，将显示选择的Flash视频内容以及一组播放控件。

11.2　插入Shockwave动画

Shockwave 是用于在网页中插放丰富的交互式多媒体内容的业界标准，其真正含义就是插件。可以通过 Director 来创建 Shockwave 影片，它生成的压缩格式可以被浏览器快速下载，并且可以被目前的主流服务器如 IE 所支持。插入 Shockwave 动画的效果如图 11-12 所示，具体操作步骤如下。

原始文件：CH11/11.2/index.html

最终文件：CH11/11.2/index1.html

❶打开网页文档，如图 11-13 所示。

图11-12　插入Shockwave动画效果

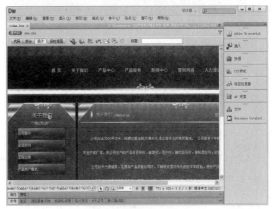

图11-13　打开网页文档

❷将光标放置在要插入 Shockwave 影片的位置,执行"插入"|"媒体"|"Shockwave"命令,弹出"选择文件"对话框,在该对话框中选择文件 top.swf,如图 11-14 所示。

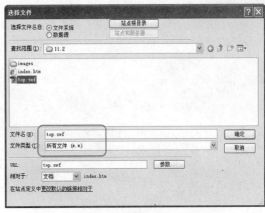

图11-14 "选择文件"对话框

❸单击"确定"按钮,插入 Shockwave 影片,如图 11-15 所示。

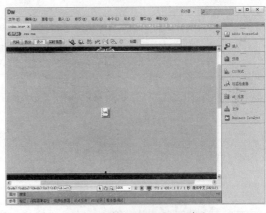

图11-15 插入Shockwave动画

❹选中插入的 Shockwave 动画,打开"属性"面板,在面板中设置插入 Shockwave 动画的相关属性,如图 11-16 所示。

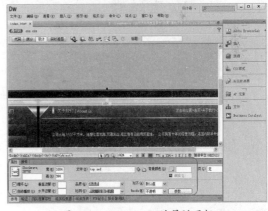

图11-16 Shockwave的属性面板

★ 知识要点 ★

Shockwave的"属性"面板中主要有以下参数。

●Shockwave名称文本框:设置Shockwave动画的名称,以便在脚本中引用,文本框上方同时显示Shockwave动画的大小。

●高和宽：设置动画在浏览器中显示的宽度和高度，默认以像素为单位。

●文件：设置Shockwave动画文件的地址，单击"选择文件"按钮，在弹出的对话框中选择文件，或直接输入文件地址。

●参数：单击此按钮，弹出"参数"对话框，在该对话框中可以输入其他参数以传递给动画。

●垂直边距和水平边距：设置Shockwave动画的上、下、左、右与其他元素的距离。

●背景颜色：指定动画区域的背景颜色。

●"对齐"下拉列表：设置动画和页面的对齐方式，包括"默认值"、"基线"、"顶端"、"居中"、"顶部"、"文本上方"、"绝对居中"、"绝对底部"、"左对齐"和"右对齐"10个选项。

⑤保存文档，按F12键在浏览器中浏览，效果如图11-12所示。

11.3 添加背景音乐

原始文件：CH11/11.3/index.html

最终文件：CH11/11.3/index1.html

通过代码提示，可以在"代码"视图中插入代码。在输入某些字符时，将显示一个列表，列出完成条目所需要的选项。下面通过代码提示讲述背景音乐的插入，效果如图11-17所示，具体操作步骤如下。

图11-17 插入背景音乐效果

①打开网页文档，如图11-18所示。

图11-18 打开网页文档

②切换到"代码"视图,在"代码"视图中找到标签 <body>,并在其后面输入"<"标识符以显示标签列表,输入"<"标识符时会自动弹出一个列表框,向下滚动该列表并选中标签 bgsound,如图 11-19 所示。

图11-19 选中标签bgsound

③双击鼠标左键以插入该标签,如果该标签支持属性,则按空格键以显示该标签允许的属性列表,从中选择属性 src,如图 11-20 所示。这个属性用来设置背景音乐文件的路径。

④按 Enter 键后,出现"浏览"字样,单击以弹出"选择文件"对话框,在该对话框中选择音乐文件,如图 11-21 所示。

图11-20 选择属性src

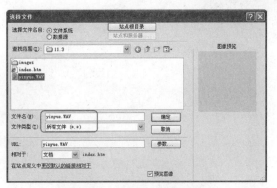

图11-21 "选择文件"对话框

⑤选择音乐文件后,单击"确定"按钮。在新插入的代码后按空格键,在属性列表中选择属性 loop,如图 11-22 所示。

图11-22 选择属性loop

⑥出现"-1"并选中。在最后的属性值后,为该标签输入">"标识符,如图 11-23 所示。

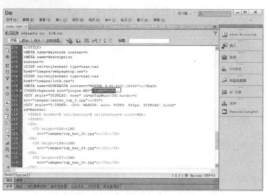

图11-23 输入">"标识符

❼保存文档，按F12键在浏览器中预览，效果如图11-17所示。

11.4   插入Java Applet

原始文件：CH11/11.4/index.html

最终文件：CH11/11.4/index1.html

每个人都希望自己制作出来的网页绚丽多彩，能吸引别人的注意，使用Java小程序就能达到这一目的。网上有很多做好的Java小程序，可以很方便地插入到网页中。

下面通过实例介绍如何利用Java小程序制作翻书动画，效果如图11-24所示，具体操作步骤如下。

图11-24 翻书动画效果

❶打开网页文档，如图11-25所示。

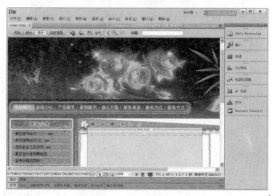

图11-25 打开网页文档

❷ 将 bookflip.class 和 bookflip.jar 文件复制到与当前网页文档相同的目录下，然后准备好 4 幅要制作翻书效果的图片，如图 11-26 所示。

图11-26 翻书效果图像

❸ 将光标置于要插入 Java 小程序的位置，切换到"代码"视图，在相应的位置输入以下代码，如图 11-27 所示。

```
<applet code="bookflip.class" width="348" height="352" hspace="0" vspace="0"
align="middle" archive="bookflip.jar">
<param name="credits" value="Applet by Fabio Ciucci (www.anfyteam.com)">
<param name="regcode" value="NO">
<param name="regnewframe" value="YES">; 注册码   如果您有的话
<param name="regframename" value="_blank">; 在新框架中启动注册连接?
<param name="res" value="1">; 注册连接的新框架名称
<param name="image1" value="images/1.jpg">; 载入图像 1
<param name="image2" value="images/2.jpg">; 载入图像 2
<param name="image3" value="images/3.jpg">; 载入图像 3
<param name="image4" value="images/4.jpg">; 载入图像 4
<param name="link1" value="http://www.1.com">; 连接 1
<param name="link2" value="http://www.2.com">; 连接 2
<param name="link3" value="http://www.3.com">; 连接 3
<param name="link3" value="http://www.4.com">; 连接 4
<param name="statusmsg1" value="www.1.com">; 图像 1 的状态条信息
<param name="statusmsg2" value="www.2.com">; 图像 2 的状态条信息
<param name="statusmsg3" value="www.3.com">; 图像 3 的状态条信息
<param name="statusmsg3" value="www.4.com">; 图像 4 的状态条信息
<param name="flip1" value="4">; 图像 1 反转效果 (0..7)
<param name="flip2" value="2">; 图像 2 反转效果 (0..7)
<param name="flip3" value="7">; 图像 3 反转效果 (0..7)
<param name="flip3" value="7">; 图像 4 反转效果 (0..7)
<param name="speed" value="4">; 褪色速度 (1-255)
<param name="pause" value="1000">; 暂停 ( 值 = 毫秒 )
<param name="extrah" value="80">; 附加高度 (applet w. - 图像 w)
<param name="flipcurve" value="2">; 反转曲线 (1..10)
<param name="shading" value="0">; 阴影 (0..4)
<param name="backr" value="255">; 背景色中的红色 (0..255)
<param name="backg" value="255">; 背景色中的绿色 (0..255)
```

```
        <param name="backb" value="255">; 背 景
色中的蓝色 (0 .. 255)
        <param name="overimg" value="NO">; 遮盖
applet 的可选图像
        <param name="overimgX" value="0">; 遮盖
图像的 X 轴偏移
        <param name="overimgY" value="0">; 遮盖
图像的 Y 轴偏移
        <param name="memdelay" value="1000">;
释放延缓时间
        <param name="priority" value="3">; 任务优
先权 (1..10)
        <param name="MinSYNC" value="10">; 最
小毫秒 / 画面同步时间 对不起，您的浏览器
不支持 Java；对不支持 Java(tm) 的浏览器的
提示信息
        </applet>
```

图11-27 输入代码

❹返回"设计"视图，可以看到插入的Java，如图 11-28 所示。

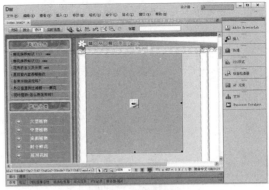

图11-28 插入Java

❺保存文档，按 F12 键在浏览器中预览，效果如图 11-24 所示。

★ 指点迷津 ★

当使用Windows XP操作系统时，常常会遇到利用Java Applet或Java制作的特效无法显示或提示JavaScript错误的警告信息。这是因为从Windows XP版本开始，不再内置显示Java的插件。所以，安装Windows XP的用户必须下载Java虚拟机的插件，并将其装在自己的电脑上。

11.5　插入ActiveX控件

　　ActiveX 控件是对浏览器能力的扩展，ActiveX 控件仅在 Windows 系统上的 Internet Explorer 中运行。ActiveX 控件的作用和插件的作用是相同的，它可以在不发布浏览器新版本的情况下扩展浏览器的能力。插入 ActiveX 控件的操作步骤如下。

❶将光标放置在要插入 ActiveX 的位置。

❷执行"插入"|"媒体"|"ActiveX"命令，在网页中插入 ActiveX 控件。

❸选中插入的 ActiveX 控件，打开"属性"面板，如图 11-29 所示。

图11-29 "属性"面板

★ 知识要点 ★

在ActiveX的"属性"面板中主要有以下参数。

● 宽和高：用来设置ActiveX控件的宽度和高度，可输入数值，单位是像素。

● ClassID：其下拉列表中包含了3个选项，分别是"RealPlayer"、"Shockwave for Director"和"Shockwave for Flash"。

● 对齐：用来设置ActiveX控件的对齐方式。

● 嵌入：选中该复选项，把ActiveX控件设置为插件，使它可以被Netscape Communicator浏览器所支持。Dreamweaver CS6给ActiveX控件属性输入的值同时分配给等效的Netscape Communicator插件。

● 源文件：用来设置用于插件的数据文件。

● 垂直边距：用来设置ActiveX控件与下方页面元素的距离。

● 水平边距：用来设置ActiveX控件与右侧页面元素的距离。

● 基址：用来设置包含该ActiveX控件的路径。如果在访问者的系统中尚未安装ActiveX控件，则浏览器从这个路径下载。如果没有设置"基址"文本框，访问者未安装相应的ActiveX控件，则浏览器将无法显示ActiveX对象。

● ID：用来设置ActiveX控件的编号。

● 数据：用来为ActiveX控件指定数据文件，许多种类的ActiveX控件不需要设置数据文件。

● 类：定义ActiveX的样式。

● 替换图像：用来设置ActiveX控件的替换图像，当ActiveX控件无法显示时，将显示这个替换图像。

● ▶ 播放 ：单击此按钮，在文档窗口中预览效果。

● 参数... ：单击此按钮，弹出"参数"对话框。参数设置可以对ActiveX控件进行初始化，参数由命名和值两部分组成。

11.6 插入插件

原始文件：CH11/11.6/index.html

最终文件：CH11/11.6/index1.html

若是一个以音乐为主题的网站，可为网页加入背景音乐，使访问者进入网站便能听到音乐效果，增强网站的娱乐性。为 Web 网页添加背景音乐的方法很简单，通过网页的属性设置即可快速完成，效果如图 11-30 所示，具体操作步骤如下。

Dreamweaver CS6完全学习手册

图11-30 插入背景音乐效果

❶打开网页文档，将光标置于页面中，如图 11-31 所示。

图11-31 打开网页文档

❷执行"插入"｜"媒体"｜"插件"命令，弹出"选择文件"对话框，选择音乐文件 yinyue.mid，如图 11-32 所示。

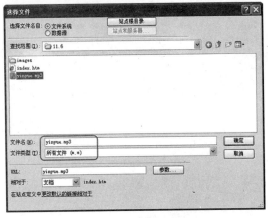

图11-32 "选择文件"对话框

❸单击"确定"按钮，插入插件，如图 11-33 所示。

图11-33 插入插件

❹选中插入的插件，在"属性"面板中设置插件的相关属性，如图 11-34 所示。

图11-34 设置插件

❺保存文档，在浏览器中预览，可以听到音乐的效果，如图 11-30 所示。

11.7 综合实战

如今的网页效果看起来丰富多彩，各种多媒体对象起到的作用不言而喻，正是借助视频、声音、动画三者的应用，令网页的内容既丰富多彩，又能呈现无限动感。下面通过一些综合实例讲述多媒体网页的创建。

11.7.1 实战：插入透明Flash动画

> 原始文件：CH11/实战1/index.html
>
> 最终文件：CH11/实战1/index1.html

网页中Flash背景透明不是在做Flash动画的时候设置的，而是在网页中插入Flash动画时设置的，在插入的时候默认为不透明。

使用Dreamweaver可以在网页中插入Flash动画时，在<embed>标签内插入"wmode=transparent"可以设置透明Flash，效果如图11-35所示，具体操作步骤如下。

❶打开网页文档，如图11-36所示。

图11-36 打开网页文档

❷将光标放置在插入透明Flash的位置，执行"插入"|"媒体"|"Flash"命令，弹出"选择SWF"对话框，在该对话框中选择Flash文件，如图11-37所示。

❸单击"确定"按钮，插入Flash，如图11-38所示。

图11-37 "选择SWF"对话框

图11-35 插入透明Flash动画效果

图11-38 插入Flash

④打开拆分视图,在 <object> 标记中输入 <param name="wmode" value="transparent">, 如图 11-39 所示。

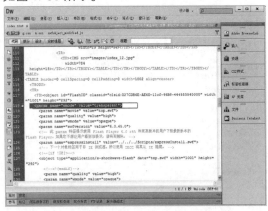

图11-39 输入代码

⑤选中插入的 Flash,打开"属性"面板,在 Flash 动画的"属性"面板中有个 wmode 参数,在其下拉列表中选择"透明"选项,如图 11-40 所示。

图11-40 将Flash背景设置为透明

wmode 参数有窗口、不透明、透明三个参数值。"窗口"用来在网页上用影片自己的矩形窗口来播放应用程序。"窗口"表明 Flash 应用程序与 HTML 的层没有任何交互,并且始终位于最顶层。"不透明"选项使应用程序隐藏页面上位于它后面的所有内容。"透明"选项使 HTML 页的背景可以透过应用程序的所有透明部分进行显示。

11.7.2 实战:利用Java Applet 制作水中倒映效果

原始文件:CH11/实战2/index.html

最终文件:CH11/实战2/index1.html

每个人都希望自己制作出来的主页绚丽多彩,能吸引别人的注意。Java Applet 小程序就能达到这一目的。互联网上有很多做好的 Java 小程序,把它们插到页面中,几乎和插入一个图像文件一样容易。效果如图 11-41 所示。

图11-41 制作水中倒映效果

❶打开网页文档,将光标置于网页中要插入 Applet 的位置,如图 11-42 所示。

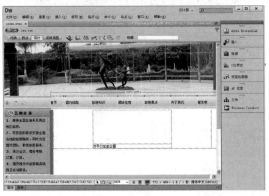

图11-42 打开网页文档

❷执行"插入"|"媒体"|"Applet"命令,弹出"选择文件"对话框,在该对话框中选择 Applet 文件 Lake.class,如图 11-43 所示。

★ 提示 ★

要插入的Java小程序的扩展名为.class,该文件需放在引用文件相同的文件夹下,引用文件时区分大小写。

❸ 单击"确定"按钮,插入 Applet,如图 11-44 所示。

图11-43 "选择文件"对话框

图11-44 插入Applet

❹ 选中插入的 Applet,在"属性"面板中将"宽"设置为 151,"高"设置为 145,如图11-45 所示。

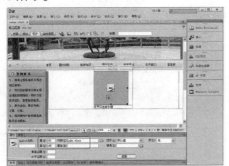

图11-45 Applet的属性

★ 知识要点 ★

Java Applet的"属性"面板中主要有以下参数。

●宽和高:设置Java Applet的宽度和高度,可以输入数值,单位是像素。

●代码:设置程序的Java Applet路径。

●基址:指定包含这个程序的文件夹。

●对齐:设置程序的对齐方式。

●替换:设置当程序无法显示时,将显示替换的图像。

●垂直边距:设置程序上方与其他页面元素、程序下方与其他页面元素的距离。

●水平边距:设置程序左侧与其他页面元素、程序右侧与其他页面元素的距离。

❺ 切换到"代码"视图,在代码中修改代码为如下内容,如图 11-46 所示。

```
<applet code="lake.class" width="151" height="145" >
<param name= "image" value="jdwpk.gif">///jdwpk.gif 换为你的图像名 </applet>
```

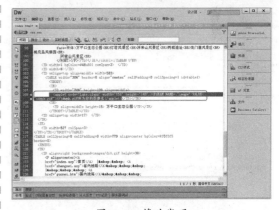

图11-46 修改代码

❻ 保存文档,按 F12 键即可在浏览器中浏览效果,如图 11-41 所示。

11.7.3 实战：利用Java Applet 插入滚动字幕

原始文件：CH11/实战3/index.html

最终文件：CH11/实战3/index1.html

使用 Marquee 可以插入滚动字幕，使用 Java Applet 也可以插入滚动字幕。下面通过 Java Applet 介绍图 11-47 所示的滚动字幕的插入方法，具体的操作步骤如下。

图11-47 插入滚动字幕

❶打开网页文档，如图 11-48 所示。

图11-48 打开网页文档

❷单击"常用"插入栏中的"APPLET"按钮，如图 11-49 所示。

❸弹出"选择文件"对话框，在该对话框中选择 CreditRoll.class 文件，如图 11-50 所示。

图11-49 单击"APPLET"按钮

图11-50 "选择文件"对话框

❹单击"确定"按钮，插入 Applet，如图 11-51 所示。

图11-51 插入Applet

❺选择插入的 Applet，在"属性"面板中将"宽"设置为 120，"高"设置为 60，如图 11-52 所示。

图11-52 设置Applet的属性

❻打开"代码"视图，在 <param> 和 </param> 之间输入相应的代码，如图 11-53 所示。

```
<applet code="creditroll.class"
width="120" height="60">
    <param name=bgcolor value="000000">
    <param name=textcolor value="00ff00">
    <param name=fadezone value="40">
    <param name=text1 value=" 刺绣历史悠
久、渊源流长，以精、细、雅、洁、奇名
列四大名绣之首 ">
```

```
    <param name=text2 value=" 刺绣网立
足刺绣原产地，联合刺绣名人、知名绣庄、
刺绣艺术之乡、刺绣一条街 ">
    <param name=text3 value=" 打造刺绣
艺术精品门户，让中国刺绣发扬光大 ">
    <param name=speed value="50">
```

图11-53 输入代码

❼保存文档，按 F12 键在浏览器中预览，效果如图 11-47 所示。

第12章 使用CSS美化修饰网页

本章导读

精美的网页离不开 CSS 技术，采用 CSS 技术，可以有效地对页面的布局、字体、颜色、背景和其他效果实现更加精确的控制。使用 CSS 样式可以制作出更加复杂和精巧的网页，网页维护和更新起来也更加容易和方便。本章主要介绍 CSS 样式的基本概念和语法、CSS 样式表的创建、CSS 样式的设置和 CSS 样式的应用实例。

技术要点

- ●熟悉使用 CSS
- ●掌握 CSS 样式的设置
- ●掌握应用 CSS 固定字体大小
- ●掌握应用 CSS 改变文本间行距
- ●掌握应用 CSS 创建动感光晕文字
- ●掌握应用 CSS 给文字添加边框

实例展示

应用CSS固定字体大小

应用CSS改变文本行距

应用CSS创建动感光晕文字

应用CSS给文字添加边框

12.1　CSS简介

CSS 是 Cascading Style Sheet 的缩写，有些书上称为"层叠样式表"或"级联样式表"，是一种新的网页制作技术，现在已经为大多数的浏览器所支持，成为网页设计必不可少的工具之一。

12.1.1　CSS的基本概念

所谓样式就是层叠样式表，用来控制一个文档中的某一文本区域外观的一组格式属性。使用 CSS 能够简化网页代码，加快下载显示速度，也减少了需要上传的代码数量，大大减少了重复劳动的工作量。样式表是对 HTML 语法的一次重大革新。如今网页的排版格式越来越复杂，很多效果需要通过 CSS 来实现，Adobe Dreamweaver CS6 在 CSS 功能设计上做了很大的改进。同 HTML 相比，使用 CSS 样式表的好处除了在于它可以同时链接多个文档之外，还有就是当 CSS 样式更新或修改后，所有应用了该样式表的文档都会被自动更新。

CSS 样式表的功能一般可以归纳为以下几点。

●可以更加灵活地控制网页中文字的字体、颜色、大小、间距、风格及位置。

●可以灵活地设置一段文本的行高、缩进，并可以为其加入三维效果的边框。

●可以方便地为网页中的任何元素设置不同的背景颜色和背景图像。

●可以精确地控制网页中各元素的位置。

●可以为网页中的元素设置阴影、模糊、透明等效果。

●可以与脚本语言结合，从而产生各种动态效果。

●使用 CSS 格式的网页，打开速度非常快。

12.1.2　CSS的类型与基本语法

在 CSS 样式里包含了 W3C 规范定义的所有 CSS 属性，这些属性分为："类型"、"背景"、"区块"、"方框"、"边框"、"列表"、"定位"、"扩展"、"过渡"9 个部分，如图 12-1 所示。

图12-1　CSS样式定义

在建立样式表之前，必须要了解一些 HTML 的基础知识。HTML 语言由标志和属性构成，CSS 也是如此。

样式表基本语法：

HTML 标志 { 标志属性：属性值；标志属性：属性值；标志属性：属性值；……}

首先讨论在 HTML 页面内直接引用样式表的方法。这个方法必须把样式表信息包括在 <style> 和 </style> 标记中，为了使样式表在整个页面中产生作用，应把该组标记及其内容放到 <head> 和 </head> 中去。

如要设置 HTML 页面中所有 H1 标题字显示为蓝色，其代码如下：

```
<html>
<head>
```

```
<title>This is a CSS samples</title>
<style type="text/css">
<!--
H1 {color: blue}
-->
</style>
</head>
<body>
... 页面内容…
</body>
</html>
```

★ 高手支招 ★

<style>标记中包括了type＝"text/css"，这是让浏览器知道是使用CSS样式规则。加入<!--和-->这一对注释标记是防止有些老式的浏览器不认识样式表规则，可以把该段代码忽略不计。

　　在使用样式表过程中，经常会有几个标志用到同一个属性，如规定 HTML 页面中凡是粗体字、斜体字、1号标题字显示为红色，按照上面介绍的方法应书写为。

```
B{ color: red}
I{ color: red}
H1{ color: red}
```

显然这样书写十分麻烦，引进分组的概念会使其变得简洁明了，可以写成：

```
B，I，H1{color: red}
```

用逗号分隔各个 HTML 标志，把 3 行代码合并成一行。

　　此外，同一个 HTML 标志，可能定义到多种属性，如规定把从 H1 到 H6 各级标题定义为红色黑体字，带下划线，则应写为：

```
H1, H2, H3, H4, H5, H6 {
color: red;
text-decoration: underline;
font-family: " 黑体 "
}
```

12.2　使用CSS

在 Adobe Dreamweaver CS6 中，执行"窗口" | "CSS 样式"命令，打开"CSS 样式"面板，如图 12-2 所示。

图12-2　"CSS样式"面板

★ 高手支招 ★

按Shift+F11快捷键也可以打开"CSS样式"面板。

在"CSS 样式"面板的底部排列有几个按钮，具体内容如下。

●　"附加样式表"：可以在 HTML 文档中链接一个外部的 CSS 文件。

●　"新建 CSS 样式"：可以编辑新的 CSS 样式文件。

●　"编辑样式表"：可以编辑原有的 CSS 规则。

●　"删除 CSS 样式"：删除选中已有的 CSS 规则。

12.2.1　建立标签样式

定义新的 CSS 的时候，会看到 Dreamweaver 提供的 4 种选择方式：类样式、标签样式 ID 和复核内容样式。

在"CSS 样式"面板中单击"新建 CSS 规则"按钮，弹出图 12-3 所示的"新建 CSS 规则"对话框。选择器是标识已设置格式元素的术语（如 p、h1、类名称或 ID），在"选择器类型"下拉列表中选择"标签"选项，可以对某一具体标签进行重新定义，这种方式是针对 HTML 中的代码设置的，其作用是当创建或修改某个标签的 CSS 后，所有用到该标签进行格式化的文本都将被立即更新。

若要重定义特定 HTML 标签的默认格式，在"选择器类型"下拉列表中选择"标签"选项，然后在"标签"文本框中输入一个 HTML 标签，或从下拉列表中选择一个标签，如图 12-4 所示。

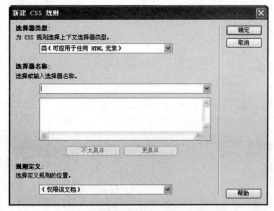

图12-3　"新建CSS规则"对话框

图12-4　"标签"选项

12.2.2　建立类样式

类定义了一种通用的方式，所有应用了该方式的元素在浏览器中都遵循该类定义的规则。类名称必须以句点开头，可以包含任何字母和数字组合（如 .mycss）。如果没有输入开头的句点，Dreamweaver 将自动输入。在"新建CSS规则"对话框的"选择器类型"下拉列表中选择"类"选项，在"选择器名称"中输入名称，如图12-5所示。

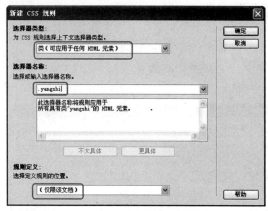

图12-5　"新建CSS规则"对话框

★ 知识要点 ★

在"新建CSS规则"对话框中可以设置以下参数。

● 名称：用来设置新建的样式表的名称。

● 选择器名称：用来定义样式类型，并将其运用到特定的部分。如果选择"类"选项，需要在"选择器名称"下拉列表中输入自定义样式的名称，其名称可以是字母和数字的组合，如果没有输入符号"."，Dreamweaver会自动输入；如果选择"标签"选项，需要在"标签"下拉列表中选择一个HTML标签，也可以直接在"标签"下拉列表框中输入这个标签；如果选择"高级"选项，需要在"选择器"下拉列表中选择一个选择器的类型，也可以在"选择器"下拉列表框中输入一个选择器类型。

● 规则定义：用来设置新建的CSS语句的位置。CSS样式按照使用方法可以分为内部样式和外部样式。如果想把CSS语句新建在网页内部，可以选择"仅限该文档"选项。

12.2.3　建立自定义高级样式

复合内容样式重新定义特定元素组合的格式，或其他 CSS 允许的选择器表单的格式（例如，每当 h2 标题出现在表格单元格内时，就会应用选择器 tdh2）。复合内容样式还可以重定义包含特定 id 属性的标签的格式（例如，由 #myStyle 定义的样式可以应用于所有包含属性 / 值对 id="myStyle" 的标签），如图 12-6 所示。

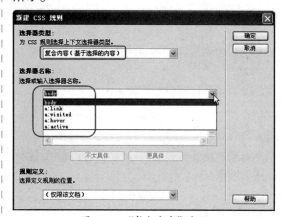

图12-6　"复合内容"选项

★ 知识要点 ★

●a:active: 定义了链接被激活时的样式, 即鼠标已经单击了链接, 但页面还没有跳转时的样式。

●a:hover: 定义了鼠标停留在链接的文字上时的样式。常见设置有文字颜色改变、下划线出现等。

●a:link: 定义了设置有链接的文字的样式。

●a:visited: 浏览者已经访问过的链接的样式, 一般设置其颜色不同于 "a:link" 的颜色, 以便给浏览者明显的提示。

12.3 设置CSS样式

控制网页元素外观的 CSS 样式用来定义字体、颜色、边距和字间距等属性, 可以使用 Dreamweaver 来对所有的 CSS 属性进行设置。CSS 属性被分为 9 大类: 类型、背景、区块、方框、边框、列表、定位、扩展和过滤, 下面分别进行介绍。

12.3.1 设置文本样式

在 CSS 样式定义对话框左侧的 "分类" 列表框中选择 "类型" 选项, 在右侧可以设置 CSS 样式的类型参数, 如图 12-7 所示。

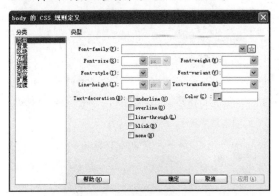

图12-7 选择 "类型" 选项

★ 知识要点 ★

在 "类型" 中的各选项参数如下。

● Font-family: 用于设置当前样式所使用的字体。

● Font-size: 定义文本大小。可以通过选择数字和度量单位来选择特定的大小, 也可以选择相对大小。

● Font-style: 将 "正常"、"斜体" 或 "偏斜体" 指定为字体样式。默认设置是 "正常" 字体。

● Line-height: 设置文本所在行的高度。该设置传统上称为 "前导"。选择 "正常" 字体自动计算字体大小的行高, 或输入一个确切的值并选择一种度量单位。

● Text-decoration: 向文本中添加下划线、上划线或删除线, 或使文本闪烁。正常文本的默认设置是 "无"。"链接" 的默认设置是 "下划线"。将 "链接" 设置为 "无" 时, 可以通过定义一个特殊的类删除链接中的下划线。

● Font-weight: 对字体应用特定或相对的粗体量。"正常" 等于400, "粗体" 等于700。

● Font-variant: 设置文本的小型大写字母变量。Dreamweaver不在文档窗口中显示该属性。

● Text-transform: 将选定内容中的每个单词的首字母大写或将文本设置为全部大写或小写。

● color: 设置文本颜色。

12.3.2 设置背景样式

使用"CSS规则定义"对话框的"背景"类别可以定义CSS样式的背景设置。可以对网页中的任何元素应用背景属性，如图12-8所示。

图12-8 选择"背景"选项

★ 知识要点 ★

在CSS的"背景"选项中可以设置以下参数。

● Background-color: 设置元素的背景颜色。

● Background-image: 设置元素的背景图像。可以直接输入图像的路径和文件，也可以单击"浏览"按钮选择图像文件。

● Background repeat: 确定是否以及如何重复背景图像。包含4个选项："不重复"指在元素开始处显示一次图像；"重复"指在元素的后面水平和垂直平铺图像；"横向重复"和"纵向重复"分别显示图像的水平带区和垂直带区。图像被剪辑以适合元素的边界。

● Background attachment: 确定背景图像是固定在它的原始位置还是随内容一起滚动。

● Background position (X)和Background position (Y): 指定背景图像相对于元素的初始位置，这可以用于将背景图像与页面中心垂直和水平对齐。如果附件属性为"固定"，则位置相对于文档窗口而不是元素。

12.3.3 设置区块样式

使用"CSS规则定义"对话框的"区块"类别可以定义标签和属性的间距和对齐设置，对话框中左侧的"分类"列表中选择"区块"选项，在右侧可以设置相应的CSS样式，如图12-9所示。

图12-9 选择"区块"选项

★ 知识要点 ★

在CSS的"区块"中的各选项参数如下。

● word-spacing: 设置单词的间距，若要设置特定的值，在下拉列表框中选择"值"选项，然后输入一个数值，在第二个下拉列表框中选择度量单位。

● Letter-spacing: 增加或减小字母或字符的间距。若要减少字符间距，指定一个负值，字母间距设置覆盖对齐的文本设置。

● Vertical-align: 指定应用它的元素的垂直对齐方式。仅当应用于<img>标签时，Dreamweaver才在文档窗口中显示该属性。

● Text-align: 设置元素中的文本对齐方式。

● Text-indent: 指定第一行文本缩进的程度。可以使用负值创建凸出，但显示取决于浏览器。仅当标签应用于块级元素时，Dreamweaver才在文档窗口中显示该属性。

● white-space: 确定如何处理元素中的空白。从下面3个选项中选择："正常"指收缩空白；"保留"的处理方式与文本被括在<pre>标签中一样

（即保留所有空白，包括空格、制表符和回车）；"不换行"指定仅当遇到
标签时文本才换行。Dreamweaver不在文档窗口中显示该属性。

● Display：指定是否以及如何显示元素。

12.3.4 设置方框样式

使用"CSS规则定义"对话框的"方框"类别可以用于控制元素在页面上的放置方式的标签和属性定义设置。可以在应用填充和边距设置时将设置应用于元素的各个边，也可以使用"全部相同"设置将相同的设置应用于元素的所有边，如图12-10所示。

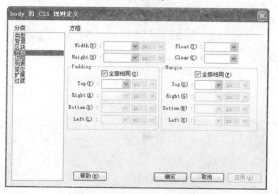

图12-10 选择"方框"选项

★ 知识要点 ★

在CSS的"方框"中的各选项参数如下。

● Width和Height：设置元素的宽度和高度。

● Float：设置其他元素在哪个边围绕元素浮动。其他元素按通常的方式环绕在浮动元素的周围。

● Clear：定义不允许AP Div的边。如果清除边上出现AP Div，则带清除设置的元素将移到该AP Div的下方。

● Padding：指定元素内容与元素边框（如果没有边框，则为边距）之间的间距。取消选择"全部相同"选项可设置元素各个边的填充；

选择"全部相同"复选项将相同的填充属性应用于元素的top、right、bottom和left侧。

● Margin：指定一个元素的边框（如果没有边框，则为填充）与另一个元素之间的间距。仅当应用于块级元素（段落、标题和列表等）时，Dreamweaver才在文档窗口中显示该属性。取消选择"全部相同"复选项时可设置元素各个边的边距；选择"全部相同"复选项将相同的边距属性应用于元素的top、right、bottom和left侧。

12.3.5 设置边框样式

CSS的"边框"类别可以定义元素周围边框的设置，如图12-11所示。

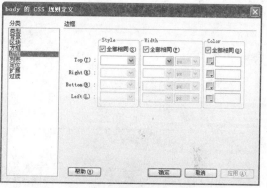

图12-11 选择"边框"选项

★ 知识要点 ★

在CSS的"边框"中的各选项参数如下。

● Style：设置边框的样式外观。样式的显示方式取决于浏览器。Dreamweaver在文档窗口中将所有样式呈现为实线。取消选择"全部相同"复选项可设置元素各个边的边框样式；选择"全部相同"复选项将相同的边框样式属性应用于元素的top、right、bottom和left侧。

● Width：设置元素边框的粗细。取消选择"全部相同"复选项可设置元素各个边的边框宽度；选择"全部相同"复选项将相同的边框宽度应用于元素的top、right、bottom和left侧。

● Color：设置边框的颜色。可以分别设置每个边的颜色。取消选择"全部相同"复选项可设置元素各个边的边框颜色；选择"全部相同"复选项将相同的边框颜色应用于元素的top、right、bottom和left侧。

12.3.6 设置列表样式

CSS 的 "列表" 类别为列表标签定义列表设置，如图 12-12 所示。

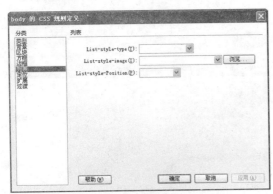

图12-12 选择"列表"选项

★ **知识要点** ★

在CSS的"列表"中的各选项参数如下。

● List-style-type：设置项目符号或编号的外观。

● List-style-image：可以为项目符号指定自定义图像。单击"浏览"按钮选择图像，或输入图像的路径。

● List-style-position：设置列表项文本是否换行和缩进（外部）以及文本是否换行到左边距（内部）。

12.3.7 设置定位样式

CSS 的 "定位" 样式属性使用 "层" 首选参数中定义层的默认标签，将标签或所选文本块更改为新层，如图 12-13 所示。

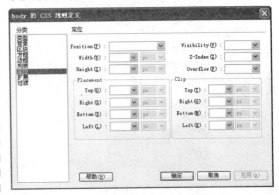

图12-13 选择"定位"选项

★ **知识要点** ★

在CSS的"定位"中的选项参数如下。

● Position：在CSS布局中，Position发挥着非常重要的作用，很多容器的定位是用Position来完成。Position属性有4个可选值，它们分别是static、absolute、fixed和relative。

absolute：能够很准确地将元素移动到用户想要的位置，绝对定位元素的位置。

fixed：相对于窗口的固定定位。

relative：相对定位是相对于元素默认的位置的定位。

static：该属性值是所有元素定位的默认情况，在一般情况下，我们不需要特别地去声明它，但有时候遇到继承的情况，我们不愿意见到元素所继承的属性影响本身，因而可以用position:static取消继承，即还原元素定位的默认值。

● Visibility：如果不指定可见性属性，则默认情况下大多数浏览器都继承父级的值。

● Placement：指定AP Div的位置和大小。

● Clip：定义AP Div的可见部分。如果指定了剪辑区域，可以通过脚本语言访问它，并操作属性以创建像擦除这样的特殊效果。通过使用"改变属性"行为可以设置这些擦除效果。

12.3.8 设置扩展样式

"扩展"样式属性包含两部分，如图 12-14 所示。

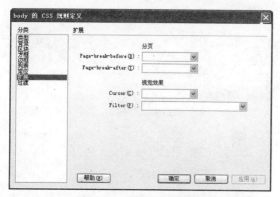

图12-14 选择"扩展"选项

★ 知识要点 ★

● Page-break-before：这个属性的作用是为打印的页面设置分页符。

● Page-break-after：检索或设置对象后出现的页分割符。

● Cursor：指针位于样式所控制的对象上时改变指针图像。

● Filter：对样式所控制的对象应用特殊效果。

12.3.9 过渡样式的定义

在过去的几年中，大多数网页都是使用 JavaScript 来实现过渡效果。使用 CSS 同样可以实现过渡效果。"过渡"样式属性如图 12-15 所示。过渡效果最明显的表现就是当用户把鼠标悬停在某个元素上时该元素高亮显示，如链接、表格、表单域、按钮等。过渡可以给页面增加一种非常平滑的外观。

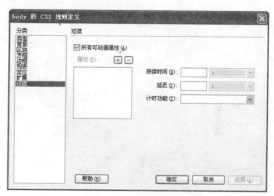

图12-15 选择"过渡"选项

12.4 综合实战

使用 CSS 样式可以灵活并更好地控制页面外观，即从精确的布局定位到特定的字体和文本样式。下面通过实例介绍如何在网页中创建及应用 CSS 样式。

12.4.1 实战：应用CSS固定字体大小

原始文件：CH12/实战1/index.html

最终文件：CH12/实战1/index1.html

利用 CSS 可以固定字体大小，使网页中的文本始终不随浏览器改变而发生变化，而总是保持着原有的大小，应用 CSS 固定字体大小的效果如图 12-16 所示，具体的操作步骤如下。

图12-16　应用CSS固定字体大小的效果

① 打开网页文档，如图 12-17 所示。

图12-17　打开网页文档

② 执行"窗口"|"CSS 样式"命令，打开"CSS 样式"面板，在"CSS 样式"面板中单击鼠标右键，在弹出的菜单中执行"新建"命令，如图 12-18 所示。

图12-18　执行"新建"命令

③ 弹出"新建 CSS 规则"对话框，在该对话框中的"选择器类型"下拉列表中选择"类"选项，在"选择器名称"中输入名称，在"规则定义"下拉列表中选择"仅限该文档"选项，如图 12-19 所示。

④ 单击"确定"按钮，弹出".lank 的 CSS 规则定义"对话框，将"Font-family"设置为宋体，"Font-size"设为 15 像素，"Color"设置为 #000，如图 12-20 所示。

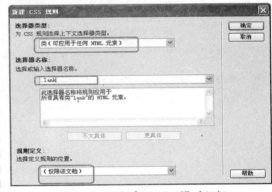

图12-19　"新建CSS规则"对话框

图12-20　".lank的CSS规则定义"对话框

⑤ 单击"确定"按钮，新建 CSS 样式，如图 12-21 所示。

图12-21 新建样式

⑥ 选中应用样式的文本，单击鼠标的右键，在弹出菜单中选择"应用"选项，如图 12-22 所示。

图12-22 选择"应用"选项

⑦ 保存文档，按"F12"键在浏览器中浏览，效果如图 12-16 所示。

12.4.2 实战：应用CSS改变文本间行距

原始文件：CH12/实战2/index.html

最终文件：CH12/实战2/index1.html

有时候因为网页编辑的需要，要将行距加大，此时要设置 CSS 中的行高，应用 CSS 改变文本间行距的效果如图 12-23 所示，具体操作步骤如下。

图12-23 应用CSS改变文本间行距效果

① 打开网页文档，如图 12-24 所示。

图12-24 打开网页文档

② 执行"窗口"|"CSS样式"命令，打开"CSS样式"面板，在"CSS样式"面板中单击鼠标右键，在弹出的列表中选择"新建"选项，如图 12-25 所示。

图12-25 选择"新建"选项

Dreamweaver CS6完全学习手册

③弹出"新建CSS规则"对话框，在该对话框中，在"选择器名称"文本框中输入.hanggao，在"选择器类型"下拉列表中选择"类"选项，在"规则定义"下拉列表中选择"仅限该文档"选项，如图12-26所示。

④单击"确定"按钮，弹出".Hanggao的CSS样式定义"对话框，选择"分类"列表框中的"类型"选项，在"Font-family"中选择宋体，在"Font-size"中选择12像素，将"Line-height"设置为280%，将"Color"设置为#000000，如图12-27所示。

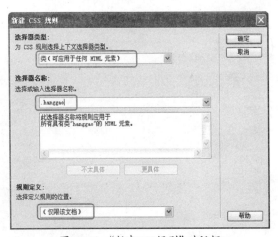

图12-26 "新建CSS规则"对话框

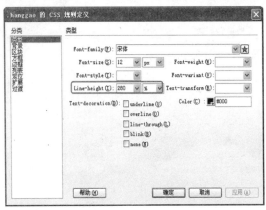

图12-27 ".Hanggao的CSS样式定义"对话框

⑤单击"确定"按钮，可以看到面板中新建的CSS样式，如图12-28所示。

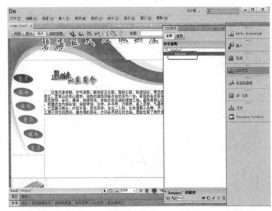

图12-28 新建的CSS样式

⑥选择套用样式的文本，然后在"CSS样式"面板中选中新建的样式，单击鼠标的右键，在弹出的列表中选择"应用"选项，如图12-29所示。

⑦保存网页文档，按F12键即可在浏览器中浏览效果，如图12-23所示。

图12-29 选择"应用"选项

12.4.3　实战：应用CSS创建感光晕文字

原始文件：CH12/实战3/index.html

最终文件：CH12/实战3/index1.html

滤镜是CSS的最精彩的部分，它把我们带入绚丽多姿的多媒体世界。正是有了滤镜属性，页面才变得更加漂亮。使用 CSS 的滤镜创建动感文字的效果如图 12-30 所示，具体操作步骤如下。

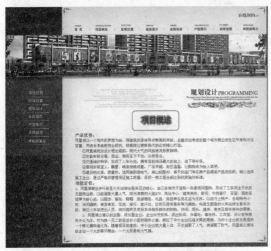

图12-30　用CSS创建动感文字效果

❶打开网页文档，如图 12-31 所示。

图12-31　打开网页文档

❷将光标置于页面中，插入 1 行 1 列的表格，将表格的"宽"设置为 50%，将"对齐"设置为"居中对齐"，如图 12-32 所示。

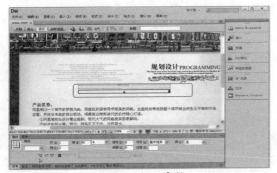

图12-32　插入表格

❸将光标置于表格内，输入文字"项目概述"，如图 12-33 所示。

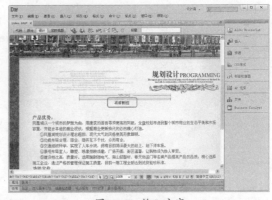

图12-33　输入文字

❹打开"CSS 样式"面板，在"CSS 样式"面板中单击鼠标右键，在弹出的菜单中选择"新建"选项，如图 12-34 所示。

图12-34　选择"新建"选项

❺弹出"新建 CSS 规则"对话框，在"选择器名称"文本框中输入 .guangyun，在"选择器类型"下拉列表中选择"类"选项，在"规则定义"下拉列表中选择"仅限该文档"选项，如图 12-35 所示。

❻单击"确定"按钮，弹出".guangyun 的 CSS 样式定义"对话框，选择"分类"列表框中的"类型"选项，将"Font-family"设置为宋体，将"Font-size"设置为 28 像素，将"Color"设置为 #000000，如图 12-36 所示。

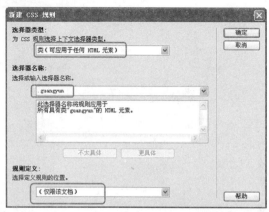

图12-35　"新建CSS规则"对话框

图12-36　". guangyun的CSS样式定义"对话框

⑦单击"应用"按钮，再选择"分类"列表框中的"扩展"选项，将"Filter"选择为Glow(Color=, Strength=)，如图12-37所示。

⑧在"Filter"选择为Glow(Color=FF0000, Strength=8)，单击"确定"按钮，新建CSS样式，如图12-38所示。

图12-37　选择"扩展"选项

图12-38　设置过滤

⑨在文档中选中表格，然后在"CSS样式"面板中单击新建的样式，在弹出的菜单中选择"应用"选项，如图12-39所示。

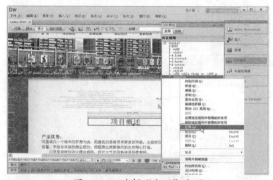

图12-39　选择"应用"选项

★ 高手支招 ★

Glow可以使文字产生边缘发光的效果，Glow滤镜的语法格式为：Glow(Color=?, Strength=?)。该滤镜有两个参数：Color决定光晕的颜色，可以用ffffff的十六进制代码，或者用blue、green等表示；Strength表示发光强度，范围为0~225。

⑩应用样式后，保存网页文档，按F12键即可在浏览器中预览动感文字效果，如图12-30所示。

12.4.4　实战：应用CSS给文字添加边框

原始文件：CH12/实战4/index.html

最终文件：CH12/实战4/index1.html

利用CSS样式可以给文字添加边框，效果如图12-40所示，具体操作步骤如下。

图12-40 应用CSS给文字添加边框效果

❶打开网页文档，如图12-41所示。

图12-41 打开网页文档

❷执行"窗口"｜"CSS样式"命令，打开"CSS样式"面板，在"CSS样式"面板中单击鼠标右键，在弹出的菜单中选择"新建"选项，如图12-42所示。

图12-42 选择"新建"选项

❸弹出"新建CSS规则"对话框，在"选择器名称"文本框中输入.biankuang，在"选择器类型"下拉列表中选择"类"选项，在"规则定义"下拉列表中选择"仅限该文档"选项，如图12-43所示。

❹单击"确定"按钮，弹出".biankuang的CSS样式定义"对话框，在"分类"列表框中的"类型"选项中，将"Font-size"设置为12像素，将"Font-family"设置为宋体，将"Line-height"设置为180%，将"Color"设置为#810004，如图12-44所示。

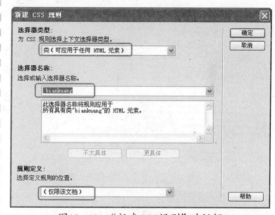

图12-43 "新建CSS规则"对话框

图12-44 ".biankuang的CSS规则定义"对话框

❺选择"分类"列表框中的"边框"选项，将"Style"全部设置为"groove"，将"Width"全部设置为"thin"，将"Color"全部设置为#FF0000，如图12-45所示。

❻单击"确定"按钮，新建CSS样式，如图12-46所示。

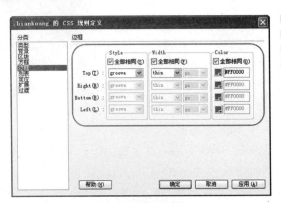

图12-45 设置边框

图12-46 新建CSS样式

❼在文档中选中表格，然后在"CSS样式"面板中单击鼠标右键，在弹出的菜单中选择"应用"选项，如图12-47所示。

图12-47 应用CSS样式

❽保存文档，按F12键在浏览器中预览，效果如图12-40所示。

第13章 Web标准Div+CSS布局网页

本章导读

设计网页的第一步是设计布局，好的网页布局会令访问者耳目一新，同样也可以使访问者比较容易在站点上找到他们所需要的信息。无论使用表格还是CSS，网页布局都是把大块的内容放进网页的不同区域里面。CSS+Div布局的最终目的是搭建完善的页面架构，通过新的符合Web标准的构建形成来提高网站设计的效率、可用性及其他实质性的优势，全站的CSS应用就成为了CSS布局应用的一个关键环节。

技术要点

- 了解 Web 标准的历史与发展
- 熟悉 Div 的定义
- 掌握表格布局与 CSS 布局的区别
- 掌握盒子模型
- 掌握盒子的定位
- 掌握 CSS 布局理念

13.1　Web标准

Web 标准，即网站标准。目前通常所说的 Web 标准一般指网站建设采用基于 XHTML 语言的网站设计语言，Web 标准中典型的应用模式是"CSS+Div"模式。实际上，Web 标准并不是某一个标准，而是一系列标准的集合。

13.1.1　Web标准是什么

Web 标准是由 W3C 和其他标准化组织制定的一套规范集合，Web 标准的目的在于创建一个统一的用于 Web 表现层的技术标准，以便于通过不同浏览器或终端设备向最终用户展示信息内容。

网页主要由三部分组成：结构（Structure）、表现（Presentation）和行为（Behavior）。对应的网站标准也分三方面：结构化标准语言主要包括 XHTML 和 XML；表现标准语言主要包括 CSS；行为标准主要包括对象模型（如 W3C DOM）、ECMAScript 等。

1. 结构（Structure）

结构对网页中用到的信息进行分类与整理。在结构中用到的技术主要包括 HTML、XML 和 XHTML。

2. 表现（Presentation）

表现用于对信息进行版式、颜色、大小等形式控制。在表现中用到的技术主要是 CSS 层叠样式表。

3. 行为（Behavior）

行为是指文档内部的模型定义及交互行为的编写，用于编写交互式的文档。在行为中用到的技术主要包括 DOM 和 ECMAScript。

● DOM(Document Object Model) 文档对象模型

DOM 是浏览器与内容结构之间沟通接口，使用户可以访问页面上的标准组件。

● ECMAScript 脚本语言

ECMAScript 是标准脚本语言，用于实现具体的界面上对象的交互操作。

13.1.2　Web表现层技术

大部分人都有深刻的体会，每当主流浏览器版本升级时，我们刚建立的网站就可能变得过时，就需要升级或者重新设计网站。在网页制作时采用 Web 标准技术，可以有效地对页面的布局、字体、颜色、背景和其他效果实现更加精确的控制。只要对相应的代码做一些简单的修改，就可以改变网页的外观和格式。

静态网页设计

简单说，网站标准的目的就是：

● 提供最多利益给最多的网站用户；

● 确保任何网站都能够长期有效；

● 简化代码、降低建设成本；

● 让网站更容易使用，能适应更多不同用户和更多网络设备；

● 当浏览器版本更新，或者出现新的网络交互设备时，确保所有应用能够继续正确执行。

对于网站设计和开发人员来说，遵循网站标准就是使用标准；对于网站用户来说，网站标准就是最佳体验。

对网站浏览者的好处：

● 文件下载与页面显示速度更快；

● 内容能被更多的用户所访问（包括失明、视弱、色盲等残障人士）；

● 内容能被更广泛的设备所访问（包括屏幕阅读机、手持设备、搜索机器人、打印机、电冰箱等）；

● 用户能够通过样式选择定制自己的表现界面；

● 所有页面都能提供适于打印的版本。

对网站设计者的好处：

● 更少的代码和组件，容易维护；

● 带宽要求降低，代码更简洁，成本降低；

● 更容易被搜寻引擎搜索到；

● 改版方便，不需要变动页面内容；

● 提供打印版本而不需要复制内容；

● 提高网站易用性。

在美国，有严格的法律条款来约束政府网站必须达到一定的易用性，其他国家也有类似的要求。

13.1.3 怎样改善现有网站

大部分的设计师依旧在采用传统的表格布局、表现与结构混杂在一起的方式来建立网站。学习使用 XHTML+CSS 的方法需要一个过程，使现有网站符合网站标准也不可能一步到位。最好的方法是循序渐进，分阶段来逐步达到完全符合网站标准的目标。

1. 初级改善

● 为页面添加正确的 DOCTYPE

DOCTYPE 是 document type 的简写。用来说明在用的 XHTML 或者 HTML 是什么版本。浏览器根据 DOCTYPE 定义的 DTD（文档类型定义）来解释页面代码。

● 设定一个名字空间

直接在 DOCTYPE 声明后面添加如下代码：

```
<html XMLns="http://www.w3.org/1999/xhtml" >
```

● 声明编码语言

为了被浏览器正确解释和通过标识校验，所有的 XHTML 文档都必须声明它们所使用的编码语言，代码如下：

```
<meta http-equiv="Content-Type" content="text/html; charset=GB2312" />
```

这里声明的编码语言是简体中文 GB2312。

● 用小写字母书写所有的标签

XML 对大小写是敏感的，所以，XHTML 也是对大小写有区别的。所有的 XHTML 元素和属性的名字都必须使用小写。否则文档将被 W3C 校验认为是无效的。例如下面的代码是不正确的：

```
<Title> 公司简介 </Title>
```

正确的写法是：

```
<title> 公司简介 </title>
```

● 为图片添加 alt 属性

为所有图片添加 alt 属性。alt 属性指定了当图片不能显示的时候就显示供替换的文本，这样做对正常用户可有可无，但对纯文本浏览器和使用屏幕阅读机的用户来说是至关重要的。只有添加了 alt 属性，代码才会被 W3C 正确性校验通过。

如下所示代码：

```
<img src="logo.gif" alt=" 东方公司标志，首页 ">
```

● 给所有属性值加引号

在 HTML 中，可以不需要给属性值加引号，但是在 XHTML 中，它们必须被加上引号。例如 height="100" 是正确的，而 height=100 就是错误的。

● 关闭所有的标签

在 XHTML 中，每一个打开的标签都必须关闭，如下所示：

```
<p> 每一个打开的标签都必须关闭。</p>
<b>HTML 可以接受不关闭的标，XHTML 就不可以。</b>
```

这个规则可以避免 HTML 的混乱和麻烦。

2. 中级改善

接下来的改善主要在结构和表现相分离上进行，这一步不像初级改善那么容易实现，需要观念上的转变，以及对 CSS 技术的学习和运用。

● 用 CSS 定义元素外观

应该使用 CSS 来确定元素的外观。

● 用结构化元素代替无意义的垃圾代码

许多人可能从来都不知道 HTML 和 XHTML 元素设计本意是用来表达结构的。很多人已经习惯用元素来控制表现，而不是结构。例如下面的代码：

北京
 上海
 广州

就没有如下的代码好：

<ul> <li> 北京 </li> <li> 上海 </li> <li> 广州 </li></ul>

● 给每个表格和表单加上 id

给表格或表单赋予一个唯一的结构的标记，例如：

<table id="menu">

13.2　Div的定义

在 CSS 布局的网页中，<div> 与 <Span> 都是常用的标记，利用这两个标记，加上 CSS 对其样式的控制，可以很方便地实现网页的布局。

13.2.1　什么是Div

Div 是 CSS 中的定位技术，在 Dreamweaver 中将其进行了可视化操作。文本、图像和表格等元素只能固定其位置，不能互相叠加在一起，使用 Div 功能，可以将其放置在网页中的任何位置，还可以按顺序排放网页文档中的其他构成元素。层体现了网页技术从二维空间向三维空间的一种延伸。将 Div 和行为综合使用，就可以不使用任何的 JavaScript 或 HTML 编码创作出动画效果。

Div 的功能主要有以下 3 个方面。

●重叠排放网页中的元素：利用 Div，可以实现不同的图像重叠排列，而且可以随意改变排放的顺序。

●精确的定位：单击 Div 上方的四边形控制手柄，将其拖动到指定位置，就可以改变层的位置。如果要精确定位 AP Div 在页面中的位置，可以在 Div 的属性面板中输入精确的数值坐标。如果将 Div 的坐标值设置为负数，Div 会在页面中消失。

●显示和隐藏 AP Div：AP Div 的显示和隐藏可以在 AP Div 面板中完成。当 AP Div 面板中的 AP Div 名称前显示的是"闭合眼睛"图标🔲时，表示 AP Div 被隐藏；当 AP Div 面板中的 AP Div 名称前显示的是"睁开眼睛"图标👁时，表示 AP Div 被显示。

13.2.2　插入Div

可以将 Div 理解为一个文档窗口内的又一个小窗口，像在普通窗口中的操作一样，在 Div 中可以输入文字，也可以插入图像、动画影像、声音、表格等，对其进行编辑。创建 Div 的具体操作步骤如下。

① 打开网页文档，执行 | "插入" | "布局对象" | "Div 标签" 命令，如图 13-1 所示。

② 弹出 "插入 Div 标签" 对话框，如图 13-2 所示。

③ 单击 "确定" 按钮，插入 Div 标签，如图 13-3 所示。

图13-3 插入Div标签

图13-1 执行 "Div标签" 命令

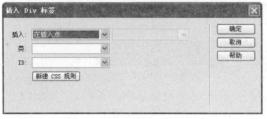

图13-2 "插入Div标签" 对话框

13.3 表格布局与CSS布局的区别

当前对于网页制作是选择传统的表格还是用新型的 Div+CSS 布局？说法各有不同。Div+CSS 布局比表格布局节省页面代码，并且代码结构也更清晰明了。Div+CSS 开发速度要比表格快，而且布局更精确。

13.3.1 CSS的优势

掌握基于 CSS 的网页布局方式，是实现 Web 标准的基础。在主页制作时采用 CSS 技术，可以有效地对页面的布局、字体、颜色、背景和其他效果实现更加精确地控制。只要对相应的代码做一些简单的修改，就可以改变网页的外观和格式。采用 CSS 布局有以下优点。

- 大大缩减页面代码，提高页面浏览速度，缩减带宽成本。
- 结构清晰，容易被搜索引擎搜索到。
- 缩短改版时间，只要简单地修改几个 CSS 文件就可以重新设计一个有成百上千页面的站点。
- 强大的字体控制和排版能力。

● CSS 非常容易编写，可以像写 HTML 代码一样轻松地编写 CSS。

● 提高易用性，使用 CSS 可以结构化 HTML，如 <p> 标记只用来控制段落，<heading> 标记只用来控制标题，<table> 标记只用来表现格式化的数据等。

● 表现和内容相分离，将设计部分分离出来放在一个独立样式文件中。

● 更方便搜索引擎的搜索，用只包含结构化内容的 HTML 代替嵌套的标记，搜索引擎将更有效地搜索到内容。

●在 table 的布局中，垃圾代码会很多，一些修饰的样式及布局的代码混合一起，很不直观。而 div 更能体现样式和结构相分离，结构的重构性强。

● 可以将许多网页的风格格式同时更新，不用再一页一页地更新了。可以将站点上所有的网页风格都使用一个 CSS 文件进行控制，只要修改这个 CSS 文件中相应的行，那么整个站点的所有页面都会随之发生变动。

13.3.2 表格布局与CSS布局对比

表格在网页布局中应用已经有很多年了，由于多年的技术发展和经验积累，Web 设计工具功能不断增强，使表格布局在网页中应用达到登峰造极的地步。

由于表格不仅可以控制单元格的宽度和高度，而且还可以嵌套，多列表格还可以把文本分栏显示，于是就有人试着在表格中放置其他网页内容，如图像、动画等，以打破比较固定的网页版式。而网页表格对无边框表格的支持为表格布局奠定了基础，用表格实现页面布局慢慢就成为了一种设计习惯。

传统表格布局的快速与便捷加速了网页设计师对于页面创意的激情，而忽视了代码的理性分析。迄今为止，表格仍然主导着视觉丰富的网站的设计方式，但它却阻碍了一种更好的、更有亲和力的、更灵活的，而且功能更强大的网站设计方法。

使用表格进行页面布局会带来很多问题。

● 把格式数据混入内容中，这使得文件被无谓地变大，而用户访问每个页面时都必须下载一次这样的格式信息。

● 这使得重新设计现有的站点和内容极为消耗时间且成本昂贵。

● 使保持整个站点的视觉一致性极难，花费也极高。

● 基于表格的页面还大大降低了它对残疾人和用手机或 PDA 浏览者的亲和力。

而使用 CSS 进行网页布局会有以下几方面的优势。

● 使页面载入得更快。

● 降低流量费用。

● 在修改设计时更有效率而代价更低。

● 帮助整个站点保持视觉的一致性。

● 让站点可以更好地被搜索引擎找到。

● 使站点对浏览者和浏览器更具亲和力。

为了帮助读者更好理解表格布局与标准布局的优劣，下面结合一个案例进行详细分析。图

13-4 所示是一个简单的空白布局模板，它是一个三行三列的典型网页布局。下面尝试用表格布局和 CSS 标准布局来实现它，让读者亲身体验二者的异同。

图13-4 三行三列的典型网页布局

使用表格布局的代码如下：

```
<table width="760" border="0" cellspacing="0" cellpadding="0">
 <tr>
  <td height="80" colspan="3" bgcolor="#CC3300"> </td>
 </tr>
 <tr>
  <td width="133" height="226" bgcolor="#CCCCCC"> </td>
  <td width="531" height="380" bgcolor="#FF99FF"> </td>
  <td width="96" bordercolor="#CCCCCC" bgcolor="#CCCCCC"> </td>
 </tr>
 <tr>
  <td height="80" colspan="3" bgcolor="#663300"> </td>
 </tr>
</table>
```

使用 CSS 布局，其中 XHTML 框架代码如下：

```
<div id="wrap">
 <div id="header"></div>
  <div id="main">
    <div id="bar_l"></div>
    <div id="content"></div>
    <div id="bar_r"></div>
  </div>
  <div id="footer"></div>
</div>
```

CSS 布局代码如下：

```
<style>
body{/* 定义网页窗口属性，清除页边距，定义居中显示 */
    padding:0; margin:0 auto; text-align:center;
}
#wrap{/* 定义包含元素属性，固定宽度，定义居中显示 */
    width:780px; margin:0 auto;
}
#header{/* 定义页眉属性 */
    width:100%;/* 与父元素同宽 */
    height:74px; /* 定义固定高度 */
    background:#CC3300; /* 定义背景色 */
    color:#F0DFDB; /* 定义字体颜色 */
}
#main {/* 定义主体属性 */
    width:100%;
    height:400px;
}
#bar_l,#bar_r{/* 定义左右栏属性 */
    width:160px; height:100%;
    float:left; /* 浮动显示，可以实现并列分布 */
    background:#CCCCCC;
    overflow:hidden; /* 隐藏超出区域的内容 */
}
#content{/* 定义中间内容区域属性 */
width:460px; height:100%; float:left; overflow:hidden; background:#fff;
}
#footer{/* 定义页脚属性 */
    background:#663300; width:100%; height:50px;
    clear:both; /* 清除左右浮动元素 */
}
</style>
```

  简单比较，感觉不到 CSS 布局的优势，甚至书写的代码比表格布局要多得多。当然这仅是一页框架代码。让我们做一个很现实的假设，如果你的网站正采用了这种布局，有一天客户把左侧通栏宽度改为 100 像素。那么将在传统表格布局的网站中打开所有的页面逐个进行修改，这个数目少则有几十页，多则上千页，劳动强度可想而知。而在 CSS 布局中只需简单修改一个样式属性就可以实现。

这仅是一个假设，实际中的修改会比这更频繁、更多样。不光客户会三番五次地出难题、挑战你的耐性，甚至自己有时都会否定刚刚完成的设计。

当然在未来的网页设计中，表格的作用依然不容忽视，不能因为有了 CSS，我们就一棒子把它打死。不过，表格会日渐恢复表格的本来职能——数据的组织和显示，而不是让表格承载网页布局的重任。

13.3.3 CSS布局

Dreamweaver CS6 是开发 CSS 的得力助手，在 Dreamweaver CS6 的"新建文档"对话框中提供了几套常用的 CSS 布局模板。使用 CSS 布局模板的具体操作步骤如下。

❶执行"文件"|"新建"命令，弹出"新建文档"对话框，在对话框中选择"HTML 模板"|"2 列固定，左侧栏、标题和脚注"选项，如图 13-5 所示。

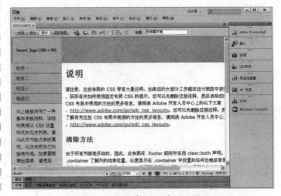

图13-6 创建CSS布局模板

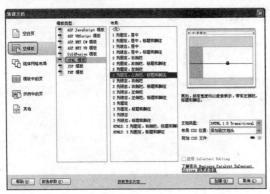

图13-5 新建文档

❷单击"确定"按钮，创建 CSS 布局模板，如图 13-6 所示。

❸保存网页，在浏览器中预览网页，效果如图 13-7 所示。

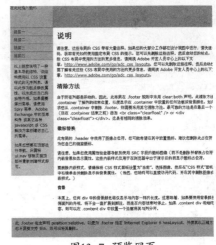

图13-7 预览网页

13.4 盒子模型

如果想熟练掌握 Div+CSS 的布局方法，首先要对盒子模型有足够的了解。盒子模型是 CSS 布局网页时非常重要的概念，只有很好地掌握了盒子模型以及其中每个元素的使用方法，才能真正地布局网页中各个元素的位置。

13.4.1 盒子模型的概念

所有页面中的元素都可以看作一个装了东西的盒子，盒子里面的内容到盒子的边框之间的距离即填充（padding），盒子本身有边框（border），而盒子边框外和其他盒子之间，还有边界（margin）。

一个盒子由4个独立部分组成，如图13-8所示。

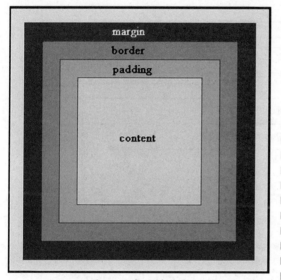

图13-8 盒子模型图

最外面的是边界（margin）；

第2部分是边框（border），边框可以有不同的样式；

第3部分是填充（padding），填充用来定义内容区域与边框（border）之间的空白；

第4部分是内容区域（content）。

填充、边框和边界都分为上、右、下、左4个方向，既可以分别定义，也可以统一定义。当使用CSS定义盒子的width和height时，定义的并不是内容区域、填充、边框和边界所占的总区域。实际上定义的是内容区域（content）的width和height。为了计算盒子所占的实际区域必须加上padding、border和margin。

实际宽度 = 左边界 + 左边框 + 左填充 + 内容宽度（width）+ 右填充 + 右边框 + 右边界。

实际高度 = 上边界 + 上边框 + 上填充 + 内容高度（height）+ 下填充 + 下边框 + 下边界。

13.4.2 border

border是CSS的一个属性，用它可以给HTML标记（如td、Div等）添加边框，它可以定义边框的样式（style）、宽度（width）和颜色（color），利用这3个属性相互配合，能设计出很好的效果。

在Dreamweaver中可以使用可视化操作设置边框效果，在"CSS样式规则定义"对话框中的"分类"列表中选择"边框"选项，如图13-9所示。

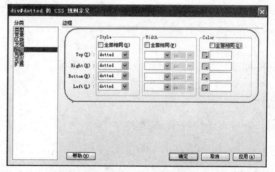

图13-9 在Dreamweaver中设置边框

1. 边框样式：border-style

border-style定义元素的4个边框样式。如果border-style设置全部4个参数值，将按上、右、下、左的顺序作用于4个边框。如果只设置一个，将用于全部的4条边。

基本语法：

border-style: 样式值
border-top-style: 样式值
border-right-style: 样式值
border-bottom-style: 样式值
border-left-style: 样式值

语法说明：

border-style 可以设置边框的样式，包括无、虚线、实现、双实线等。border-style 的取值如表 13.1 所示。

表13.1　边框样式的取值和含义

属性值	描述
none	默认值，无边框
dotted	点线边框
dashed	虚线边框
solid	实线边框
double	双实线边框
groove	3D凹槽
ridge	3D凸槽
inset	使整个边框凹陷
outset	使整个边框凸起

下面通过实例讲述 border-style 的使用，其代码如下所示。

实例代码：

```
<!DOCTYPE html PUBLIC "-//W3C//DTD XHTML 1.0 Transitional//EN"
"http://www.w3.org/TR/xhtml1/DTD/xhtml1-transitional.dtd">
<html xmlns="http://www.w3.org/1999/xhtml">
<head>
<meta http-equiv="Content-Type" content="text/html; charset=gb2312" />
        <title>CSS border-style 属性示例 </title>
        <style type="text/css" media="all">
                div#dotted { border-style: dotted;}
                div#dashed{        border-style: dashed;}
                div#solid{ border-style: solid;}
                div#double{        border-style: double;}
                div#groove{ border-style: groove;}
                div#ridge{ border-style: ridge;        }
                div#inset{ border-style: inset;}
                div#outset{ border-style: outset;}
                div#none{ border-style: none;}
```

Dreamweaver CS6完全学习手册

```
            div{
                    border-width: thick;
                    border-color: red;
                    margin: 2em;
            }
        </style>
    </head>
<body>
            <div id="dotted">border-style 属性 dotted( 点线边框 )</div>
            <div id="dashed">border-style 属性 dashed( 虚线边框 )</div>
            <div id="solid">border-style 属性 solid( 实线边框 )</div>
            <div id="double">border-style 属性 double( 双实线边框 )</div>
            <div id="groove">border-style 属性 groove(3D 凹槽 ) </div>
            <div id="ridge">border-style 属性 ridge(3D 凸槽 ) </div>
            <div id="inset">border-style 属性 inset( 边框凹陷 ) </div>
            <div id="outset">border-style 属性 outset( 边框凸出 ) </div>
    <div id="none">border-style 属性 none( 无样式 )</div>
    </body>
</html>
```

在浏览器中浏览，不同的边框样式效果如图 13-10 所示。

图13-10 边框样式

还可以使用 border-top-style、border-right-style、border-bottom-style 和 border-left-style 分别设置上边框、右边框、下边框和左边框的不同样式，其 CSS 代码如下。

实例代码：

```
<!DOCTYPE html PUBLIC "-//W3C//DTD XHTML 1.0 Transitional//EN"
"http://www.w3.org/TR/xhtml1/DTD/xhtml1-transitional.dtd">
```

```
<html xmlns="http://www.w3.org/1999/xhtml">
<head>
<meta http-equiv="Content-Type" content="text/html; charset=gb2312" />
            <title>CSS border-style 属性示例 </title>
            <style type="text/css" media="all">
                    div#top   { border-top-style:dotted; }
                    div#right{ border-right-style:double;}
                    div#bottom{        border-bottom-style:solid;}
                    div#left{ border-left-style:ridge;}
                    div
                    {
                            border-style:none;
                            margin:25px;
                            border-color:green;
                            border-width:thick
                    }
            </style>
    </head>
<body>
<p> </p>
<div id="top"> 定义上边框样式 border-top-style:dotted; 点线上边框 </div>
<div id="right"> 定义右边框样式 ,border-right-style:double; 双实线右边框 </div>
<div id="bottom"> 定义下边框样式 ,border-bottom-style:solid; 实线下边框 </div>
<div id="left"> 定义左边框样式 ,border-left-style:ridge; 3D 凸槽左边框 </div>
</body>
</html>
```

在浏览器中浏览可以看出分别设置了
上、下、左、右边框为不同的样式，效果如图
13-11 所示。

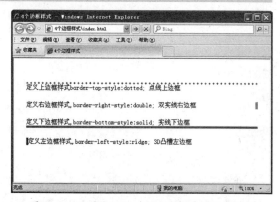

图13-11　设置上、下、左、右边框为不同的样式

2. 边框颜色：border-color

边框颜色属性 border-color 用来定义元素边框的颜色。

基本语法：

```
border-color: 颜色值
border-top-color: 颜色值
border-right-color: 颜色值
border-bottom-color: 颜色值
border-left-color: 颜色值
```

语法说明：

border-top-color、border-right-color、border-bottom-color 和 border-left-color 属性分别用来设置上、右、下、左边框的颜色，也可以使用 border-color 属性来统一设置 4 条边边框的颜色。

如果 border-color 设置全部 4 个参数值，将按上、右、下、左的顺序作用于 4 个边框。如果只设置一个，将用于全部的 4 条边。如果设置 2 个值，第一个用于上、下，第二个用于左、右。如果提供 3 个值，则第一个用于上，第二个用于左、右，第三个用于下。

下面通过实例讲述 border-color 属性的使用，其 CSS 代码如下。

实例代码：

```
<!DOCTYPE html PUBLIC "-//W3C//DTD XHTML 1.0 Transitional//EN"
"http://www.w3.org/TR/xhtml1/DTD/xhtml1-transitional.dtd">
<html xmlns="http://www.w3.org/1999/xhtml">
<head>
<meta http-equiv="Content-Type" content="text/html; charset=gb2312" />
<head>
<title>border-color 实例 </title>
<style type="text/css">
p.one
{
border-style: solid;
border-color: #0000ff
}
p.two
{
border-style: solid;
border-color: #ff0000 #0000ff
```

```
}
p.three
{
border-style: solid;
border-color: #ff0000 #00ff00 #0000ff
}
p.four
{
border-style: solid;
border-color: #ff0000 #00ff00 #0000ff rgb(250,0,255)
}
</style>
</head>
<body>
<p class="one">1 个颜色边框 !</p>
<p class="two">2 个颜色边框 !</p>
<p class="three">3 个颜色边框 !</p>
<p class="four">4 个颜色边框 !</p>
<p><b> 注意 :</b> 只设置 "border-color" 属性将看不到效果，须要先设置 "border-style" 属性。
</p>
</body>
</html>
```

在浏览器中浏览可以看到，使用 border-color 设置了不同颜色的边框，如图 13-12 所示。

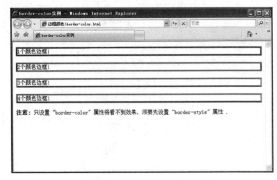

图13-12 border-color实例效果

3. 边框宽度：border-width

边框宽度属性 border-width 用来定义元素边框的宽度。

基本语法：

```
border-width: 宽度值
border-top-width: 宽度值
border-right-width: 宽度值
border-bottom-width: 宽度值
border-left-width: 宽度值
```

语法说明：

如果 border-width 设置全部 4 个参数值，将按上、右、下、左的顺序作用于 4 个边框。如果只设置一个，将用于全部的 4 条边。如果设置 2 个值，第一个用于上、下，第二个用于左、右。如果提供 3 个，第一个用于上，第二个用于左、右，第三个用于下。border-width 的取值范围如表 13.2 所示。

表13.2 border-width的属性值

属性值	描述
medium	默认值
thin	细
dashed	粗

下面通过实例讲述 border-width 属性的使用，其代码如下。

实例代码：

```
<!DOCTYPE html PUBLIC "-//W3C//DTD XHTML 1.0 Transitional//EN"
"http://www.w3.org/TR/xhtml1/DTD/xhtml1-transitional.dtd">
<html xmlns="http://www.w3.org/1999/xhtml">
<head>
<meta http-equiv="Content-Type" content="text/html; charset=gb2312" />
<title>border-width 实例 </title>
<style type="text/css">
p.one
{border-style: solid;
border-width: 5px}
p.two
{border-style: solid;
border-width: thick}
p.three
{border-style: solid;
border-width: 5px 10px}
p.four
```

```
{border-style: solid;
border-width: 5px 10px 1px}
p.five
{border-style: solid;
border-width: 5px 10px 1px medium}
</style>
</head>
<body>
<p class="one">border-width: 5px</p>
<p class="two">border-width: thick</p>
<p class="three">border-width: 5px 10px</p>
<p class="four">border-width: 5px 10px 1px</p>
<p class="five">border-width: 5px 10px 1px medium</p>
</body>
</html>
```

在浏览器中浏览，可以看到使用 border-width 设置了不同宽度的边框效果，如图 13-13 所示。

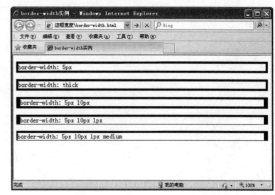

图13-13 border-width实例

13.4.3 padding

padding 属性设置元素所有内边距的宽度，或者设置各边上内边距的宽度。
基本语法：

```
padding：取值
padding-top：取值
padding-right：取值
padding-bottom：取值
padding-left：取值
```

语法说明：

padding 是 padding-top、padding-right、padding-bottom、padding-left 的一种快捷的综合写法，最多允许 4 个值，依次的顺序是：上、右、下、左。

如果只有一个值，表示 4 个填充都用同样的宽度。如果有两个值，第一个值表示上、下填充的宽度，第二个值表示左、右填充的宽度。如果有三个值，第一个值表示上填充的宽度，第二个值表示左、右填充的宽度，第三个值表示下填充的宽度。

在 Dreamweaver 中可以使用可视化操作设置填充的效果，在"CSS 样式规则定义"对话框中的"分类"列表中选择"方框"选项，然后在"Padding"选项中设置填充属性，如图 13-14 所示。

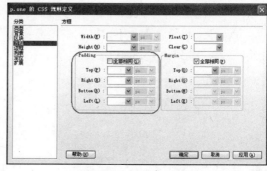

图13-14 设置填充属性

其 CSS 代码如下。

```
td {padding: 0.5cm 1cm 4cm 2cm}
```

上面的代码表示，上填充为 0.5cm，右填充为 1cm，下填充为 4cm，左填充为 2cm。下面讲述上下左右填充宽度相同的实例，其代码如下所示。

```
<!DOCTYPE html PUBLIC "-//W3C//DTD XHTML 1.0 Transitional//EN"
"http://www.w3.org/TR/xhtml1/DTD/xhtml1-transitional.dtd">
<html xmlns="http://www.w3.org/1999/xhtml">
<head>
<meta http-equiv="Content-Type" content="text/html; charset=gb2312" />
        <title>padding 宽度都相同 </title>
        <style type="text/css" media="all">
                p
                {
                        padding:50px;
                        border:thick solid green;
                }
        </style>
    </head>
<body>
```

```
<p> 定义了段落的填充属性为 padding:50px; 所以内容与各个边框间会有 50px 的填
充 .</p>
</body>
</html>
```

在浏览器中浏览，可以看到使用 padding:50px 设置了上、下、左、右填充宽度都为 50px，效果如图 13-15 所示。

图13-15 上下左右填充宽度相同

下面讲述上下左右填充宽度各不相同的实例，其代码如下所示。

实例代码：

```
<html xmlns="http://www.w3.org/1999/xhtml">
<head>
<meta http-equiv="Content-Type" content="text/html; charset=gb2312" />
<title>padding 宽度各不相同 </title>
<style type="text/css">
td {padding: 0.5cm 1cm 4cm 2cm}
</style>
</head>
<body>
<table border= "1" bordercolor="#009900">
<tr>
<td> 这个单元格设置了 CSS 填充属性。上填充为 0.5 厘米，右填充为 1 厘米，下填充为 4
厘米，左填充为 2 厘米。</td>
</tr>
</table>
</body>
</html>
```

在浏览器中浏览，可以看到使用 padding: 0.5cm 1cm 4cm 2cm 分别设置了上填充为 0.5 厘米，右填充为 1 厘米，下填充为 4 厘米，左填充为 2 厘米，在浏览器中浏览的效果如图 13-16 所示。

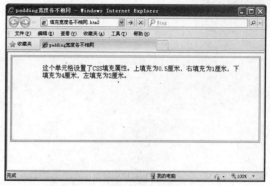

图13-16 上下左右填充宽度各不相同

13.4.4 margin

边界属性是用来设置页面中一个元素所占空间的边缘到相邻元素之间的距离。margin 属性包括 margin-top、margin-right、margin-bottom、margin-left、margin。

基本语法：

margin: 边距值

margin-top: 上边距值

margin-bottom: 下边距值

margin-left: 左边距值

margin-right: 右边距值

语法说明：

取值范围包括如下所述。

1. 长度值相当于设置顶端的绝对边距值，包括数字和单位。

2. 百分比是设置相对于上级元素的宽度的百分比，允许使用负值。

3. auto 是自动取边距值，即元素的默认值。

在 Dreamweaver 中可以使用可视化操作设置边界的效果，在"CSS 样式规则定义"对话框中的"分类"列表中选择"方框"选项，然后在"Margin"选项中设置边界属性，如图 13-17 所示。

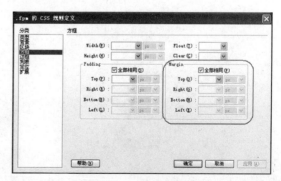

图13-17 设置边界属性

其 CSS 代码如下所示。

```
.top {
    margin-top: 4px;
    margin-right: 3px;
    margin-bottom: 3px;
    margin-left: 4px;
}
```

上面代码的作用是设置上边界为 4px、右边界为 3px、下边界为 3px、左边界为 4px。
下面举一个上下左右边界宽度都相同的实例，其代码如下。

实例代码：

```
<!DOCTYPE html PUBLIC "-//W3C//DTD XHTML 1.0 Transitional//EN"
"http://www.w3.org/TR/xhtml1/DTD/xhtml1-transitional.dtd">
<html xmlns="http://www.w3.org/1999/xhtml">
<head>
<meta http-equiv="Content-Type" content="text/html; charset=gb2312" />
<title> 边界宽度相同 </title>
<style type="text/css">
.d1{border:1px solid #FF0000;}
.d2{border:1px solid gray;}
.d3{margin:1cm;border:1px solid gray;}
</style>
</head>
<body>
<div class="d1">
<div class="d2"> 没有设置 margin</div>
</div>
<P> </P>
<hr>
<p> </p>
<div class="d1">
<div class="d3">margin 设置为 1cm</div>
</div>
</body>
</html>
```

在浏览器中浏览，效果如图 13-18 所示。

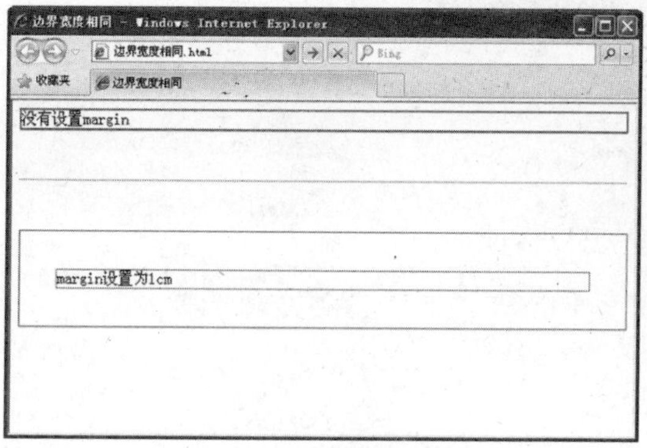

图13-18 边界宽度相同

上面两个 div 没有设置边界属性（margin），仅设置了边框属性（border）。外面那个为 d1 的 div 的 border 设为红色，里面那个为 d2 的 div 的 border 属性设为灰色。

和上面两个 div 的 CSS 属性设置唯一不同的是，在下面两个 div 中，里面的那个为 d3 的 div 设置了边界属性（margin），为 1 厘米，表示这个 div 上下左右的边距都为 1 厘米。

下面举一个上下左右边界宽度都不相同的实例，其代码如下。

实例代码：

```
<!DOCTYPE html PUBLIC "-//W3C//DTD XHTML 1.0 Transitional//EN"
"http://www.w3.org/TR/xhtml1/DTD/xhtml1-transitional.dtd">
<html xmlns="http://www.w3.org/1999/xhtml">
<head>
<meta http-equiv="Content-Type" content="text/html; charset=gb2312" />
<title> 边界宽度各不相同 </title>
<style type="text/css">
.d1{border:1px solid #FF0000;}
.d2{border:1px solid gray;}
.d3{margin:0.5cm 1cm 2.5cm 1.5cm;border:1px solid gray;}
</style>
</head>
<body>
<div class="d1">
<div class="d2"> 没有设置 margin</div>
</div>
<P> </P>
<div class="d1">
<div class="d3"> 上下左右边界宽度各不同 </div>
```

```
</div>
</body>
</html>
```

在浏览器中浏览，效果如图13-19所示。

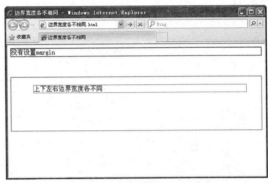

图13-19 边界宽度各不相同

上面两个div没有设置边距属性（margin），仅设置了边框属性（border）。外面那个div的border设为红色，里面那个div的border属性设为灰色。

和上面两个div的CSS属性设置不同的是，在下面两个div中，里面的那个div设置了边距属性（margin），设定上边距为0.5cm，右边距为1cm，下边距为2.5cm，左边距为1.5cm。

13.5 盒子的浮动与定位

CSS为定位和浮动提供了一些属性，利用这些属性，可以建立列式布局，将布局的一部分与另一部分重叠，还可以完成多年来通常需要使用多个表格才能完成的任务。定位的基本思想很简单，它允许用户定义元素框相对于其正常位置应该出现的位置，或者相对于父元素、另一个元素甚至浏览器窗口本身的位置。

13.5.1 盒子的浮动float

应用Web标准创建网页以后，float浮动属性是元素定位中非常重要的属性，常常通过对div元素应用float浮动来进行定位，不但对整个版式进行规划，也可以对一些基本元素如（导航等）进行排列。

在标准流中，一个块级元素在水平方向会自动伸展，直到包含它的元素的边界，而在竖直方向和其他元素依次排列，不能并排。使用浮动方式后，块级元素的表现会有所不同。

基本语法：

float:none|left|right

语法说明：

none 是默认值，表示对象不浮动；left 表示对象浮在左边；right 表示对象浮在右边。

CSS 允许任何元素浮动 float，不论是图像、段落还是列表。无论先前元素是什么状态，浮动后都成为块级元素。浮动元素的宽度默认为 auto。

★ 指点迷津 ★

浮动有一系列控制它的规则。
● 浮动元素的外边缘不会超过其父元素的内边缘。
● 浮动元素不会互相重叠。
● 浮动元素不会上下浮动。

float 属性不是你所想象的那么简单，不是通过这一篇文字的说明，就能完全搞明白它的工作原理的，需要在实践中不断地总结经验。下面通过几个小例子，来说明它的基本工作情况。

如果 float 取值为 none 或没有设置 float 时，不会发生任何浮动，块元素独占一行，紧随其后的块元素将在新行中显示。其代码如下所示，在浏览器中浏览效果如图 13-20 所示，可以看到由于没有设置 Div 的 float 属性，因此每个 Div 都单独占一行，两个 Div 分两行显示。

```html
<html xmlns="http://www.w3.org/1999/xhtml">
<head>
<meta http-equiv="Content-Type" content="text/html; charset=gb2312" />
<title> 没有设置 float 时 </title>
<style type="text/css">
 #content_a {width:200px; height:80px; border:2px solid #000000;
margin:15px; background:#0ccccc;}
 #content_b {width:200px; height:80px; border:2px solid #000000;
margin:15px; background:#ff00ff;}
</style>
</head>
<body>
 <div id="content_a"> 这是第一个 DIV</div>
 <div id="content_b"> 这是第二个 DIV</div>
</body>
</html>
```

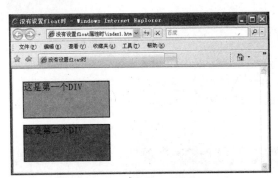

图13-20　没有设置float

下面修改一下代码，使用float:left对content_a应用向左的浮动，而content_b不应用任何浮动。其代码如下所示，在浏览器中浏览，效果如图13-21所示，可以看到对content_a应用向左的浮动后，content_a向左浮动，content_b在水平方向紧跟着它的后面，两个Div占一行，在一行上并列显示。

```
<html xmlns="http://www.w3.org/1999/
xhtml">
    <head>
    <meta http-equiv="Content-Type"
content="text/html; charset=gb2312"/>
    <title>一个设置为左浮动，一个不设置浮
动</title>
    <style type="text/css">
    #content_a {width:200px; height:80px;
float:left;
    border:2px solid #000000; margin:15px;
background:#0ccccc;}
    #content_b {width:200px; height:80px;
border:2px solid #000000;
    margin:15px; background:#ff00ff;}
    </style>
    </head>
    <body>
    <div id="content_a">这是第一个DIV向左
浮动</div>
```

```
    <div id="content_b">这是第二个DIV不应
用浮动</div>
    </body>
    </html>
```

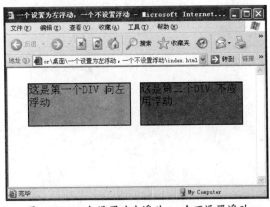

图13-21　一个设置为左浮动，一个不设置浮动

下面修改一下代码，同时对这两个容器应用向左的浮动，其CSS代码如下所示。在浏览器中浏览，可以看到效果与图13-21一样，两个Div占一行，在一行上并列显示。

```
<style type="text/css">
    #content_a {width:200px; height:80px;
float:left; border:2px solid #000000;
    margin:15px; background:#0ccccc;}
    #content_b {width:200px; height:80px;
float:left; border:2px solid #000000;
    margin:15px; background:#ff00ff;}
    </style>
```

下面修改上面代码中的两个元素，同时应用向右的浮动，其CSS代码如下所示，在浏览器中浏览，效果如图13-22所示，可以看到同时对两个元素应用向右的浮动基本保持了一致，但请注意方向性，第二个在左边，第一个在右边。

```
<style type="text/css">
    #content_a {width:200px; height:80px;
```

```
float:right; border:2px solid #000000; margin:15px;
background:#0ccccc;}
    #content_b {width:200px; height:80px;
float:right; border:2px solid #000000; margin:15px;
background:#ff00ff;}
    </style>
```

图13-22 同时应用向右的浮动

13.5.2 position定位

position 的原意为位置、状态、安置。在 CSS 布局中，position 属性非常重要，很多特殊容器的定位必须用 position 来完成。position 属性有 4 个值，分别是：static、absolute、fixed、relative，static 是默认值，代表无定位。

定位（position）允许用户精确定义元素框出现的相对位置，可以相对于它通常出现的位置，相对于其上级元素，相对于另一个元素，或者相对于浏览器视窗本身。每个显示元素都可以用定位的方法来描述，而其位置是由此元素的包含块来决定的。

基本语法：

Position：static l absolute l fixed l relative

语法说明：

static：静态（默认），无定位。

relative：相对，对象不可层叠，但将依据 left、right、top、bottom 等属性在正常文档流中偏移位置。

absolute：绝对，将对象从文档流中拖出，通过 width、height、left、right、top、bottom 等属性与 margin、padding、border 进行绝对定位，绝对定位的元素可以有边界，但这些边界不压缩。而其层叠通过 z-index 属性定义。

fixed：固定，使元素固定在屏幕的某个位置，其包含块是可视区域本身，因此它不随滚动条的滚动而滚动。

下面分别讲述这几种定位方式的使用。

1．绝对定位：absolute

当容器的 position 属性值为 absolute 时，这个容器即被绝对定位了。绝对定位在几种定位方法中使用最广泛，这种方法能精确地将元素移动到用户想要的位置。absolute 用于将一个元素放到固定的位置非常方便。

当有多个绝对定位容器放在同一个位置时，显示哪个容器的内容呢？类似于 Photoshop 的图层有上下关系，绝对定位的容器也有上下的关系，在同一个位置只会显示最上面的容器。在计算机显示中把垂直于显示屏幕平面的方向称为 z 方向。CSS 绝对定位的容器的 z-index 属性对应这个方向，z-index 属性的值越大，容器越靠上，即同一个位置上的两个绝对定位的容器只会显示 z-index 属性值较大的容器。

★ 指点迷津 ★

top、bottom、left和right这4个CSS属性，它们都是配合position属性使用的，表示的是块的各个边界距页面边框的距离，或各个边界离原来位置的距离，只有当position设置为absolute或 relative时才能生效。

下面举例讲述 CSS 绝对定位的使用，其代码如下所示。

```
<html xmlns="http://www.w3.org/1999/xhtml">
<head>
<meta http-equiv="Content-Type" content="text/html; charset=gb2312" />
<title> 绝对定位 </title>
<style type="text/css">
*{margin: 0px;
 padding:0px;
}
#all{
height:400px;
   width:400px;
   margin-left:20px;
   background-color:#eee;
}
#absdiv1,#absdiv2,#absdiv3,#absdiv4,#absdiv5
{width:120px;
   height:50px;
   border:5px double #000;
   position:absolute;
}
#absdiv1{
   top:10px;
   left:10px;
   background-color:#9c9;
}
#absdiv2{
   top:20px;
   left:50px;
   background-color:#9cc;
}
#absdiv3{
```

```
bottom:10px;
    left:50px;
    background-color:#9cc;
}
#absdiv4{
    top:10px;
    right:50px;
    z-index:10;
    background-color:#9cc;
}
#absdiv5{
    top:20px;
    right:90px;
    z-index:9;
    background-color:#9c9;
}
#a,#b,#c{width:300px;
    height:100px;
    border:1px solid #000;
    background-color:#ccc;
}
</style>
</head>
<body>
<div id="all">
 <div id="absdiv1"> 第 1 个绝对定位的 div 容器 </div>
 <div id="absdiv2"> 第 2 个绝对定位的 div 容器 </div>
 <div id="absdiv3"> 第 3 个绝对定位的 div 容器 </div>
 <div id="absdiv4"> 第 4 个绝对定位的 div 容器 </div>
 <div id="absdiv5"> 第 5 个绝对定位的 div 容器 </div>
 <div id="a"> 第 1 个无定位的 div 容器 </div>
 <div id="b"> 第 2 个无定位的 div 容器 </div>
 <div id="c"> 第 3 个无定位的 div 容器 </div>
</div>
</body>
</html>
```

这里设置了 5 个绝对定位的 Div，3 个无定位的 Div。给外部 div 设置了 #eee 背景色，并给内部无定位的 div 设置了 #ccc 背景色，而绝对定位的 div 容器设置了 #9c9 和 #9cc 背景色，并设置了 double 类型的边框。在浏览器中浏览，效果如图 13-23 所示。

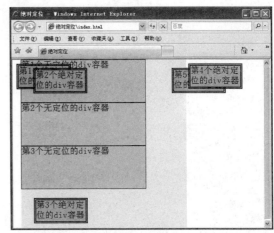

图13-23 绝对定位效果

从本例可看到，设置 top、bottom、left 和 right 其中至少一种属性后，5 个绝对定位的 div 容器彻底摆脱了其父容器（id 名称为 all）的束缚，独立地漂浮在上面。而在未设置 z-index 属性值时，第 2 个绝对定位的容器显示在第 1 个绝对定位的容器上方（即后面的容器 z-index 属性值较大）。相应地，第 5 个绝对定位的容器虽然在第 4 个绝对定位的容器后面，但由于第 4 个绝对定位的容器的 z-index 值为 10，第 5 个绝对定位的容器的 z-index 值为 9，所以第 4 个绝对定位的容器显示在第 5 个绝对定位的容器的上方。

2. 固定定位：fixed

当容器的 position 属性值为 fixed 时，这个容器即被固定定位了。固定定位和绝对定位非常类似，不过被定位的容器不会随着滚动条的拖动而变化位置。在视野中，固定定位的容器的位置是不会改变的。

下面举例讲述固定定位的使用，其代码如下所示。

```
<html xmlns="http://www.w3.org/1999/xhtml">
<head>
<meta http-equiv="Content-Type" content="text/html; charset=gb2312" />
<title>CSS 固定定位 </title>
<style type="text/css">
* {margin: 0px;
 padding:0px;}
#all{
    width:400px; height:450px; background-color:#cccccc;
}
#fixed{
    width:100px; height:80px; border:15px outset #f0ff00;
    background-color:#9c9000; position:fixed; top:20px; left:10px;
```

```
}
#a{
  width:200px; height:300px; margin-left:20px;
  background-color:#eeeeee; border:2px outset #000000;
}
</style>
</head>
<body>
<div id="all">
  <div id="fixed"> 固定的容器 </div>
  <div id="a"> 无定位的 div 容器 </div>
</div>
</body>
</html>
```

在本例中给外部 div 设置了 #cccccc 背景色，并给内部无定位的 div 设置了 #eeeeee 背景色，而给固定定位的 div 容器设置了 #9c9000 背景色，并设置了 outset 类型的边框。在浏览器中浏览，效果如图 13-24 和图 13-25 所示。

图13-24 固定定位效果

图13-25 拖动浏览器后效果

可以尝试拖动浏览器的垂直滚动条，固定容器不会有任何位置改变。不过 IE6.0 版本的浏览器不支持 fixed 值的 position 属性，所以网页中类似的效果都是采用 JavaScript 脚本编程完成的。固定定位方式常用在网页上，在图 13-26 所示的网页中，中间的浮动广告就采用固定定位的方式。

图13-26 浮动广告采用固定定位方式

3. 相对定位：relative

相对定位是一个非常容易掌握的概念。如果对一个元素进行相对定位，它将出现在它所在的位置上。然后，可以通过设置垂直或水平位置，让这个元素"相对于"它的起点进行移动。如果将 top 设置为 20px，那么框将在原位置顶部下面 20 像素的地方。如果 left 设置为 30 像素，那么系统会在元素左边创建 30 像素的空间，也就是将元素向右移动。

当容器的 position 属性值为 relative 时，这个容器即被相对定位了。相对定位和其他定位相似，也是独立出来浮在上面。不过相对定位的容器的 top（顶部）、bottom（底部）、left（左边）和 right（右边）属性参照对象是其父容器的 4 条边，而不是浏览器窗口。

下面举例讲述相对定位的使用，其代码如下所示。

```
<html xmlns="http://www.w3.org/1999/xhtml">
<head>
<meta http-equiv="Content-Type" content="text/html; charset=gb2312" />
<title>CSS 相对定位 </title>
<style type="text/css">
*{margin: 0px; padding:0px;}
#all{width:400px; height:400px; background-color:#ccc;}
#fixed{        width:100px;        height:80px;border:15px ridge #f00;
background-color:#9c9;
position:relative;        top:130px;left:30px;}
#a,#b{width:200px; height:120px; background-color:#eee;
border:2px outset #000;}
</style>
</head>
<body>
<div id="all">
 <div id="a"> 第 1 个无定位的 div 容器 </div>
  <div id="fixed"> 相对定位的容器 </div>
  <div id="b"> 第 2 个无定位的 div 容器 </div>
 </div>
 </body>
</html>
```

这里给外部 div 设置了 #ccc 背景色，并给内部无定位的 div 设置了 #eee 背景色，而给相对定位的 div 容器设置了 #9c9 背景色，并设置了 inset 类型的边框。在浏览器中浏览，效果如图 13-27 所示。

图13-27 相对定位方式效果

相对定位的容器其实并未完全独立，浮动范围仍然在父容器内，并且其所占的空白位置仍然有效地存在于前后两个容器之间。

13.6　CSS布局理念

无论使用表格还是 CSS，网页布局都是把大块的内容放进网页的不同区域里面。有了 CSS，最常用来组织内容的元素就是 <div> 标签。CSS 排版是一种很新的排版理念，首先要将页面使用 <div> 整体划分几个板块，然后对各个板块进行 CSS 定位，最后在各个板块中添加相应的内容。

13.6.1　将页面用div分块

在利用 CSS 布局页面时，首先要有一个整体的规划，包括整个页面分成哪些模块，各个模块之间的父子关系等。以最简单的框架为例，页面由标语 Banner、主体内容（content）、菜单导航（links）和脚注（footer）几个部分组成，各个部分分别用自己的 id 来标识，如图 13-28 所示。

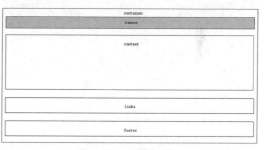

图13-28　页面内容框架

其页面中的 HTML 框架代码如下所示。

```
<div id="container">container
<div id="banner">banner</div>
    <div id="content">content</div>
    <div id="links">links</div>
    <div id="footer">footer</div>
</div>
```

实例中每个板块都是一个 <div>，这里直接使用 CSS 中的 id 来表示各个板块，页面的所有 Div 块都属于 container，一般的 Div 排版都会在最外面加上这个父 Div，便于对页面的整体进行调整。对于每个 Div 块，还可以再加入各种元素或行内元素。

13.6.2　设计各块的位置

当页面的内容已经确定后，则需要根据内容本身考虑整体的页面布局类型，如是单栏、双栏还是三栏等，这里采用的布局如图 13-29 所示。

由图 13-29 可以看出，在页面外部有一个整体的框架 container，banner 位于页面整体框架中的最上方，content 与 links 位于页面的中部，其中 content 占据着页面的绝大部分。最下面是页面的脚注 footer。

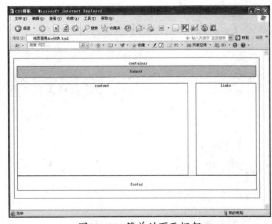

图13-29　简单的页面框架

13.6.3　用CSS定位

整理好页面的框架后，就可以利用 CSS 对各个板块进行定位，实现对页面的整体规划，然后再往各个板块中添加内容。

下面首先对 body 标记与 container 父块进行设置，CSS 代码如下所示。

```
body{
        margin:10px;
        text-align:center;
}
#container{
        width:900px;
        border:2px solid #000000;
        padding:10px;
}
```

上面代码设置了页面的边界、页面文本的对齐方式，以及将父块的宽度设置为 900px。下面来设置 banner 板块，其 CSS 代码如下所示。

```
#banner{
        margin-bottom:5px;
        padding:10px;
        background-color:#a2d9ff;
        border:2px solid #000000;
```

```
        text-align:center;
    }
```

这里设置了 banner 板块的边界、填充、背景颜色等。

下面利用 float 方法将 content 移动到左侧，links 移动到页面右侧，这段代码分别设置了这两个板块的宽度和高度，读者可以根据需要自己调整。

```
#content{
    float:left;
    width:600px;
    height:300px;
    border:2px solid #000000;
    text-align:center;
}
#links{
    float:right;
    width:290px;
    height:300px;
    border:2px solid #000000;
    text-align:center;
}
```

由于 content 和 links 对象都设置了浮动属性，因此 footer 需要设置 clear 属性，使其不受浮动的影响，代码如下所示。

```
#footer{
    clear:both;   /* 不受 float 影响 */
    padding:10px;
    border:2px solid #000000;
    text-align:center;
}
```

这样，页面的整体框架便搭建好了，这里需要指出的是 content 块中不能放置宽度过长的元素，如很长的图片或不换行的英文等，否则 links 将再次被挤到 content 的下方。

特别地，如果后期维护时希望 content 的位置与 links 对调，仅仅只需要将 content 和 links 属性中的 left 和 right 改变。这是传统的排版方式所不可能如此简单实现的，这也正是 CSS 排版的魅力之一。

另外，如果 links 的内容比 content 的内容长，在 Internet Explorer 浏览器上 footer 就会贴在 content 下方而与 links 出现重合。

13.7 常见的布局类型

Div+CSS 是现在最流行的一种网页布局格式，以前常用表格来布局，而现在一些比较知名的网页设计全部采用的 Div+CSS 来排版布局，Div+CSS 的好处是可以使 HTML 代码更整齐，更容易使人理解，而且在浏览时的速度也比传统的布局方式快，最重要的是它的可控性要比表格强得多。下面介绍常见的布局类型。

13.7.1 使用CSS定位单行单列固定宽度

单行单列固定宽度也就是 1 列固定宽度布局，它是所有布局的基础，也是最简单的布局形式。一列固定宽度中，宽度的属性值是固定像素。下面举例说明单行单列固定宽度的布局方法，具体步骤如下。

❶ 在 HTML 文档的 <head> 与 </head> 之间相应的位置输入定义的 CSS 样式代码，如下所示。

```
<style>
#content{
    background-color:#ffcc33;
    border:5px solid #ff3399;
    width:500px;
    height:350px;
}
</style>
```

★ 提示 ★

使用background-color:# ffcc33将div设定为黄色背景，并使用border:5px solid #ff3399将div设置了粉红色的5px宽度的边框，使用width:500px设置宽度为500像素固定宽度，使用height:350px设置高度为350像素。

❷ 然后在 HTML 文档的 <body> 与 <body> 之间的正文中输入以下代码，给 div 使用了 layer 作为 id 名称。

```
<div id="content ">1 列固定宽度 </div>
```

❸ 在浏览器中浏览，由于是固定宽度，无论怎样改变浏览器窗口大小，Div 的宽度都不改变，如图 13-30 和图 13-31 所示。

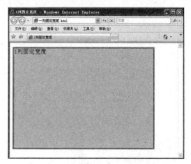

图13-30 浏览器窗口变小效果

图13-31 浏览器窗口变大效果

> **★ 提示 ★**
>
> 页面居中是常用的网页设计表现形式之一，在传统的表格式布局中，用align="center"属性来实现表格居中显示。Div本身也支持align="center"属性，同样可以实现居中，但是在Web标准化时代，这个不是我们想要的结果，因为这不能实现表现与内容的分离。

13.7.2 一列自适应

自适应布局是在网页设计中常见的一种布局形式，自适应的布局能够根据浏览器窗口的大小，自动改变其宽度或高度值，是一种非常灵活的布局形式，良好的自适应布局网站对不同分辨率的显示器都能提供最好的显示效果。自适应布局需要将宽度由固定值改为百分比。下面是一列自适应布局的 CSS 代码。

```
<html xmlns="http://www.w3.org/1999/xhtml">
<head>
<meta http-equiv="content-type" content="text/html; charset=gb2312"/>
<title>1 列自适应 </title>
<style>
#Layer{
    background-color:#00cc33;
    border:3px solid #ff3099;
    width:60%;
    height:60%;
}
</style>
</head>
<body>
<div id="Layer">1 列自适应 </div>
</body>
</html>
```

这里将宽度和高度值都设置为 70%，从浏览效果中可以看到，Div 的宽度已经变为了浏览器宽度的 70% 的值，当扩大或缩小浏览器窗口大小时，其宽度和高度还将维持在与浏览器当前宽度 70% 的比例，如图 13-32 和图 13-33 所示。

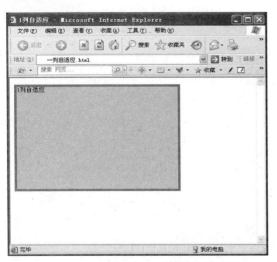

图13-32 窗口变小

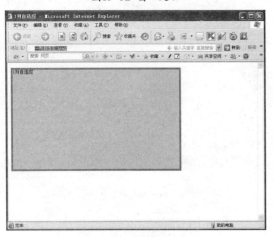

图13-33 窗口变大

自适应布局是比较常见的网页布局方式，图 13-34 所示的网页就采用自适应布局。

图13-34 自适应布局

13.7.3 两列固定宽度

有了一列固定宽度作为基础，二列固定宽度就非常简单，我们知道 div 用于对某一个区域的标识，而二列的布局，自然需要用到两个 div。

两列固定宽度非常简单，两列的布局需要用到两个 div，分别把两个 div 的 id 设置为 left 与 right，表示两个 div 的名称。首先为它们设置宽度，然后让两个 div 在水平线中并排显示，从而形成两列式布局，具体步骤如下。

❶ 在 HTML 文档的 <head> 与 </head> 之间相应的位置输入定义的 CSS 样式代码，如下所示。

```css
<style>
#left{
    background-color:#00cc33;
    border:1px solid #ff3399;
    width:250px;
    height:250px;
    float:left;
    }
#right{
    background-color:#ffcc33;
    border:1px solid #ff3399;
    width:250px;
    height:250px;
    float:left;
}
</style>
```

★ 提示 ★

left与right两个div的代码与前面类似，两个div使用相同宽度实现两列式布局。float属性是CSS布局中非常重要的属性，用于控制对象的浮动布局方式，大部分div布局基本上都通过float的控制来实现的。float使用none值时表示对象不浮动，而使用left时，对象将向左浮动，例如本例中的div使用了float:left;之后，div对象将向左浮动。

❷然后在 HTML 文档的 \<body> 与 \<body> 之间的正文中输入以下代码，给 div 使用 left 和 right 作为 id 名称。

```
<div id="left"> 左列 </div>
<div id="right"> 右列 </div>
```

❸在使用了简单的 float 属性之后，二列固定宽度的布局就能够完整地显示出来。在浏览器中浏览，图 13-35 所示为两列固定宽度布局。

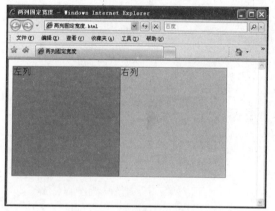

图13-35 两列固定宽度布局

13.7.4 两列宽度自适应

下面使用两列宽度自适应性，来实现左右栏宽度能够做到自动适应，设置自适应主要是通过宽度的百分比值来设置的。CSS 代码修改为如下内容。

```
<style>
#left{
    background-color:#00cc33;
border:1px solid #ff3399; width:60%;
    height:250px;      float:left;
    }
#right{
    background-color:#ffcc33;border:1px
solid #ff3399;      width:30%;
    height:250px;      float:left;
    }
</style>
```

这里主要修改了左栏宽度为 60%，右栏宽度为 30%。在浏览器中浏览，效果如图 13-36 和图 13-37 所示，无论怎样改变浏览器窗口大小，左右两栏的宽度与浏览器窗口宽度的百分比都不改变。

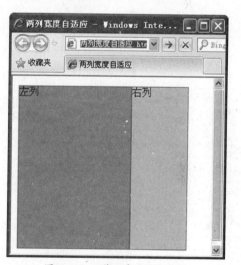

图13-36 浏览器窗口变小效果

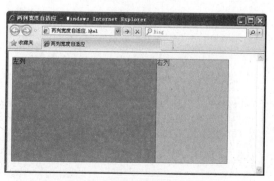

图13-37 浏览器窗口变大效果

13.7.5 三列浮动中间宽度自适应

使用浮动定位方式，从一列到多列的固定宽度及自适应，基本上可以简单完成，包括三列的固定宽度。而在这里给我们提出了一个新的要求，希望有一个三列式布局，其中左栏要求固定宽度，并居左显示，右栏要求固定宽度并居右显示，而中间栏需要在左栏和右栏的中间，根据左右栏的间距变化自动适应。

在开始设计这样的三列布局之前，有必要了解一个新的定位方式——绝对定位。前面的浮动定位方式主要由浏览器根据对象的内容自动进行浮动方向的调整，但是当这种方式不能满足定位需求时，就需要新的方法来实现，CSS 提供的除去浮动定位之外的另一种定位方式就是绝对定位，绝对定位使用 position 属性来实现。

下面讲述三列浮动中间宽度自适应布局的创建，具体操作步骤如下。

❶ 在 HTML 文档的 <head> 与 </head> 之间相应的位置输入定义的 CSS 样式代码，如下所示。

```
<style>
body{ margin:0px; }
#left{ background-color:#ffcc00;  border:3px solid #333333; width:100px;
    height:250px; position:absolute; top:0px; left:0px;
}
#center{ background-color:#ccffcc; border:3px solid #333333; height:250px;
    margin-left:100px; margin-right:100px; }
#right{ background-color:#ffcc00; border:3px solid #333333; width:100px;
    height:250px; position:absolute; right:0px; top:0px; }
</style>
```

❷ 然后在 HTML 文档的 <body> 与 </body> 之间的正文中输入以下代码，给 div 使用 left、right 和 center 作为 id 名称。

```
<div id="left"> 左列 </div>
<div id="center"> 中间列 </div>
<div id="right"> 右列 </div>
```

❸ 在浏览器中浏览，效果如图 13-38 和图 13-39 所示。

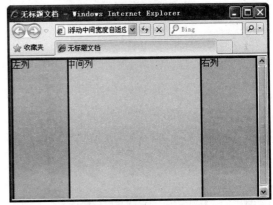

图13-38 中间宽度自适应

Dreamweaver CS6完全学习手册

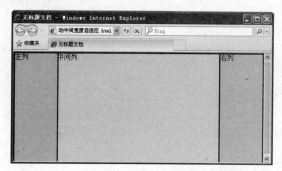

图13-39　中间宽度自适应

图13-40　三列浮动中间宽度自适应布局

　　图 13-40 所示的网页就是采用三列浮动中间宽度自适应布局。

第14章 使用行为给网页添加特效

本章导读

　　行为是 Dreamweaver 中制作绚丽网页的利器，它功能强大，颇受网页设计者的喜爱。行为是一系列使用 JavaScript 程序预定义的页面特效工具，是 JavaScript 在 Dreamweaver 中内置的程序库。在 Dreamweaver 中，利用行为可以为页面制作出各种各样的特殊效果，如打开浏览器窗口、弹出信息、交换图像等特殊网页效果。

技术要点

- 了解行为的概念
- 熟悉行为的动作和事件
- 掌握使用 Dreamweaver 内置行为

14.1 行为的概念

有许多优秀的网页，它们不只包含文本和图像，还有许多其他交互式的效果，例如当鼠标移动到某个图像或按钮上，特定位置便会显示出相关信息，又或者当一个网页打开的同时，响起了优美的背景音乐等。其实它们使用的就是本章中将要介绍的内容，Dreamweaver 的另一大功能——行为，使用它，在网页中将会实现许多精彩的交互效果。

行为是用来动态响应用户操作、改变当前页面效果或是执行特定任务的一种方法。行为是由对象、事件和动作构成。

对象是产生行为的主体。网页中的很多元素都可以成为对象，如整个 HTML 文档、插入的图片、文字等。

事件是触发动态效果的条件。网页事件分为不同的种类。有的与鼠标有关，有的与键盘有关，如鼠标单击、按下键盘上的某个键。有的事件还和网页相关，如网页下载完毕，网页切换等。对于同一个对象，不同版本的浏览器支持的事件种类和多少也是不一样的。

实际上，事件是浏览器生成的消息，指示该页的浏览者执行了某种操作。例如，当浏览者将鼠标指针移动到某个链接上时，浏览器为该链接生成一个 onMouseOver 事件（鼠标上滚），然后浏览器查看是否存在应当为该链接生成该事件时，浏览器应该调用的 JavaScript 代码（这些代码是在被查看的页中指定的）。不同的页元素定义了不同的事件，例如，在大多数浏览器中 onMouseOver（鼠标上滚）和 onClick（鼠标单击）是与链接关联的事件，而 onLoad（网页载入）是与图像和文档的 body 部分关联的事件。

动作是由预先编写的 JavaScript 代码组成的，这些代码执行特定的任务，例如打开浏览器窗口、显示或隐藏层、播放声音或停止播放 Macromedia Shockwave 影片、图片的交换、链接的改变、弹出信息等。随 Dreamweaver 提供的动作是由 Dreamweaver 工程师精心编写的，具有跨浏览器的最大兼容性。

Dreamweaver 提供大约二十多个行为行为，如果读者需要更多的行为，可以到 Adobe Exchange 官方网页（http://www.adobe.com/cn/exchange/）以及第三方开发人员的站点上进行搜索并且下载。

14.2 行为的动作和事件

在 Dreamweaver 中，行为是事件和动作的组合。事件是特定的时间或是用户在某时所发出的指令后紧接着发生的，而动作是事件发生后网页所要做出的反应。

14.2.1 常见动作类型

所谓的动作就是设置交换图像、弹出信息等特殊的 JavaScript 效果。在设定的事件发生时运行动作。表 14-1 列出了 Dreamweaver 中默认提供的动作种类。

表14-1 Dreamweaver中常见的动作

动　作	内　容
调用JavaScript	调用JavaScript函数
改变属性	改变选择对象的属性
检查浏览器	根据访问者的浏览器版本，显示适当的页面
检查插件	确认是否设有运行网页的插件
控制Shockwave或Flash	控制影片的播放
拖动AP元素	允许在浏览器中自由拖动AP Div
转到URL	可以转到特定的站点或网页文档上
隐藏弹出式菜单	隐藏在Dreamweaver上制作的弹出窗口
跳转菜单	可以创建若干个链接的跳转菜单
跳转菜单开始	在跳转菜单中选定要移动的站点之后，只有单击"GO"按钮才可以移动到链接的站点上
打开浏览器窗口	在新窗口中打开URL
播放声音	设置的事件发生之后，播放链接的音乐
弹出消息	设置的事件发生之后，弹出警告信息
预先载入图像	为了在浏览器中快速显示图片，事先下载图片然后显示出来
设置导航栏图像	制作由图片组成菜单的导航条
设置框架文本	在选定的帧上显示指定的内容
设置状态栏文本	在状态栏中显示指定的内容
设置文本域文字	在文本字段区域显示指定的内容
显示弹出式菜单	显示弹出式菜单
显示-隐藏元素	显示或隐藏特定的AP Div
交换图像	发生设置的事件后，用其他图片来取代选定的图片
恢复交换图像	在运用交换图像动作之后，显示原来的图片
时间轴	用来控制时间轴，可以播放、停止动画
检查表单	在检查表单文档有效性的时候使用

14.2.2　常见事件

　　事件就是选择在特定情况下发生选定行为动作的功能。例如，如果运用了单击图片之后转移到特定站点上的行为，这是因为事件被指定了 onClick，所以执行了在单击图片的一瞬间转移到其他站点的这一动作。表 14-2 所示的是 Dreamweaver 中常见的事件。

表14-2 Dreamweaver中常见的事件

内　容	事　件
onAbort	在浏览器窗口中停止加载网页文档的操作时发生的事件
onMove	移动窗口或框架时发生的事件
onLoad	选定的对象出现在浏览器上时发生的事件
onResize	访问者改变窗口或帧的大小时发生的事件
onUnLoad	访问者退出网页文档时发生的事件
onClick	用鼠标单击选定元素的一瞬间发生的事件
onBlur	鼠标指针移动到窗口或帧外部，即在这种非激活状态下发生的事件
onDragDrop	拖动并放置选定元素的那一瞬间发生的事件
onDragStart	拖动选定元素的那一瞬间发生的事件
onFocus	鼠标指针移动到窗口或帧上，激活之后发生的事件
onMouseDown	单击鼠标右键一瞬间发生的事件
onMouseMove	鼠标指针指向字段并在字段内移动时发生的事件
onMouseOut	鼠标指针经过选定元素之外时发生的事件
onMouseOver	鼠标指针经过选定元素上方时发生的事件
onMouseUp	单击鼠标右键，然后释放时发生的事件
onScroll	访问者在浏览器上移动滚动条时发生的事件
onKeyDown	当访问者按下任意键时发生的事件
onKeyPress	当访问者按下和释放任意键时发生事件
onKeyUp	在键盘上按下特定键并释放时发生的事件
onAfterUpdate	更新表单文档内容时发生的事件
onBeforeUpdate	改变表单文档项目时发生的事件
onChange	访问者修改表单文档的初始值时发生的事件
onReset	将表单文档重设置为初始值时发生的事件
onSubmit	访问者传送表单文档时发生的事件
onSelect	访问者选定文本字段中的内容时发生的事件
onError	在加载文档的过程中，发生错误时发生的事件
onFilterChange	运用于选定元素的字段发生变化时发生的事件
Onfinish Marquee	用功能来显示的内容结束时发生的事件
Onstart Marquee	开始应用功能时发生的事件

14.3　使用Dreamweaver内置行为

　　使用行为提高了网站的交互性。在 Dreamweaver 中插入行为，实际上是给网页添加了一些 JavaScript 代码，这些代码能实现动感网页效果。

14.3.1 交换图像

> 原始文件：14/14.3.1/index.htm
> 最终文件：14/14.3.1/index1.htm

"交换图像"动作是将一幅图像替换成另外一幅图像，一个交换图像的动作其实是由两幅图像组成的。下面通过实例讲述创建交换图像，鼠标未经过图像时的效果如图14-1所示，当鼠标经过图像时的效果如图14-2所示，具体操作步骤如下。

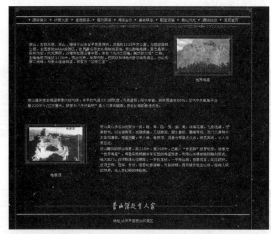

图14-1 鼠标未经过图像时的效果

图14-2 鼠标经过图像时的效果

❶ 打开网页文档，选中图像，如图14-3所示。

图14-3 打开网页文档

❷ 执行"窗口"|"行为"命令，打开"行为"面板，在面板中单击"添加行为"按钮 ，在弹出的菜单中选择"交换图像"选项，如图14-4所示。

图14-4 选择"交换图像"选项

❸ 弹出"交换图像"对话框，在"图像"名称栏中选择交换图像的名称，在对话框中单击"设定原始档为"文本框右边的"浏览"按钮，如图14-5所示。

❹ 在弹出的"选择图像源文件"对话框中选择要交换的图像 images/tu2.jpg，如图14-6所示。

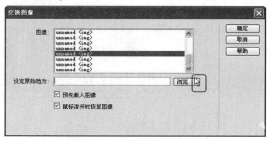

图14-5 "交换图像"对话框

图14-6 "选择图像源文件"对话框

在"交换图像"对话框中可以进行如下设置。

● 图像：在列表中选择要更改其源的图像。

● 设定原始档为：单击"浏览"按钮选择新图像文件，文本框中将显示新图像的路径和文件名。

● 预先载入图像：勾选该复选项，这样在载入网页时，新图像将载入到浏览器的缓冲中，防止在图像应当出现时由于下载而导致的延迟。

● 鼠标滑开时恢复图像：勾选复选项表示当鼠标离开图片时，图片会自动恢复为原始图像。

❺单击"确定"按钮，添加到文本框中，如图 14-7 所示。

❻单击"确定"按钮，添加行为到"行为"面板中，如图14-8 所示。

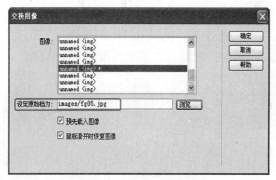

图14-7 "交换图像"对话框

图14-8 添加行为到"行为"面板

❼ 保存文档，按F12 键在浏览器中预览，鼠标指针未接近图像时的效果如图 14-1 所示，鼠标指针接近图像时的效果如图14-2 所示。

如果没有为图像命名，"交换图像"动作仍将起作用；当将该行为附加到某个对象时，它将为未命名的图像自动命名。但是，如果所有图像都预先命名，则在"交换图像"对话框中更容易区分它们。

14.3.2 弹出提示信息

原始文件：14/14.3.2/index.htm

最终文件：14/14.3.2/index1.htm

弹出信息显示一个带有指定信息的警告窗口，因为该警告窗口只有一个"确定"按钮，所以使用此动作可以提供信息，而不能为用户提供选择。创建弹出提示信息网页的效果如图14-9 所示，具体操作步骤如下。

图14-9 弹出提示信息效果

❶打开网页文档，如图 14-10 所示。

图14-10 打开网页文档

❷执行 |"窗口" |"行为" 命令，打开"行为" 面板，单击 "行为" 面板中的 "添加行为" 按钮 **+.**，在弹出菜单中选择 "弹出信息" 选项，如图 14-11 所示。

图14-11 选择"弹出信息"选项

❸弹出 "弹出信息" 对话框，在对话框中输入文本 "您好，光临我们的网站 !"，如图 14-12 所示。

❹单击 "确定" 按钮，添加行为，如图 14-13 所示。

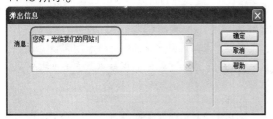

图14-12 "弹出信息"对话框

图14-13 添加行为

❺保存文档，按 F12 键即可在浏览器中看到弹出提示信息，网页效果如图 14-9 所示。

★ 提示 ★

信息一定要简短，如果超出状态栏的大小，浏览器将自动截断该信息。

14.3.3 打开浏览器窗口

原始文件：14/14.3.3/index.htm

最终文件：14/14.3.3/index1.htm

使用 "打开浏览器窗口" 动作可以在一个新的窗口中打开 URL。读者可以指定新窗口的属性（包括其大小）、特性（它是否可以调整大小、是否具有菜单栏等）和名称。例如，可以使用此行为在浏览者单击缩略图时在一个单独的窗口中打开一个较大的图像。使用此行为，还可以使新窗口与该图像恰好一样大。下面创建打开浏览器窗口网页，效果如图 14-14 所示，具体操作步骤如下。

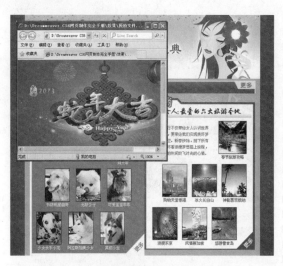

图14-14 打开浏览器窗口网页的效果

❶打开网页文档，如图14-15所示。

图14-15 打开网页文档

❷单击文档窗口中的<body>标签，执行"窗口"|"行为"命令，打开"行为"面板，在"行为"面板中单击"添加行为"按钮 +，在弹出的菜单中选择"打开浏览器窗口"选项，如图14-16所示。

图14-16 选择"打开浏览器窗口"选项

❸选中该选项后，弹出"打开浏览器窗口"对话框，在该对话框中单击"要显示的URL"文本框右边的"浏览"按钮，如图14-17所示。

❹弹出"选择文件"对话框，在该对话框中选择ck.html，单击"确定"按钮，如图14-18所示。

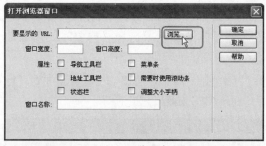

图14-17 "打开浏览器窗口"对话框

图14-18 "选择文件"对话框

★ 知识要点 ★

在"打开浏览器窗口"对话框中可以进行如下设置。

● 要显示的URL：填入浏览器窗口中要打开链接的路径。

● 窗口宽度：设置窗口的宽度。

● 窗口高度：设置窗口的高度。

● 属性：设置打开浏览器窗口的一些参数。选中"导航工具栏"为包含导航条；选中"菜单条"为包含菜单条；选中"地址工具栏"后在打开浏览器窗口中显示地址栏；选中"需要时使

Dreamweaver CS6完全学习手册

用滚动条"，如果窗口中内容超出窗口大小，则显示滚动条；选中"状态栏"后可以在弹出窗口中显示滚动条；选中"调整大小手柄"，浏览者可以调整窗口大小。

● 窗口名称：给当前窗口命名。

⑤ 将"窗口宽度"设置为545，"窗口高度"设置为408，在"窗口名称"中输入名称，在"属性"选项组中选择"需要时使用滚动条"复选项，如图14-19所示。

⑥ 单击"确定"按钮，将行为添加到"行为"面板中，如图14-20所示。

图14-19 "打开浏览器窗口"对话框

图14-20 添加行为

⑦ 保存文档，按F12键在浏览器中预览，效果如图14-14所示。

14.3.4 拖动AP元素

> 原始文件：14/14.3.4/index.htm
>
> 最终文件：14/14.3.4/index1.htm

"拖动AP元素"动作允许访问者拖动AP Div，使用此行为可以创建拼板游戏和其他可移动的页面元素。拖动AP元素的效果如图14-21所示，具体操作步骤如下。

图14-21 拖动AP元素的效果

❶ 打开网页文档，如图14-22所示。

图14-22 打开网页文档

❷ 将光标置于页面中，执行"插入"｜"布局对象"｜"AP Div"命令，插入AP Div，如图14-23所示。

图14-23 插入AP Div

❸将光标置于插入的AP Div中并输入文字，如图14-24所示。

图14-24 输入文字

❹单击并选中文档窗口底部的<body>标签，执行"窗口"|"行为"命令，打开"行为"面板，在"行为"面板中单击"添加行为"按钮 ➕，在弹出的菜单中执行"拖动AP元素"命令，如图14-25所示。

图14-25 执行"拖动AP元素"命令

❺弹出"拖动AP元素"对话框，在该对话框中选择"基本"选项卡，在基本选项卡中进行相应的设置，如图14-26所示。

❻在对话框中选择"高级"选项卡，在"高级"选项卡中进行相应的设置，如图14-27所示。

图14-26 "拖动AP元素"对话框

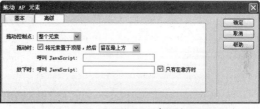

图14-27 "拖动AP元素"对话框

❼单击"确定"按钮，添加行为，如图14-28所示。

图14-28 添加行为

❽保存文档，按F12键在浏览器中预览，效果如图14-21所示。

14.3.5 设置容器中文本

> 原始文件：14/14.3.5/index.htm
>
> 最终文件：14/14.3.5/index1.htm

使用"设置容器中的文本"动作可以将指定的内容替换网页上现有 AP 元素中的内容和格式设置，"设置容器中的文本"动作的效果如图 14-29 所示，具体操作步骤如下。

图14-29　设置容器中的文本的效果

❶打开网页文档，执行"插入"|"布局对象"|"AP Div"命令，在网页中插入 AP 元素，如图 14-30 所示。

图14-30　插入AP元素

❷在"属性"面板中输入 AP 元素的名字，并将"溢出"选项设置为"visible"，如图 14-31 所示。

图14-31　AP Div属性面板

❸单击并选中文档窗口底部的 <body> 标签，执行"窗口"|"行为"命令，打开"行为"面板，在"行为"面板中单击"添加行为"按钮 ➕，在弹出的菜单中选择"设置文本"|"设置容器的文本"选项，如图 14-32 所示。

图14-32　选择"设置容器的文本"选项

❹弹出"设置容器的文本"对话框，在"容器"下拉列表中选择目标 AP 元素，在"新建 HTML"文本框中输入文本"圣诞老人送礼来啦！"，如图 14-33 所示。

❺单击"确定"按钮，添加行为，如图 14-34 所示。

图14-33　"设置容器的文本"对话框

图14-34　添加到"行为"面板

⑥保存文档，在浏览器中浏览网页，效果如图 14-29 所示。

14.3.6 显示-隐藏元素

原始文件：14/14.3.6/index.htm

最终文件：14/14.3.6/index1.htm

顾名思义，"显示 - 隐藏元素"动作就是改变一个或多个 AP 元素的可见性状态。"显示 - 隐藏元素"动作显示、隐藏或恢复一个或多个 AP 元素的默认可见性。下面讲述"显示 - 隐藏元素"动作的使用，效果如图 14-35 所示，具体操作步骤如下。

图14-35 显示-隐藏元素的效果

①打开网页文档，执行"插入"|"布局对象"|"AP Div"命令，插入 AP 元素，如图 14-36 所示。

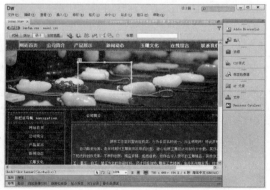

图14-36 插入AP元素

②选择 AP 元素，在"属性"面板中调整 AP 元素的位置，将"背景颜色"设置为 #570301，如图 14-37 所示。

图14-37 设置AP元素

③将光标置于 AP 元素中，插入 4 行 1 列的表格，如图 14-38 所示。

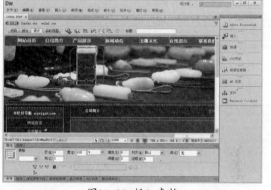

图14-38 插入表格

④将光标置于表格中，输入相应的文字，如图 14-39 所示。

图14-39 输入文字

❺选中文本"产品展示"，然后单击"行为"面板中的"添加行为"按钮 **+**，在弹出菜单中选择"显示-隐藏元素"选项，如图14-40所示。

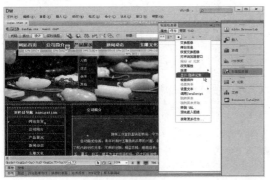

图14-40　选择"显示-隐藏元素"选项

❻弹出"显示-隐藏元素"对话框，在"元素"列表框中选择元素编号，然后单击"显示"按钮，如图14-41所示。

❼单击"确定"按钮，添加行为，将行为的事件设置为 onMouseOver，如图14-42所示。

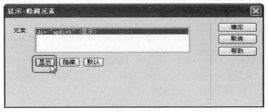

图14-41　"显示-隐藏元素"对话框

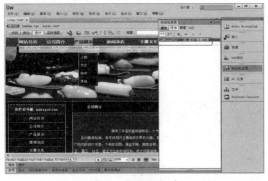

图14-42　添加行为

❽在"行为"面板中单击"添加行为"按钮 **+**，在弹出的菜单中选择"显示-隐藏元素"选项，弹出"显示-隐藏元素"对话框，

在该对话框中单击"隐藏"按钮，如图14-43所示。

❾单击"确定"按钮，添加行为，将行为的事件设置为 onMouseOut，如图14-44所示。

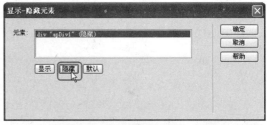

图14-43　"显示-隐藏元素"对话框

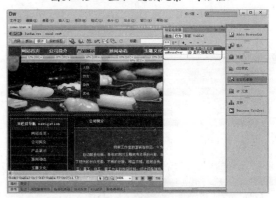

图14-44　添加行为

❿执行"窗口"|"AP 元素"命令，打开"AP 元素"面板，在面板中的 apDiv1 前面单击以出现 按钮，隐藏 AP 元素，如图14-45所示。

⓫保存文档，按 F12 键即可在浏览器中浏览，效果如图14-35所示。

图14-45　"AP元素"面板

Dreamweaver CS6完全学习手册

静态网页设计

14.3.7 检查插件

"检查插件"动作用来检查访问者的计算机中是否安装了特定的插件,从而决定将访问者带到不同的页面,"检查插件"动作具体使用方法如下。

打开"行为"面板,单击"行为"面板中的 **+** 按钮,在弹出菜单中选择"检查插件"选项,弹出"检查插件"对话框,如图 14-46 所示,设置完成后,单击"确定"按钮,完成添加行为。

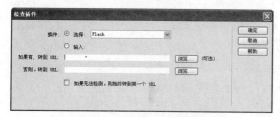

图14-46 "检查插件"对话框

★ **指点迷津** ★

在"检查插件"对话框中可以设置以下参数。

● 插件:在下拉列表中选择一个插件,或单击"输入"左边的单选按钮并在其右边的文本框中输入插件的名称。

● 如果有,转到URL:为具有该插件的访问者指定一个URL。

● 否则,转到URL:为不具有该插件的访问者指定一个替代URL。

14.3.8 检查表单

原始文件:14/14.3.8/index.htm

最终文件:14/14.3.8/index1.htm

"检查表单"动作检查指定文本域的内容以确保用户输入了正确的数据类型。使用 onBlur 事件将此动作分别附加到各文本域,在

用户填写表单时对文本域进行检查;或使用 onSubmit 事件将其附加到表单,在用户单击"提交"按钮的同时对多个文本域进行检查。将此动作附加到表单,防止表单提交到服务器后文本域包含无效的数据。"检查表单"动作的效果如图 14-47 所示,具体操作步骤如下。

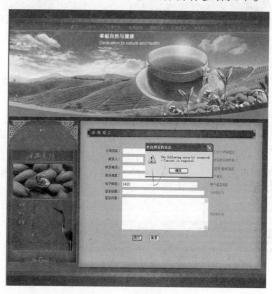

图14-47 检查表单效果

❶ 打开网页文档,选中表单域,如图 14-48 所示。

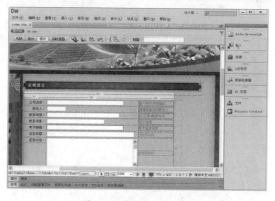

图14-48 打开网页文档

❷ 执行"窗口"|"行为"命令,打开"行为"面板,在面板中单击"添加行为"按钮 **+**,在弹出的菜单中选择"检查表单"选项,如图 14-49 所示。

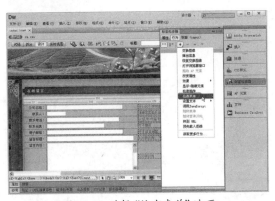

图14-49 选择"检查表单"选项

❸选择该选项后，弹出"检查表单"对话框，在该对话框中进行相应的设置，如图14-50所示。

❹单击"确定"按钮，添加到"行为"面板中，将事件设置为 onSubmit，如图14-51所示。

图14-50 "检查表单"对话框

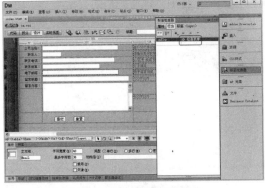

图14-51 添加到"行为"面板

★ 知识要点 ★

在该对话框的默认状态下的"可接受"选项组中可以进行如下设置。

● 任何东西：如果该文本域是必需的但不需要包含任何特定类型的数据，则选中"任何东西"单选项。

● 电子邮件地址：使用"电子邮件地址"检查该域是否包含一个@符号。

● 数字：使用"数字"检查该文本域是否只包含数字。

● 数字从：使用"数字从"检查该文本域是否包含特定范围内的数字。

❺保存文档，按F12键在浏览器中预览效果。当在文本域中输入不规则电子邮件地址和姓名时，表单将无法正常提交到后台服务器，这时会出现提示信息框，并要求重新输入，如图14-47所示。

14.3.9 设置状态栏文本

> 原始文件：14/14.3.9/index.htm
> 最终文件：14/14.3.9/index1.htm

"设置状态栏文本"用于设置状态栏中显示的信息，在相应的触发事件触发后，在状态栏中显示信息。下面通过实例讲述状态栏文本的设置，效果如图14-52所示，具体操作步骤如下。

图14-52 设置状态栏文本的效果

★ 高手支招 ★

"设置状态栏文本"动作作用与弹出信息动作很相似，不同的是如果使用消息框来显示文本，访问者必须单击"确定"按钮才可以继续浏览网页中的内容。而在状态栏中显示的文本信息不会影响访问者的浏览速度。浏览者常常会忽略状态栏中的消息，如果消息非常重要，则考虑将其显示为弹出式消息或层文本。

① 打开网页文档，如图14-53所示。

图14-53 打开网页文档

② 单击文档窗口中左下脚的 <body> 标签，打开"行为"面板，单击"添加行为"按钮 **+**，在弹出的菜单中选择"设置文本" | "设置状态栏文本"选项，如图14-54所示。

图14-54 选择"设置状态栏文本"选项

③ 弹出"设置状态栏文本"对话框，在"消息"文本框中输入文本"欢迎光临我们的网站！"，如图14-55所示。

④ 单击"确定"按钮，将行为添加到"行为"面板中，如图14-56所示。

图14-55 "设置状态栏文本"对话框

图14-56 添加到"行为"面板

★ 提示 ★

在"设置状态栏文本"对话框中的"消息"文本框中输入消息时，要保持该消息简明扼要。如果消息不能完全放在状态栏中，浏览器将截断消息。

⑤ 保存文档，按F12键在浏览器中预览，效果如图14-52所示。

14.3.10 调用JavaScript

原始文件：14/14.3.10/index.htm

最终文件：14/14.3.10/index1.htm

下面创建一个调用 JavaScript 自动关闭网页的效果，如图 14-57 所示，具体操作步骤如下。

图14-57 利用JavaScript自动关闭网页的效果

❶打开网页文档，如图 14-58 所示。

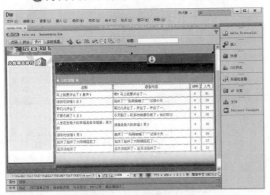

图14-58 打开网页文档

❷选择文档窗口中左下角的 <body> 标签，执行"窗口"|"行为"命令，打开"行为"面板，在"行为"面板中单击"添加行为"按钮 ✚，，在弹出的菜单中选择"调用 JavaScript"选项，如图 14-59 所示。

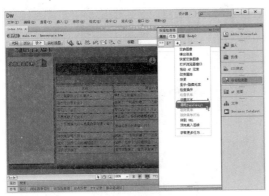

图14-59 选择"调用JavaScript"选项

❸选择该选项后，弹出"调用 JavaScript"对话框，在该对话框中的 JavaScript 文本框中输入 window.close()，如图 14-60 所示。

❹单击"确定"按钮，添加到"行为"面板中，将事件设置为 onload，如图 14-61 所示。

图14-60 "调用JavaScript"对话框

图14-61 添加到"行为"面板

❺保存文档，按 F12 键在浏览器中预览，效果如图 14-57 所示。

14.3.11 应用跳转菜单

　　原始文件：14/14.3.11/index.htm

　　最终文件：14/14.3.11/index1.htm

跳转菜单是超级链接的一种形式，使用跳转菜单要比其他形式链接节省更多页面的空间，跳转菜单从菜单发展而来，浏览者单击并选择下拉菜单时会跳转到目标网页。当从跳转菜单中选择一个名称时，就会链接到相应的网站，效果如图 14-62 所示，具体操作步骤如下。

静态网页设计

图14-62 跳转菜单效果

❶ 打开网页文档，将光标置于要插入跳转菜单的位置，如图14-63所示。

❷ 执行"插入"|"表单"|"跳转菜单"命令，弹出"插入跳转菜单"对话框，如图14-64所示。

图14-63 打开网页文档

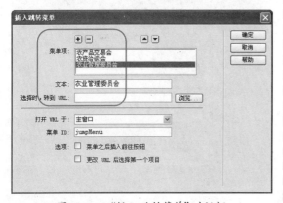

图14-64 "插入跳转菜单"对话框

❸ 单击"确定"按钮，插入跳转菜单，如图14-65所示。

图14-65 插入跳转菜单

❹ 选中插入的跳转菜单，打开"行为"面板，在面板中显示该菜单的事件和动作，如图14-66所示。

❺ 双击事件后面的动作，弹出"跳转菜单"对话框，单击"菜单项"中的❶按钮，在"文本"文本框中输入该项的内容，在"选择时，转到 URL"文本框中输入所指向的链接目标，如图14-67所示。

图14-66 "行为"面板

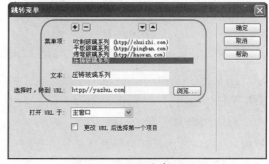

图14-67 "跳转菜单"对话框

★ 提示 ★

如果想修改跳转菜单，则需要在选择跳转菜单后，单击属性面板中的"列表值"按钮，弹出"列表值"对话框，在对话框中可以添加或删除跳转菜单。

★ 知识要点 ★

在"插入跳转菜单"对话框中可以进行如下设置。

● 单击 ➕ 按钮添加一个菜单项，再次单击该按钮添加另一个菜单项。选定一个菜单项，然后单击 ➖ 按钮可以将其删除。

● 选定一个菜单项，然后用箭头键在列表中向上或向下移动此菜单项。

● 在"文本"文本框中，为菜单项键入要在菜单列表中出现的文本。

● 在"选择时，转到 URL"域中，单击"浏览"按钮找到要打开的文件，或者在文本框中输入该文件的路径。

● 在"打开URL 于"下拉列表中，选择文件的打开位置：选择"主窗口"，则在同一窗口中打开文件。

● 在"菜单名称"文本框中，输入菜单项的名称。

● 选择"选项"下的"菜单之后插入前往按钮"，可添加一个"前往"按钮，而非菜单选择提示。

● 如果要使用菜单选择提示，选择"选项"下的"更改URL后选择第一个项目"。

❻单击"确定"按钮，将行为添加到"行为"面板，如图 14-68 所示。

❼保存文档，按 F12 键在浏览器中预览，效果如图 14-62 所示，当从跳转菜单中选择一个名称时，就会链接到相应的网页。

图14-68 添加到"行为"面板

14.3.12 转到URL

> 原始文件：14/14.3.12/index.htm

> 最终文件：14/14.3.12/index1.htm

"转到 URL"动作是设置链接的时候使用的动作。通常的链接是在单击后跳转到相应的网页文档中，但是"转到 URL"动作在把鼠标放上后或者双击时，都可以设置不同的事件来加以链接。跳转前的效果和跳转后的效果如图14-69 所示和14-70 所示，具体操作步骤如下。

图14-69 跳转前的效果

图14-70 跳转后的效果

❶打开网页文档，如图 14-71 所示。

图14-72 选择"转到URL"选项

❸选择该选项后，弹出"转到 URL"对话框，在对话框中单击"URL"文本框右边的"浏览"按钮，如图 14-73 所示。

❹弹出"选择文件"对话框，在对话框中选择文件 index1.htm，如图 14-74 所示。

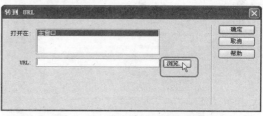

图14-73 "转到URL"对话框

图14-74 "选择文件"对话框

图14-71 打开网页文档

❷执行"窗口"|"行为"命令，打开"行为"面板，在面板中单击"添加行为"按钮 **+**，在弹出的菜单中选择"转到 URL"选项，如图 14-72 所示。

★ 知识要点 ★

在"转到URL"对话框中可以进行如下设置。

● 打开在：选择打开链接的窗口。如果是框架网页，选择打开链接的框架。

● URL：输入链接的地址，也可以单击"浏览"按钮在本地硬盘中查找链接的文件。

❺单击"确定"按钮，添加到文本框中，如图 14-75 所示。

❻单击"确定"按钮，将行为添加到"行为"面板中，如图 14-76 所示。

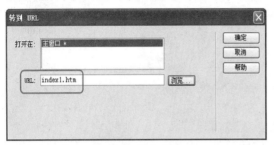

图14-75 添加文件

图14-76 添加行为

❼保存文档，按 F12 键在浏览器中预览，跳转前的效果和跳转后的效果如图 14-69 所示和 14-70 所示。

14.3.13 预先载入图像

原始文件：14/14.3.13/index.htm
最终文件：14/14.3.13/index1.htm

"预先载入图像"动作将不会使网页中选中的图像（如那些将通过行为或 JavaScript 调入的图像）立即出现，而是先将它们载入到浏览器缓存中。这样做可以防止当图像应该出现

时由于下载而导致延迟。预先载入图片的效果如图 14-77 所示，具体操作步骤如下。

图14-77 预先载入图片的效果

❶打开网页文档，选中图像，如图 14-78 所示。

图14-78 打开网页文档

❷执行"窗口"|"行为"命令，打开"行为"面板，在面板中单击"添加行为"按钮 +，在弹出的菜单中选择"预先载入图像"动作选项，如图 14-79 所示。

图14-79 选择"预先载入图像"选项

❸弹出"预先载入图像"对话框，在该对话框中单击"图像源文件"文本框右边的"浏览"按钮，如图 14-80 所示。

❹在弹出的"选择图像源文件"对话框中选择预先载入的图像 images/shucai.jpg，如图 14-81 所示。

图14-80 "预先载入图像"对话框

图14-81 "选择图像源文件"对话框

❺单击"确定"按钮，添加到文本框中，如图 14-82 所示。

❻单击"确定"按钮，添加行为到"行为"面板中，如图 14-83 所示。

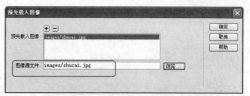

图14-82 "预先载入图像"对话框

图14-83 添加行为

❼保存文档，按 F12 键在浏览器中预览，效果如图 14-77 所示。

14.3.14 增大/收缩效果

原始文件：14/14.3.14/index.htm

最终文件：14/14.3.14/index1.htm

要向某个元素应用效果，该元素当前必须处于选定状态，或它必须具有一个 ID。例如，如果要向当前未选定的 Div 标签应用高亮显示效果，该 Div 必须具有一个有效的 ID 值。如果该元素尚且没有有效的 ID 值，将需要在 HTML 代码中添加一个 ID 值。

下面通过实例讲述增大／收缩动作，效果如图 14-84 所示。

图14-84 "增大/收缩"效果

❶打开网页文档，选择要应用效果的内容或布局对象，如图14-85所示。

图14-85 打开网页文档

❷在"行为"面板中单击"添加行为"按钮 ✚，在弹出的菜单中选择"效果"|"增大/收缩"选项，如图14-86所示。

图14-86 选择"增大/收缩"选项

❸弹出"增大/收缩"对话框，在"目标元素"下拉列表中选择"<当前选定内容>"选项，"效果"设置为"收缩"，"收缩自"中选择100%，"收缩到"选择50%，"收缩到"选择"居中对齐"，如图14-87所示。

❹单击"确定"按钮，将行为添加到"行为"面板中，如图14-88所示。

图14-87 "增大/收缩"对话框

图14-88 添加到"行为"面板

★ 知识要点 ★

在"增大/收缩"对话框中可以进行如下设置。

● 目标元素：选择某个对象的 ID。如果已经选择了一个对象，则选择"<当前选定内容>"选项。

● 效果持续时间：定义出现此效果所需的时间，用毫秒表示。

● 效果："增大"或"收缩"。

● 收缩自：定义对象在效果开始时的大小。该值为百分比大小或像素值。

● 收缩到：定义对象在效果结束时的大小。该值为百分比大小或像素值。

● 如果为"增大自/收缩自"或"增大到/收缩到"框选择像素值，"宽/高"域就会可见。元素将根据选择的选项相应地增大或收缩。

● 切换效果：勾选此复选项，效果是可逆的。

❺保存文档，按 F12 键在浏览器中预览，效果如图14-84所示。

第15章 利用表单对象创建表单文件

本章导读

　　在网站中，表单是实现网页上数据传输的基础，其作用就是实现访问者与网站之间的交互功能。利用表单，可以根据访问者输入的信息，自动生成页面反馈给访问者，还可以为网站收集访问者输入的信息。表单可以包含允许进行交互的各种对象，包括文本域、列表框、复选框、单选按钮、图像域、按钮以及其他表单对象。本章就来讲述表单对象的使用和表单网页的常见技巧。

技术要点

- ●熟悉创建表单
- ●掌握插入文本域
- ●掌握插入复选框和单选按钮
- ●掌握插入跳转菜单
- ●掌握使用隐藏域和文件域
- ●掌握插入按钮
- ●掌握检查表单
- ●掌握创建电子邮件表单
- ●掌握插件应用实战

15.1　创建表单

表单对于每个网站开发人员来说，应该是再熟悉不过的东西了，可它却是页面与网站服务器交互过程中最重要的信息来源。

15.1.1　表单概述

一个完整的表单设计应该很明确地分为两个部分：表单对象部分和应用程序部分，它们分别由网页设计师和程序设计师来完成。其过程是这样的，首先由网页设计师制作出一个可以让浏览者输入各项资料的表单页面，这部分属于在显示器上可以看得到的内容，此时的表单只是一个外壳而已，不具有真正工作的能力，需要后台程序的支持。接着由程序设计师通过 ASP 或者 CGI 程序，来编写处理各项表单资料和反馈信息等操作所需的程序。浏览者虽然看不见这部分内容，但它却是表单处理的核心。

Dreamweaver 作为一种可视化的网页设计软件，现在我们学习它的表单，只需学习到表单在页面中的界面设计这部分内容即可，至于后续的程序处理部分内容，还是交给专门的程序设计师吧。下面我们就开始介绍各个表单对象的使用方法，而后台的程序编写部分则不在讨论范围之内。

表单用 <form> 和 </form> 标记来创建，在 <form> 和 </form> 标记之间的部分都属于表单的内容。<form> 标记具有 action、method 和 target 属性。

● action 的值是处理程序的程序名，如 <form action="URL ">，如果这个属性是空值（""），则当前文档的 URL 将被使用，当用户提交表单时，服务器将执行这个程序。

● method 属性用来定义处理程序从表单中获得信息的方式，可选取 GET 或 POST 中的一个。GET 方式是处理程序从当前 html 文档中获取数据，这种方式传送的数据量是有所限制的，一般限制在 1KB（255 个字节）以下。POST 方式传送的数据比较大，它是当前的 html 文档把数据传送给处理程序，传送的数据量要比使用 GET 方式大得多。

● target 属性用来指定目标窗口或目标帧。可选当前窗口 _self、父级窗口 _parent、顶层窗口 _top 和空白窗口 _blank。

15.1.2　插入表单

使用表单必须具备的条件有两个：一个是含有表单元素的网页文档，另一个是具备服务器端的表单处理应用程序或客户端脚本程序，它能够处理用户输入到表单的信息。下面创建一个基本的表单，具体操作步骤如下。

❶打开网页文档，如图 15-1 所示。

图15-1 打开网页文档

❷将光标置于文档中要插入表单的位置，执行"插入"|"表单"|"表单"命令，如图15-2所示。

图15-2 执行"表单"命令

★提示:★

执行"表单"命令后，如果看不到红色虚线表单，可以执行"查看"|"可视化助理"|"不可见元素"命令，就可以看到插入的表单。

❸执行命令后，页面中就会出现红色的虚线，这个虚线区域就是表单，如图15-3所示。

图15-3 插入表单

❹选中表单，在"属性"面板中设置表单的属性，如图15-4所示。

图15-4 表单的"属性"面板

★知识要点:★

在表单的"属性"面板中可以设置以下参数。

●表单ID: 输入标识该表单的唯一名称。

●动作: 指定处理该表单的动态页或脚本的路径。可以在"动作"文本框中输入完整的路径，也可以单击文件夹图标浏览应用程序。如果读者并没有相关程序支持的话，可以使用E-Mail的方式来传输表单信息，这种方式需要在"动作"文本框中输入"mailto:电子邮件地址"的内容，比如"mailto:jsxson@sohu.com"，表示提交的信息将会发送到作者的邮箱中。

●方法: 在"方法"下拉列表中，选择将表单数据传输到服务器的传送方式，包括3个选项。读者可以选择速度快但携带数据量小的GET方法，或者数据量大的POST方法。一般情况下应该使用POST方法，这在数据保密方面也有好处。

●POST: 用标准输入方式将表单内的数据传送给服务器，服务器用读取标准输入的方式读取表单内的数据。

●GET: 将表单内的数据附加到URL后面传送给服务器，服务器用读取环境变量的方式读取表单内的数据。

●默认: 用浏览器默认的方式，一般默认为GET。

●编码类型"：用来设置发送数据的MIME编码类型，一般情况下应选择application/x- www-form-urlencoded。

●目标：使用"目标"下拉列表指定一个窗口，这个窗口中显示应用程序或者脚本程序，将表单处理完成后所显示的结果。

_blank：反馈网页将在新开窗口里打开。

_parent：反馈网页将在副窗口里打开。

_self：反馈网页将在原窗口里打开。

_top：反馈网页将在顶层窗口里打开。

●类：在"类"下拉列表中选择要定义的表单样式。

15.2 　插入文本域

文本域接受任何类型的字母数字输入内容。文本域可以是单行或多行显示，也可以是密码域的方式显示，在这种情况下，输入文本将被替换为星号或项目符号，以避免旁观者看到。

15.2.1 单行文本域

单行文本域主要用于单行信息的输入，如登录账号、联系电话和邮政编码等。创建单行文本域的具体操作步骤如下。

❶将光标置于表单中，执行"插入"|"表格"命令，插入9行2列的表格，在"属性"面板中将"对齐"设置为"居中对齐"，如图15-5所示。

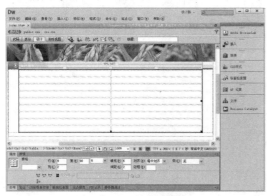

图15-5 插入表格

❷将光标置于表格的第1行第1列单元格中，输入文字"姓名："，将"大小"设置为12像素，"文本颜色"设置为#000000，如图15-6所示。

图15-6 输入并设置文字属性

❸将光标置于表格的第1行第2列单元格中，执行"插入"|"表单"|"文本域"命令，插入文本域，如图15-7所示。

Dreamweaver CS6完全学习手册

图15-7 插入文本域

❹选中插入的文本域，打开"属性"面板，将面板中的"字符宽度"设置为30，"最多字符数"设置为15，"类型"设置为"单行"，如图15-8所示。

图15-8 设置文本域属性

★指点迷津:★

在文本域"属性"面板中主要有以下参数。

● 文本域：在文本框中为该文本域指定一个名称，每个文本域都必须有一个唯一的名称。文本域名称不能包含空格或特殊字符，可以使用字母、数字、字符和下画线"_"的任意组合。

● 字符宽度：设置文本域可显示的字符宽度。

● 最多字符数：设置单行文本域中最多可输入的字符数。使用"最多字符数"将邮政编码限制为6位数，将密码限制为10个字符等。如果将"最多字符数"文本框保留为空白，则可以输入任意数量的文本，如果文本超过字符宽度，文本将滚动显示。

★指点迷津:★

● 单行：将产生一个type属性设置为"text"的input标签。"字符宽度"设置映射为size属性，"最多字符数"设置映射为maxlength属性。

● 密码：将产生一个type属性设置为"password"的input标签。"字符宽度"和"最多字符数"设置映射的属性与在单行文本域中的属性相同。当在密码文本域中输入时，输入内容显示为项目符号或星号，以保护其不被其他人看到。

● 多行：将产生一个textarea标签。

● 初始值：指定在首次载入表单时，文本域中显示的值。

15.2.2 多行文本域

如果希望创建多行文本域，则需要使用文本区域。插入文本区域的具体操作步骤如下。

❶将光标置于表格的第2行第1列单元格中，输入文字"留言内容："，如图15-9所示。

图15-9 输入文字

❷将光标置于表格的第2行第2列单元格中，执行"插入"|"表单"|"文本区域"命令，插入文本区域，如图15-10所示。

图15-10 插入文本区域

❸选中插入的文本区域，在"属性"面板中将"行数"设置为5，"字符宽度"设置为45，"类型"设置为"多行"，如图15-11所示。

图15-11 设置文本区域

15.2.3 密码域

密码域和文本域的创建方法一样，不同的是在"属性"面板中，密码域的"类型"设置为"密码"。创建密码域的具体操作步骤如下。

❶将光标置于表格的第3行第1列单元格中，输入文字"密码："，如图15-12所示。

图15-12 输入文字

❷将光标置于表格的第3行第2列单元格中，执行"插入"｜"表单"｜"文本域"命令，插入文本域，在"属性"面板中将"类型"设置为"密码"，如图15-13所示。

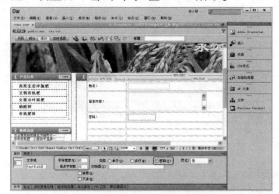

图15-13 插入密码域

★高手支招:★

最好对不同内容的文本域进行不同数量的限制，防止个别浏览者恶意输入大量数据，保证系统的稳定性。如用户名可以设置为30个字符，密码可以设置为20个字符，邮政编码可以设置为6个字符等。

15.3 插入复选框和单选按钮

用户经常会遇到有多项选择的问题，这时，就需要插入复选框或单选按钮，单选按钮可以提供在众多的选项中选择其中一项的功能，复选项允许在一组选项中选择多个选项。

15.3.1 插入复选框

复选框允许用户在一组选项中选择多个选项，每个复选框都是独立的，所以必须有一个唯一的名称。插入复选框的具体操作步骤如下。

❶将光标置于表格的第4行第1列单元格中，输入文字"订货量："，如图15-14所示。

图15-14 输入文字

❷将光标置于表格的第4行第2列单元格中，执行"插入"|"表单"|"复选框"命令，插入复选框，如图15-15所示。

图15-15 插入复选框

❸选中复选框，在"属性"面板中将"初始状态"设置为"未选中"，如图15-16所示。

图15-16 复选框的"属性"面板

❹将光标置于复选框的右边，输入文字"100吨"，如图15-17所示。

图15-17 输入文字

★知识要点：★

在复选框"属性"面板中主要有以下参数。

● 复选框名称：用来设置复选框的名称。

● 选定值：用来设置复选框的值。

● 初始状态：用来设置复选框的初始状态，包括"已选中"和"未选中"两个单选项，选中"已选中"单选项，复选框的初始状态为处于选中状态。

❺按照步骤2～4的方法插入其他的复选框并输入文字，如图15-18所示。

图15-18 输入其他内容

15.3.2 插入单选按钮

单选按钮只允许从多个选项中选择一个选项。单选按钮通常成组地使用，在同一个组中的所有单选按钮必须具有相同的名称。插入单选按钮的具体操作步骤如下。

❶将光标置于表格的第5行第1列单元格中，输入文字"性别："，如图15-19所示。

图15-19 输入文字

❷将光标置于第5行第2列单元格中，执行"插入"|"表单"|"单选按钮"命令，插入单选按钮，如图15-20所示。

图15-20 插入单选按钮

❸选中插入的单选按钮，在"属性"面板中将"初始状态"设置为"未选中"，如图15-21所示。

图15-21 单选按钮的"属性"面板

★指点迷津：★

在单选按钮的属性面板中主要有以下参数。

● 单选按钮：用来设置所选单选按钮的名称。

● 选定值：用于设置单选按钮的值。

● 初始状态：用于设置单选按钮的初始状态，包括"已选中"和"未选中"两个单选项，如果选中"已选中"单选项，表示单选按钮初始状态处于选中状态。

❹将光标置于单选按钮的右边，输入文字"男"，如图15-22所示。

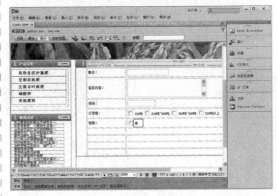

图15-22 插入单选按钮

❺按照步骤2～4的方法，插入第二个单选按钮，并输入文字，如图15-23所示。

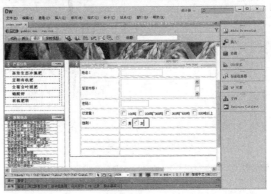

图15-23 插入单选按钮

15.4　插入列表和菜单

表单中有两种类型的菜单：一种是单击时下拉的菜单，称为下拉菜单；另一种则显示为一个列有项目的可滚动列表，可从该列表中选择项目，称为列表。一个列表可以包括一个或多个项目。当页面空间有限但又需要显示许多菜单项时，该表单对象非常有用。

为什么我们称该表单对象为列表／菜单呢？其实就是因为它有两种可以选择的"类型"——"菜单"和"列表"。"菜单"是浏览者单击时产生展开效果的下拉式菜单；而"列表"则显示为一个列有项目的可滚动列表，使浏览者可以从该列表中选择项目。"列表"也是一种菜单，通常被称为"列表菜单"。插入下拉菜单的具体操作步骤如下。

❶将光标置于第6行第1列单元格中，输入文字"价格行情："，如图15-24所示。

图15-24　输入文字

❷将光标置于表格的第6行第2列单元格中，执行"插入"|"表单"|"选择（列表／菜单）"命令，插入列表／菜单，如图15-25所示。

图15-25　插入列表／菜单

★提示：★

单击"表单"插入栏中的"列表/菜单"按钮 ，也可以插入列表/菜单。

❸选中列表／菜单，在"属性"面板中将"类型"设置为"菜单"，单击 列表值... 按钮，如图15-26所示。

图15-26　列表/菜单的"属性"面板

❹弹出"列表值"对话框，在对话框中单击 按钮添加相应的内容，如图15-27所示。

图15-27　"列表值"对话框

❺单击"确定"按钮，添加列表值，如图15-28所示。

Dreamweaver CS6完全学习手册

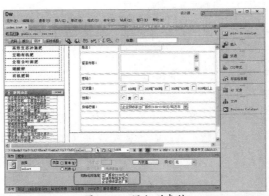

图15-28 添加列表值

★指点迷津:★

在列表/菜单的属性面板中主要有以下参数。

●列表/菜单名称:在其文本框中输入列表/菜单的名称。

●类型:指定此对象是弹出菜单还是滚动列表。

●高度:设置列表框中显示的行数,单位是字符。

●选定范围:指定浏览者是否可以从列表中选择多个项。

●初始化时选定:设置列表中默认选择的菜单项。

●列表值:单击此按钮,弹出"列表值"对话框,在对话框中向菜单中添加菜单项。

15.5 插入跳转菜单

跳转菜单可建立 URL 与弹出菜单列表中选项之间的关联。通过在列表中选择一项,浏览器将跳转到指定的 URL。创建跳转菜单的具体操作步骤如下。

❶将光标置于表格的第 7 行第 1 列单元格中,输入文字"相关页面:",如图 15-29 所示。

❷将光标置于第 7 行第 2 列单元格中,执行"插入"|"表单"|"跳转菜单"命令,弹出"插入跳转菜单"对话框,在对话框中添加相应的内容,如图 15-30 所示。

图15-29 输入文字

图15-30 "插入跳转菜单"对话框

★指点迷津:★

在"插入跳转菜单"对话框中主要有以下参数。

● 菜单项:列出所有跳转菜单项。单击 ➕ 按钮,可以增加菜单项;单击 ➖ 按钮,可以删除选中的菜单项。单击向上或向下的箭头按钮,可以调整这个菜单项在跳转菜单中的排列位置。

● 文本:用来设置当前菜单项显示的文本。

● 选择时,转到URL:用来设置当前菜单项所对应的超链接地址。

● 打开URL于:用来设置超链接的打开方式。

● 菜单ID:用来设置当前菜单项的名称。

● 菜单之后插入前往按钮:选中此复选项,向网页中插入跳转菜单后,将同时插入一个"前往"按钮。访问者单击"前往"按钮,打开跳转菜单中当前选中菜单项对应的超链接。

● 更改URL后选择第一个项目:选中此复选项,将可以使用菜单选择提示。

★提示:★

单击"表单"插入栏中的"跳转菜单"按钮 ➚,也可以插入跳转菜单。

❸ 单击"确定"按钮,插入跳转菜单,如图15-31所示。

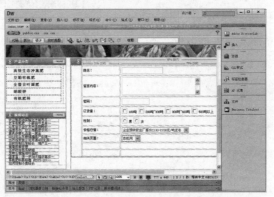

图15-31 插入跳转菜单

❹ 选中插入的跳转菜单,打开"属性"面板,在面板中设置相关属性,如图15-32所示。

图15-32 跳转菜单的"属性"面板

15.6 使用隐藏域和文件域

隐藏域是一个不可见的数据域，用来收集有关用户信息的文本域，它虽然不会显示到浏览器中，可是在编制交互代码时，可以用来传递不可见的变量。文件域与其他文本域类似，不同之处是它的右侧有一个"浏览"按钮，用户可以单击该按钮选择计算机上的文档或图像文件，提交表单时，所选文件将被上传到服务器。

15.6.1 文件域

可以创建文件域，文件域使浏览者可以选择其计算机上的文件，如字处理文档或图像文件，并将该文件上传到服务器。文件域的外观与文本域类似，只是文件域还包含一个"浏览"按钮。浏览者可以手动输入要上传的文件的路径，也可以使用"浏览"按钮定位并选择该文件。使用文件域具体操作步骤如下。

❶将光标置于表格第8行第1列单元格中，输入文字"上传文件："，如图15-33所示。

图15-33 输入文字

❷将光标置于第8行第2列单元格中，执行"插入"|"表单"|"文件域"命令，插入文件域，如图15-34所示。

图15-34 插入文件域

❸选中插入的文件域，打开"属性"面板，在面板中将"字符宽度"设置为45，"最多字符数"设置为30，如图15-35所示。

图15-35 文件域的"属性"面板

15.6.2 隐藏域

可以使用隐藏域存储并提交非用户输入信息，该信息对用户而言是隐藏的。

将光标置于要插入隐藏域的位置，执行"插入"|"表单"|"隐藏域"命令，插入隐藏域，如图 15-36 所示。

图15-36 插入隐藏域

★知识要点:★

隐藏域属性面板中主要有以下参数。

● 隐藏区域：用于设置所选隐藏域的名称。

● 值：用于设置隐藏域的值。

15.7 插入按钮

对表单而言，按钮是非常重要的，它能够控制对表单内容的操作，如"提交"或"重置"。要将表单内容发送到远端服务器上，使用"提交"按钮；要清除现有的表单内容，使用"重置"按钮。插入按钮的具体操作步骤如下。

❶将光标置于表格的第 9 行第 2 列单元格中，执行"插入"|"表单"|"按钮"命令，插入按钮，如图 15-37 所示。

图15-37 插入按钮

❷选中插入的按钮，打开"属性"面板，在面板中的"值"文本框中输入"提交"，将"动作"设置为"提交表单"，如图 15-38 所示。

★指点迷津:★

单击"表单"插入栏中的"按钮"按钮，也可以插入按钮。

图15-38 按钮属性面板

★知识要点:★

按钮"属性"面板中主要有以下参数。
●按钮名称:用来设置所选按钮的名称。
●动作:用来设置访问者单击按钮将产生的动作,包括"提交表单"、"重设表单"和"无"3个单选项。"提交表单"用于在访问者单击按钮时,提交整个表单;"重设表单"用于在访问者单击按钮时,重设整个表单,把表单各对象的值恢复到初始状态;"无"用于在访问者单击按钮时,不产生任何动作。
●值:用来设置按钮上显示的文本。

③将光标置于按钮右边,再插入一个按钮,并在"属性"面板中的"值"文本框中输入"重置",将"动作"设置为"重设表单",如图15-39所示。保存文档,完成表单对象的制作。

图15-39 插入单选按钮

15.8 检查表单

"检查表单"动作检查指定文本域的内容以确保用户输入的是正确的数据类型,将该动作和onBlur事件附加到单个的文本域,这样当用户填写表单时就可以验证该域。下面制作检查表单网页,如图15-40所示,具体操作步骤如下。

图15-41 打开网页文档

②执行"窗口"|"行为"命令,打开"行为"面板,在"行为"面板中单击"添加行为"按钮,在弹出的下拉菜单中选择"检查表单"选项,弹出"检查表单"对话框,如图15-42所示。

图15-40 检查表单效果

①打开网页文档,选中文本域,如图15-41所示。

图15-42 "检查表单"对话框

❸ 单击"确定"按钮，添加行为，如图15-43所示。

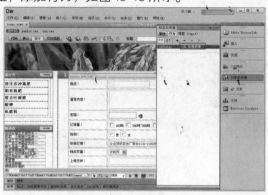

图15-43 添加行为

❹ 保存文档，完成检查表单的制作，按F12键在浏览器中预览，效果如图15-40所示。

15.9 综合实战:创建电子邮件表单

表单是网站的管理者与访问者进行交互的重要工具，一个没有表单的页面传递信息的能力是有限的，所以表单经常用来制作用户登录、会员注册及信息调查等页面。

在实际设计网页过程中，这些表单对象很少单独使用，一般一个表单中会有各种类型的表单对象，以便于浏览者对不同类型的问题做出最方便、快捷的回答。因此，在这一节中，我们将会带着读者，一步一步亲手制作一个完整的电子邮件表单，效果如图15-44所示，具体的操作步骤如下。

原始文件: 15/15.9/index.htm

最终文件: 15/15.9/index1.htm

图15-44 电子邮件表单效果

❶打开网页文档，将光标置于页面中，如图 15-45 所示。

图15-45 打开网页文档

❷执行"插入"|"表单"|"表单"命令，如图 15-46 所示。

图15-46 执行"表单"命令

❸执行命令后，插入表单，如图 15-47 所示。

图15-47 插入表单

❹将光标置于表单中，执行"插入"|"表格"命令，插入 8 行 2 列的表格，如图 15-48 所示。

图15-48 插入表格

❺将光标置于表格的第 1 行第 1 列单元格中，输入文字"公司名称："，如图 15-49 所示。

图15-49 输入文字

❻将光标置于表格的第 1 行第 1 列单元格中，执行"插入"|"表单"|"文本域"命令，插入文本域，如图 15-50 所示。

图15-50 插入文本域

❼选中插入的文本域，打开"属性"面板，在"属性"面板中将"字符宽度"设置为 30，"最多字符"设置为 25，"类型"设置为单行，如图 15-51 所示。

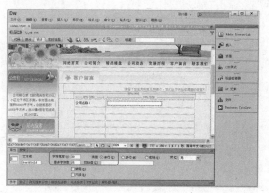

图15-51 设置文本域

❽同样在其他单元格中的第1列单元格中输入文字，在第2列单元格中插入文本域，如图15-52所示。

图15-52 插入文本域

❾将光标置于表格的第5行第1列单元格中，输入文字"订购数量"，如图15-53所示。

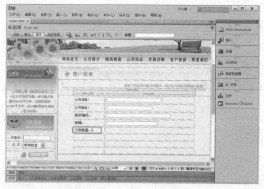

图15-53 输入文字

❿将光标置于表格的第5行第2列单元格中，执行"插入"│"表单"│"复选框"命令，插入复选框，如图15-54所示。

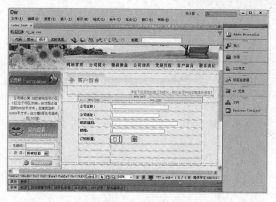

图15-54 插入复选框

⓫将光标置于复选框的右边，输入文字"30件"，如图15-55所示。

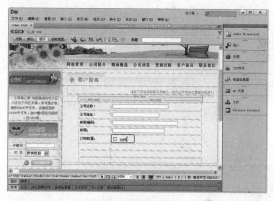

图15-55 输入文字

⓬将光标置于文字的右边，插入其他的复选框，如图15-56所示。

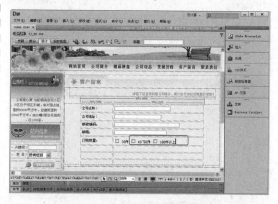

图15-56 插入其他的复选框

⓭将光标置于表格的第6行第1列单元格中，输入文字"产品型号："，如图15-57所示。

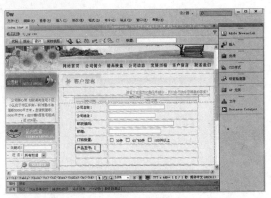

图15-57 输入文字

⑭将光标置于表格的第6行第2列单元格中，执行"插入"|"表单"|"选择（列表／菜单）命令，插入列表／菜单，如图15-58所示。

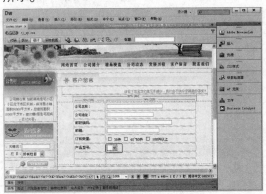

图15-58 插入列表/菜单

⑮选中插入的列表／菜单，打开"属性"面板，在"属性"面板中单击"列表值"按钮，弹出"列表值"对话框，在对话框中添加内容，如图15-59所示。

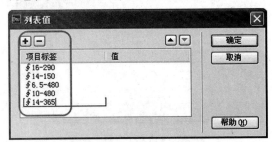

图15-59 "列表值"对话框

⑯单击"确定"按钮，添加列表值，如图15-60所示。

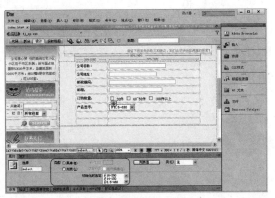

图15-60 添加列表值

⑰将光标置于表格的第7行第1列单元格中，输入文字"订购详细信息："，如图15-61所示。

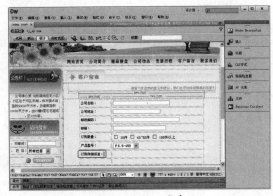

图15-61 输入文字

⑱将光标置于表格第7行第2列单元格，执行"插入"|"表单"|"文本区域"，如图15-62所示。

图15-62 插入文本区域

⑲选中插入的文本区域，打开"属性"面板，在"属性"面板中将"字符宽度"设置为

40，"行数"设置为5，"类型"设置为多行，如图15-63所示。

图15-63 插入文本区域

⑳将光标置于表格的第8行第2列单元格中，执行"插入"|"表单"|"按钮"，插入按钮，如图15-64所示。

图15-64 插入按钮

㉑选中插入的按钮，打开"属性"面板，在"属性"面板中的"值"文本框中输入"提交"，将"动作"设置为"提交表单"，如图15-65所示。

图15-65 插入按钮

㉒将光标置于按钮的右边，执行"插入"|"表单"|"按钮"命令，插入按钮，在"属性"面板中将"值"文本中输入"重置"，将"动作"设置为"重设表单"，如图15-66所示。

图15-66 插入按钮

㉓保存文档，完成电子邮件表单的制作，效果如图15-44所示。

第15章 利用表单对象创建表单文件

第16章 Dreamweaver的扩展功能

本章导读

Dreamweaver 的开发者留给用户无限广阔的天地来发挥个人才智。用户可以按照自己的需要来定制个性化的操作空间。Dreamweaver 的真正特殊之处在于它强大的无限扩展性，插件可用于扩展 Dreamweaver 的功能。Dreamweaver 可以添加第三方开发的插件，利用这些插件可以快速制作各种复杂的网页特效。

技术要点

- 了解 Dreamweaver CS6 插件简介
- 熟悉安装插件
- 掌握插件应用实战

16.1　Dreamweaver CS6插件简介

　　插件是 Dreamweaver 中最迷人的地方。正如使用图像处理软件一样，可利用滤境特效让图像的处理效果更神奇；又如玩游戏，可利用俗称的外挂软件，让游戏玩起来更简单。所以在 Dreamweaver 中使用插件，将使网页制作更轻松，功能更强大，效果更绚丽。

　　插件也叫扩展，插件管理器是开放的应用程序接口，开发人员可以通过 HTML 和 JavaScript 对其进行扩展。

　　Dreamweaver 的真正特殊之处在于它强大的无限扩展性。Dreamweaver 中的插件可用于扩展 Dreamweaver 的功能。Dreamweaver 中的插件主要有 3 种：Command 命令、Object 对象、Behavior 行为。在 Dreamweaver 中插件的扩展名为 .mxp。开发 Dreamweaver 的 Adobe 公司专门在网站上开辟了 Adobe Extension Manager，为用户提供交流自己插件的场所。

16.2　安装插件

　　安装插件的具体操作步骤如下。

　　❶执行"开始"|"所有程序"|"Adobe"|"Adobe Extension Manager CS6"命令，打开"Adobe Extension Manager CS6"对话框，如图 16-1 所示。

　　❷单击"安装新扩展"按钮，打开"选取要安装的扩展"对话框，如图 16-2 所示。在该对话框中选取要安装的扩展包文件（.mxp）或者插件信息文件（.mxi），单击"打开"按钮，也可以直接双击扩展包文件，自动启动扩展管理器并进行安装。

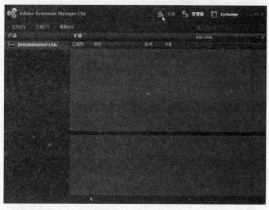

图16-1　"Adobe Extension Manager CS6"对话框　　　　图16-2　"选取要安装的扩展"对话框

　　❸打开"安装声明"对话框，单击"接受"按钮，继续安装插件，如图 16-3 所示。如果已经安装了另一个版本（较旧或较新，甚至相同版本）的插件，扩展管理器会询问是否替换已安装的插件，单击"是"按钮，将替换已安装的插件。

Dreamweaver CS6完全学习手册

❹打开"提示"对话框，单击"安装"按钮，如图16-4所示。

图16-3　"安装声明"对话框

图16-4　提示对话框

★提示:★

执行"命令"|"扩展管理"命令，也可以打开"Adobe Extension Manager CS6"对话框。

❺提示插件安装成功，即完成插件的安装，如图16-5所示。

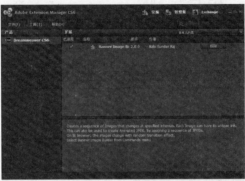

图16-5　插件安装成功

★提示:★

通常，安装新的插件都将改变Dreamweaver的菜单系统，即会对menu.xml文件进行修改。在安装插件时，扩展管理器会为menus.xml文件创建一个备份文件meuns.xbk。这样如果meuns.xml文件再被一个插件意外地破坏，就可以用meuns.xbk替换meuns.xml，从而将菜单系统恢复为先前的状态。

16.3　综合实战：插件应用实战

Dreamweaver可以添加第三方开发的插件，利用这些插件可以快速制作各种复杂的网页特效。

16.3.1　实战：使用插件制作背景音乐网页

原始文件：CH16/实战1/index.html

最终文件：CH16/实战1/index1.html

带背景音乐的网页可以增加吸引力，不但可以使用行为和代码提示实现，利用插件也可以实现。下面通过实例讲述使用插件制作背景音乐网页，效果如图16-6所示，具体操作步骤如下。

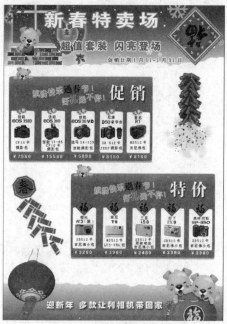

图16-6 背景音乐网页效果

❶执行"开始"|"所有程序"|"Adobe"|"Adobe Extension Manager CS6"命令，打开"Adobe Extension Manager CS6"对话框，根据提示安装插件，如图16-7所示。

❷打开网页文档，如图16-8所示。

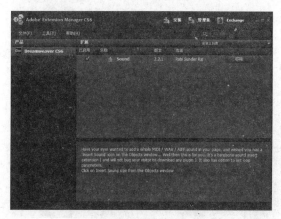

图16-7 安装插件

图16-8 打开网页文档

❸单击"常用"插入栏中按钮，弹出Sound对话框，在对话框中单击 Browse 按钮，弹出"选择文件"对话框，在该对话框中选择声音文件cldyg.mid，如图16-9所示。

❹单击"确定"按钮，添加到文本框中，如图16-10所示。

图16-9 "选择文件"对话框

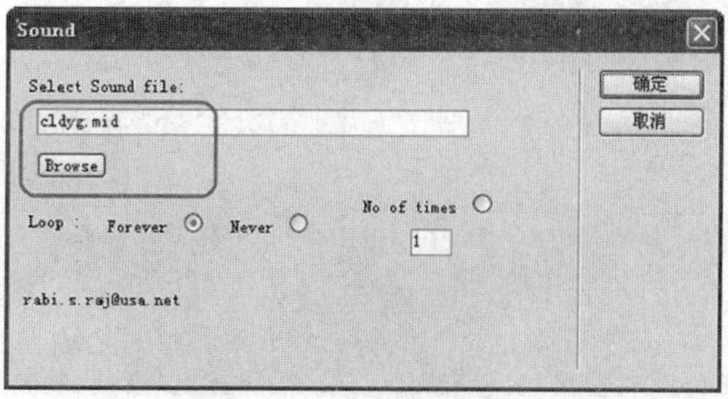

图16-10 "Sound"对话框

⑤单击"确定"按钮，添加声音，保存文档，按 F12 键在浏览器中预览，效果如图 16-6 所示。

16.3.2 实战:彩色渐变文字插件

原始文件：CH16/实战2/index.html

最终文件：CH16/实战2/index1.html

利用插件制作颜色渐变的文本，效果如图 16-11 所示，具体操作步骤如下。

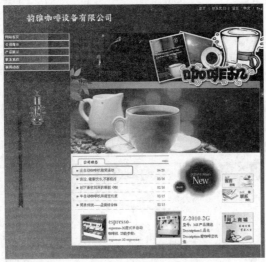

图16-11 颜色渐变文本效果

①执行"开始"|"所有程序"|"Adobe Extension Manager CS6"，弹出"Adobe Extension Manage"对话框，在对话框中单击"安装"按钮，根据一步一步的提示，完成安装，如图 16-12 所示。

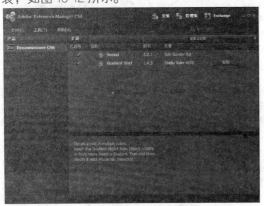

图16-12 安装插件

②打开网页文档，单击"常用"插入栏右边的小三角，在弹出的下拉列表中单击按钮 G Gradient Text，如图 16-13 所示。

图16-13 打开网页文档

③弹出"Gradient_Text"对话框，在"The Text"文本框中输入相应的文本，在"The Colors"中设置相应的文本渐变颜色，如图 16-14 所示。

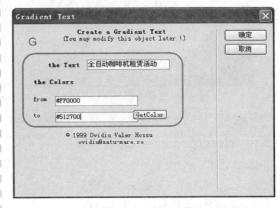

图16-14 插入文本

④单击"确定"按钮，插入文本，如图 16-15 所示。

图16-15 "Gradient_Text"对话框

⑤保存文档,按 F12 键在浏览器中浏览,效果如图 16-11 所示。

16.3.3 实战:使用飘浮图像插件创建飘浮广告网页

原始文件:CH16/实战3/index.html

最终文件:CH16/实战3/index1.html

"漂浮广告"在页面中漂浮不定,不影响浏览者浏览页面。其动感强,比较引人注意。使用插件创建漂浮广告的效果如图 16-16 所示,具体操作步骤如下。

❶执行"开始"|"所有程序"|"Adobe Extension Manager CS6",弹出"Adobe Extension Manage"对话框,在对话框中单击"安装"按钮,弹出"选取要安装的扩展"对话框,在对话框中选择安装的扩展,单击"打开"按钮,根据一步一步的提示完成安装,如图 16-17 所示。

❷打开网页文档,执行"命令"|"Floating image"命令,如图 16-18 所示。

图16-16 创建漂浮广告的效果

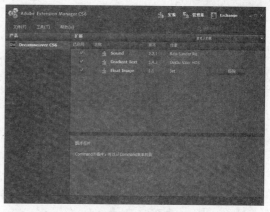

图16-17 完成安装

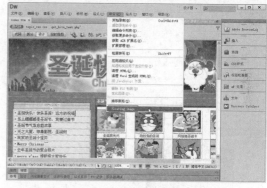

图16-18 执行Floating image

❸弹出"Untitled Document"对话框,在该对话框中单击"image"文本框右边的"浏览"图标,如图 16-19 所示。

❹弹出"选择文件"对话框,在该对话框中选择漂浮的图像,如图 16-20 所示。

图16-19 "Untitled Document"对话框

图16-20 "选择文件"对话框

❺单击"确定"按钮,单击"href"文本框右边的"浏览"按钮,弹出"选择文件"对话框,在该对话框中选择相应的网页,单击"确定"按钮,如图16-21所示。

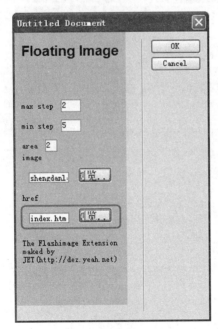

图16-21 选择图像和链接文件

❻单击"ok"按钮,插入飘浮图像,如图16-22所示。

❼保存文档,按F12键在浏览器中浏览,效果如图16-16所示。

图16-22 插入飘浮图像

16.3.4 实战:利用插件创建 E-mail链接

原始文件:CH16/实战4/index.html

最终文件:CH16/实战4/index1.html

在网页中,为了方便与管理者取得联系,创建了E-mail链接。在创建E-mail链接时,可以在"属性"面板中进行创建,也可以利用插入super E-mail.mxp插件创建链接。

下面利用插件创建E-mail链接,效果如图16-23所示,具体操作步骤如下。

图16-23 创建E-mail链接效果

❶执行"开始"|"所有程序"|"Adobe Extension Manager CS6",弹出"Adobe Extension Manage"对话框,在对话框中单击"安装"按钮,弹出"选取要安装的扩展"对话框,在该对话框中选择安装的扩展,单击"打开"按钮,根据一步一步的提示,完

成安装，如图 16-24 所示。

②打开网页文档，在"常用"插入栏中可以看到安装的电子邮件插件的按钮@，如图 16-25 所示。

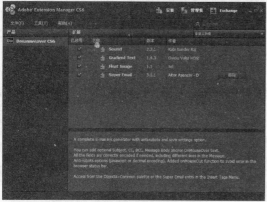

图16-24 完成安装

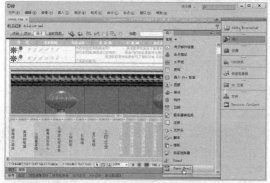

图16-25 插入按钮

③弹出"Super Email"对话框，在该对话框中进行相应的参数设置，在对话框中输入标记为 E-mail 链接的文本、E-mail 链接地址、邮件标题和相关内容即可，如图 16-26 所示。

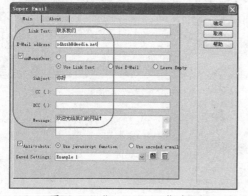

图16-26 "Super Email"对话框

④单击"确定"按钮，创建电子邮件链接，如图 16-27 所示。

⑤保存文档，按 F12 键在浏览器中预览，单击电子邮件链接，效果如图 16-23 所示。

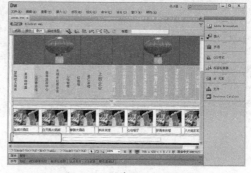

图16-27 创建电子邮件链接

16.3.5 实战:根据不同的时段显示不同的问候语插件

原始文件: CH16/实战5/index.html

最终文件: CH16/实战5/index1.html

下面通过实例讲述利用插件制作不同时段显示不同问候语效果，如图 16-28 所示，具体操作步骤如下。

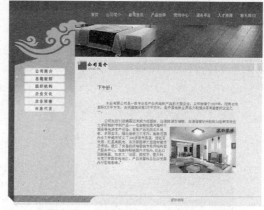

图16-28 不同时段显示不同问候语效果

①执行"开始"|"所有程序"|"Adobe"|"Adobe Extension Manager CS6"命令，打开"Adobe Extension Manager CS6"对话框，根据一步步提示，安装插件，如图 16-29 所示。

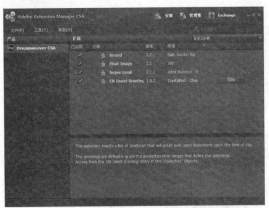

图16-29　安装插件

❷打开网页文档，将"常用"插入栏切换到CN Insert Greeting插入栏，单击CN Insert Greeting插入栏中的 cN 按钮，如图16-30所示。

图16-30　打开网页文档

❸弹出"CN Insert Greeting"对话框，在该对话框中进行相应的设置，如图16-31所示。单击"确定"按钮插入时间，如图16-32所示。

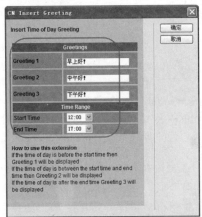

图16-31　"CN Insert Greeting"对话框

图16-32　插入时间

❹单击"确定"按钮。保存文档，按F12键在浏览器中预览，效果如图16-28所示。

16.3.6　实战：利用插件创建随机切换的广告图

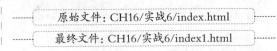

原始文件：CH16/实战6/index.html

最终文件：CH16/实战6/index1.html

网页中动态更新的广告图片比静态固定的图像更具有活力和吸引力。下面利用插件制作随机切换的广告图像的前后效果如图16-33所示，具体操作步骤如下。

图16-33　随机切换的广告图的效果

❶执行"开始"|"所有程序"|"Adobe Extension Manager CS6"，弹出"Adobe Extension Manage"对话框，在该对话框中单击"安装"按钮 安装，弹出"选取要安装的扩展"对话框，在该对话框中选择安装的扩

展，单击"打开"按钮，根据一步一步的提示，完成安装，如图16-34所示。

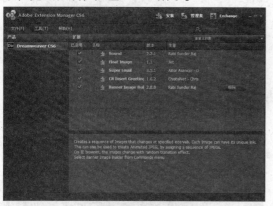

图16-34 完成安装

❷打开网页文档，如图16-35所示。

图16-35 打开网页文档

❸将光标置于相应的位置，执行"命令"|"Banner Image Builder"命令，如图16-36所示。

图16-36 执行Banner Image Builder

❹弹出"Banner Image Builder"对话框，如图16-37所示。

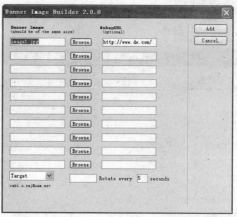

图16-37 "Banner Image Builder"对话框

❺在对话框中单击"Browse"按钮，弹出"选择图像源文件"对话框，选择相应的图像文件，如图16-38所示。

图16-38 "选择图像源文件"对话框

❻单击"确定"按钮，将相应的图像文件添加到对话框中，如图16-39所示。

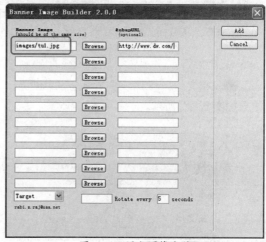

图16-39 添加图像文件

❼同样在其他的文本框中添加图像文件，如图 16-40 所示。

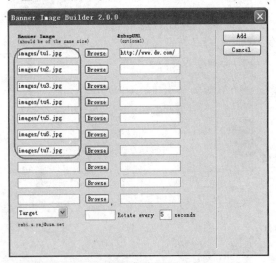

图16-40 添加其他图像

❽单击 Add 按钮，将图片插入到文档，如图 16-41 所示。

图16-41 插入图像

❾保存文档，按 F12 键在浏览器中浏览，效果如图 16-33 所示。

16.3.7 实战:利用插件制作图片 渐显渐隐效果

原始文件：CH16/实战7/index.html

最终文件：CH16/实战7/index1.html

滚动标题栏插件的作用在于生成网页标题栏不停滚动的效果，如图 16-42 所示。使用插件制作滚动标题栏效果的具体操作步骤如下。

图16-42 利用插件制作图片渐显渐隐效果

❶执行"命令"|"扩展管理"命令，打开"Adobe Extension Manager"窗口，单击"安装插件"按钮，弹出"选取要安装的扩展"对话框，根据提示完成安装，如图 16-43 所示。

❷打开网页文档，如图 16-44 所示。

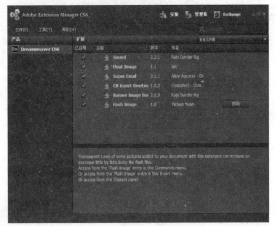

图16-43 安装插件

图16-44 打开网页文档

❸执行"命令" | "Flash Image"命令，如图 16-45 所示。

图16-45 选择 "Flash Image"命令

❹弹出"Flash Image"对话框，在该对话框中单击"Imago"后边的"浏览"按钮，如图 16-46 所示。

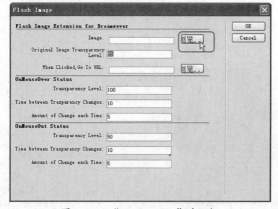

图16-46 "Flash Image"对话框

❺在弹出的"选择文件"对话框中选择图像文件 images/ban.jpg，如图 16-47 所示。

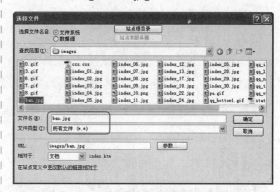

图16-47 "选择文件"对话框

❻单击"确定"按钮，返回到"Flash Image"对话框，添加图像文件，如图 16-48 所示。

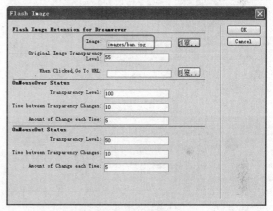

图16-48 添加图像文件

❼单击 ok 按钮，插入图像，如图 16-49 所示。

图16-49 插入图像

⑧ 单击"确定"按钮，保存文档，效果如图 16-42 所示。

16.3.8 实战:利用插件制作禁止鼠标右键效果

原始文件: CH16/实战8/index.html

最终文件: CH16/实战8/index1.html

利用插件制作禁止鼠标右键，效果如图 16-50 所示，具体操作步骤如下。

图16-50 禁止鼠标右键效果

❶ 执行"命令"|"扩展管理"命令，打开"Adobe Extension Manager"窗口，单击"安装插件"按钮，弹出"选取要安装的扩展"对话框，根据提示完成安装，如图 16-51 所示。

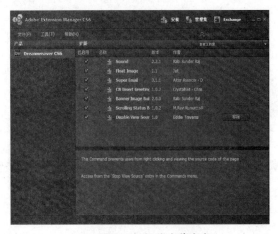

图16-51 插件安装完成

❷ 打开网页文档，如图 16-52 所示。

图16-52 打开网页文档

❸ 执行"命令"|"Stop View Source"命令，如图 16-53 所示。

图16-53 执行"Stop View Source"命令

❹ 弹出 Stop View Source 对话框，如图 16-54 所示。

图16-54 "Stop View Source"对话框

⑤单击 Yes Please 按钮，切换到"代码"视图，在显示的警告对话框的信息部分修改为"alert(禁止右键 !!)"，如图 16-55 所示。

图16-55 修改代码

⑥保存文档，按 F12 键在浏览器中预览，效果如图 16-50 所示。

16.3.9 实战:利用插件制作打字效果的状态栏文本

原始文件: CH16/实战9/index.html

最终文件: CH16/实战9/index1.html

利用插件制作打字效果的状态栏文本，效果如图 16-56 所示，具体操作步骤如下。

❶执行"命令"|"扩展管理"命令，打开"Adobe Extension Manager"窗口，单击"安装插件"按钮，弹出"选取要安装的扩展"对话框，根据提示完成安装，如图 16-57 所示。

图16-56 打字效果的状态栏文本效果

❷打开网页文档，如图 16-58 所示。

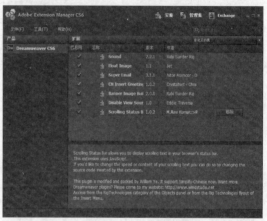

图16-57 插件安装完成

图16-58 打开网页文档

❸将"常用"插入栏切换到 Scrolling_Status_Bar 插入栏，在 Scrolling_Status_Bar 插入栏中单击█按钮，如图 16-59 所示。

❹弹出 Scrolling_Status_Bar 对话框，在该对话框中进行相应的设置，如图 16-60 所示。

图16-59 单击 ■ 按钮

⑤单击"确定"按钮。保存文档，按 F12 键在浏览器中预览，效果如图 16-56 所示。

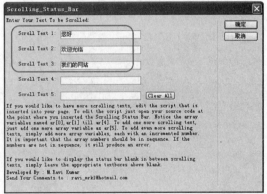

图16-60 "Scrolling_Status_Bar"对话框

第3篇
动态数据库网站开发

第17章 在Dreamweaver CS6中编写HTML代码

本章导读

对于一个网页设计者来说，不涉及 HTML 语言几乎是不可能的，无论是一个初学者，还是一个高级网页制作人员，都或多或少地要接触到 HTML 语言。另外 Dreamweaver CS6 提供了可视化的方法来创建和编辑 HTML 文件。

技术要点

- HTML 语言基础
- HTML 常用标记
- 在 Dreamweaver 中编辑代码
- 使用代码片断
- 清理 HTML/XHTML 代码
- 清理 Word 生成的 HTML 代码

17.1 HTML 语言基础

HTML 是网页描述语言，严格地讲，HTML 不能算作一门编程语言，因为它没有自己的数据类型，也没有分支、循环等控制结构。

17.1.1 HTML概述

上网冲浪（即浏览网页）时，呈现在人们面前的一个个漂亮的页面就是网页，是网络内容的视觉呈现。网页是怎样制作的呢？其实网页的主体是一个用 HTML 代码创建的文本文件，使用 HTML 中的相应标签，就可以将文本、图像、动画及音乐等内容包含在网页中，再通过浏览器的解析，多姿多彩的网页内容就呈现出来了。

HTML 的英文全称是 Hyper Text Markup Language，中文通常称作超文本标记语言或超文本标签语言。HTML 是 Internet 上用于编写网页的主要语言，它提供了精简而有力的文件定义，可以设计出多姿多彩的超媒体文件，通过 HTTP 通讯协议，使得 HTML 文件可以在全球互联网（World Wide Web）上进行跨平台的文件交换。

1. HTML 的特点

HTML 文档制作简单，且功能强大，支持不同数据格式的文件导入，这也是 WWW 盛行的原因之一，其主要特点如下。

❶ HTML 文档容易创建，只需一个文本编辑器就可以完成。

❷ HTML 文件存贮量小，能够尽可能快地在网络环境下传输与显示。

❸ 平台无关性。HTML 独立于操作系统平台，它能对多平台兼容，只需要一个浏览器，就能够在操作系统中浏览网页文件。可以使用在广泛的平台上，这也是 WWW 盛行的另一个原因。

❹ 容易学习，不需要很深的编程知识。

❺ 可扩展性，HTML 语言的广泛应用带来了加强功能，增加标识符等要求，HTML 采取子类元素的方式，为系统扩展带来保证。

2. HTML 的历史

HTML 1.0 -- 1993 年 6 月，互联网工程工作小组（IETF）工作草案发布。

HTML 2.0 -- 1995 年 11 月发布。

HTML 3.2 -- 1996 年 1 月 W3C 推荐标准。

HTML 4.0 -- 1997 年 12 月 W3C 推荐标准。

HTML 4.01-- 1999 年 12 月 W3C 推荐标准。

HTML 5.0 -- 2008 年 8 月 W3C 工作草案。

17.1.2 HTML基本结构

HTML 的任何标签都由"<"和">"围起来，如 <HTML><I>。在起始标签的标签名前加上符号"/"便是其终止标签，如 </I>，夹在起始标签和终止标签之间的内容受标签的控制，如 <I> 万

事如意 </I>，夹在标签"I"之间的"万事如意"将受标签"I"的控制。

完整的 HTML 文件包括标题、段落、列表、表格以及各种嵌入对象，这些对象统称为 HTML 元素。一个 HTML 文件的基本结构如下。

<html> 文件开始标签

<head> 文件头开始的标签……文件头的内容

</head> 文件头结束的标签

<body> 文件主体开始的标签……文件主体的内容

</body> 文件主体结束的标签

</html> 文件结束标签

从上面的代码可以看出，在 HTML 文件中，所有的标签都是相对应的，开头标签为 <>，结束标签为 </>，在这两个标签中间添加内容。

下面就是最基本的 HTML 网页结构实例，其浏览效果如图 17-1 所示。

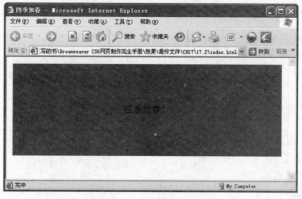

图17-1　HTML基本结构

```
<html>
<head>
<meta http-equiv="Content-Type" content="text/html; charset-gb2312" />
<title> 欢迎光临 </title>
</head>
<body>
<table width="680" border="0" align="center" cellpadding="0"
 cellspacing="0">
 <tr>
 <td height="200" align="center" valign="middle" bgcolor="#9933FF">
欢迎光临！ </span></span></td>
 </tr>
</table>
</body>
</html>
```

17.2　HTML 常用标记

在 HTML 中，通常标签都是由开始标签和结束标签组成的，开始标签用"< 标签名 >"表示，结束标签用"</ 标签名 >"表示。属性要在开始标签中指定，用来表示该标签的性质和特性。通常都是以"属性名 = 值"的形式来表示，用空格隔开后，还可以为其指定多个属性。指定多个属性时不用区分顺序。HTML 为我们提供了相当丰富的标签，每个标签都有它各自的含义。在设计时，除了遵循 HTML 语法以外，还应该充分利用并遵守各标签的"语义"。

17.2.1　文本与段落

<font></font> 是一对很有用的标签，它可以对输出文本的字号大小、颜色进行随意改变，这些改变主要是通过对它的两个属性 size 和 color 的控制来实现的。size 属性用来改变字体的大小，color 属性则用来改变文本的颜色。

文字大小设置的标签是 font，font 有一个属性 size，通过指定 size 属性设置字号大小，可以在 size 属性值之前加上 "." 字符，指定相对于字号初始值的增量或减量。其属性及属性值如表 17-1 所示。

表17-1 文本属性

属性名称	说　明	取　值
face	字体名称	字体名称，如"宋体""幼圆""隶书"等，默认为宋体
color	字体颜色	可以用英文单词表示，也可以用颜色的十六进制数表示，例如可以用red，也可以用#FF0000来表示字体颜色
size	字号大小	属性值为1~7的数字，默认值为3

在 HTML 中，还有一些文本格式化标签用来设置文字以特殊的方式显示，如粗体标签、斜体标签和文字的上下标等。文本格式标签如表 17-2 表所示。

表17-2 文本属性

<b></b>	粗体	使文本成为粗体
<i></i>	斜体	使文本成为斜体
<u>和</u>	下划线	给文本加上下划线
^和	上标体	以上标显示文本（HTML 3.2+）
_和	下标体	以下标显示文本（HTML 3.2+）
<s>和</s>	删除划线	以删除划线的形式显示文本

<b> 和 <strong> 是 HTML 中格式化粗体文本的最基本元素。在 <b> 和 </b> 之间的文字或在 <strong> 和 </strong> 之间的文字，在浏览器中都会以粗体字体显示。该元素的首尾部分都是必须的，如果没有结尾标签，则浏览器会认为从 <b> 开始的所有文字都是粗体。

<i>、<em> 和 <cite> 是 HTML 中格式化斜体文本的最基本元素。在 <i> 和 </i> 之间的文字、在 <em> 和 </em> 之间的文字或在 <cite> 和 </cite> 之间的文字，在浏览器中都会以斜体字体显示。

<u> 标签的使用和粗体和斜体标签类似，它标出需加下划线的文字。

下面是一个对文本应用加粗、斜体的 html 网页实例，其浏览效果如图 17-2 所示。

```
<html xmlns="http://www.w3.org/1999/
xhtml">
<head>
<meta http-equiv="Content-Type"
content="text/html; charset=gb2312" />
<title> 无标题文档 </title>
</head>
<body>
<u><em><strong> 相见时难别亦难，东风
无力百花残。<br>
春蚕到死丝方尽，蜡炬成灰泪始干。<br>
晓镜但愁云鬓改，夜吟应觉月光寒。<br>
```

```
蓬山此去无多路，青鸟殷勤为探看。</
strong></em></u>
</body>
```

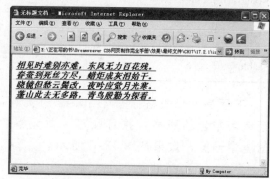

图17-2 文本与段落

17.2.2 表格

表格标签对于制作网页是很重要的，现在很多网页都使用多重表格，利用表格可以实现各种不同的布局方式，而且可以保证当浏览者改变页面字号大小的时候保持页面布局，还可以任意地进行背景和前景颜色的设置。<table></table> 标签对用来创建表格。表格标签的属性如表表17-3 所示。

表17-3 表格属性

属　　性	用　　途
<table bgcolor="">	设置表格的背景色
<table border="">	设置边框的宽度，若不设置此属性，则边框宽度默认为0
<table bordercolor="">	设置边框的颜色
<table bordercolorlight="">	设置边框明亮部分的颜色（当border的值大于等于1时才有用）

属　性	用　途
`<table bordercolordark="">`	设置边框昏暗部分的颜色（当border的值大于等于1时才有用）
`<table cellspacing="">`	设置表格格子之间空间的大小
`<table cellpadding="">`	设置表格格子边框与其内部内容之间空间的大小
`<table width="">`	设置表格的宽度，单位用像素或百分比

下面是一个表格标签 `<table>` 的实例，显示了一个宽度为 400，边框为 1，边框颜色为灰色的表格，并且设置了单元格的背景颜色为绿色，表格的间距为 5，在浏览器中预览，效果如图 17-3 所示。

```
<html>
<head>
<meta http-equiv="Content-Type"
content="text/html; charset=gb2312" />
<title> 表格 </title>
</head>
<body>
<table width="400" border="1" align="center"
cellpadding="5"
 cellspacing="1"
 bordercolor="#999999">
<tr>
<td height="30" align="center"
bgcolor="#66CCCC"> 歌手 </td>
<td align="center" bgcolor="#66CCCC">
凤凰传奇 </td>
<td align="center" bgcolor="#66CCCC">
汪峰 </td>
<td align="center" bgcolor="#66CCCC">
王麟 </td>
<td align="center" bgcolor="#66CCCC">
陈奕迅 </td>
</tr>
<tr>
<td height="30" align="center"
valign="middle" bgcolor="#CCFFCC"> 歌名 </td>
<td align="center" bgcolor="#CCFFCC">
最炫民族风 </td>
<td align="center" bgcolor="#CCFFCC">
北京北京 </td>
<td align="center" bgcolor="#CCFFCC">
伤不起 </td>
<td align="center" bgcolor="#CCFFCC">
稳稳地幸福 </td>
</tr>
</table>
</body>
</html>
```

图17-3 表格

17.2.3 超级链接

HTML 文件中最重要的应用之一就是超链接，超链接是一个网站的灵魂，Web 上的网页是互相链接的，单击被称为超链接的文本或图形就可以链接到其他页面。超文本具有的链接能力，可层层链接相关文件，这种具有超级链接能力的操作，即称为超级链接。超级链接除了可链接文本外，也可链接各种媒体，通过它们可享受丰富多彩的多媒体世界。

```
<a href=""></a>
```

href 的值可以是 URL 形式，即网址或相对路径，也可以是 Mailto 形式，即发送 E-mail 形式。超链接标签属性如表 17-4 所示。

表17-4 超级链接属性

属性名称	说　明	取　值
href	超链接URL地址	可以是本地网站一个文件，也可以是一个网址，还可以是一个E-mail信箱
target	指定打开超链接的窗口	属性值有: _blank、parent、self、top
title	当鼠标移动到链接上时显示的说明文字	属性值可以是字符串，一般是链接网页比较详细的说明

下面是一个超链接标签 <href> 的实例，在浏览器中预览，效果如图 17-4 所示。

```
<table width="400" border="0" align="center" cellpadding="0"
    cellspacing="0">
    <tr>
    <td height="40">
    <p><a href="456.html" target="_blank"> 您好！</a></p>
    <p><a href="Mailto:hefang@163.com"> 发Email 给我吧！</a></p>
    </td>
    </tr>
    </table>
```

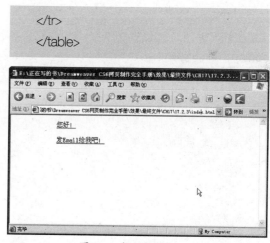

图17-4 超级链接

17.2.4 图像

在网页上使用图像，从视觉效果上，能使网页充满生机，而且能直观巧妙地表达出网页的主题。一个精美的图像网页不但能引起浏览者的兴趣，而且在很多时候要通过图像以及相关颜色的配合来体现出网站的风格。

插入图像的时候，仅仅使用 img 标记是不够的，还需要配合其他属性来完成。其中 src 属性是必要的属性，它指定要插入的图像文件的保存位置与名称。<img> 标签并不是真正地把图像加入到 HTML 文档中，而是将标签对的 src 属性赋值，这个值是图像文件的文件名，当然还包括路径，这个路径可以是相对地址，也可以是绝对地址。

img 相关属性及说明如表 17-5 所示。

表17-5 img的属性

属性名称	说明
src	图像的源文件
alt	提示文字
width, height	宽度和高度
border	边框
vspace	垂直间距
hspace	水平间距
align	排列
lowsrc	设置低分辨率图片
usemap	映像地图

下面是一个图像标签 <img> 的实例，在浏览器中预览，效果如图 17-5 所示。

```
<html>
<head>
<meta http-equiv="Content-Type"
content="text/html; charset=utf-8" />
<title> 图像 </title>
</head>
<body>
<img src="images/index.jpg" width="663"
height="476">
</body>
</html>
```

图17-5 图像

17.2.5 框架

框架主要包括两个部分，一个是框架集，另一个就是框架。框架集是在一个文档内定义一组框架结构的 HTML 网页。框架集定义了在一个窗口中显示的框架数、框架的尺寸、载入到框架的网页等。而框架则是指在网页上定义的一个显示区域。

在使用了框架集的页面中，页面的 `<body>` 标签被 `<frameset>` 标签所取代，然后通过 `<frame>` 标签定义每一个框架。

框架网页涉及的几个网页的源代码，分别是框架网页文件、左边框中的网页文件和右边框中的网页文件，框架网页的效果如图 17-6 所示。

```html
<html>
<head>
<meta http-equiv="Content-Type"
content="text/html; charset=gb2312" />
<title>设置垂直边距</title>
</head>
<frameset rows="*" cols="209,*"
framespacing="1" frameborder="yes"
order="1">
    <frame src="left.html" name="leftFrame"
noresize>
    <frame src="right.html" name="mainFrame"
```

```html
marginwidth="50"
    arginheight="50">
</frameset>
<noframes>
<body>
</body>
</noframes>
</html>
```

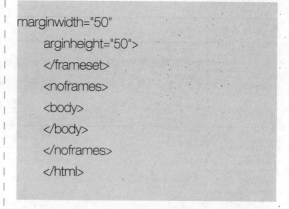

图17-6　框架

17.2.6　表单

表单在网页中起着重要作用，它是与用户交互信息的主要手段。一个表单至少应该包括说明性文字、填写的表格、提交和重填按钮等内容。填写了所需的资料之后，按下"提交"按钮，所填资料就会通过专门的 CGI 接口传输到 Web 服务器上。网页的设计者随后就能在 Web 服务器上看到用户填写的资料，从而完成了反馈和交流。表单常用标签是 `<form>`、`<input>`、`<Option>`、`<Select>` 等标签。

1．`<form>` 和 `</form>` 标签

该标签对用于定义一个表单，任何一个表单都是以 `<form>` 开始，以 `</form>` 结束。其中包含了一些表单元素，如文本框、按钮、下拉列表框等。

```html
<form id="form1" name="form1" method="post" action="dlu.html">
</form>
```

其属性及属性值如表 17-6 所示。

表17-6 表单属性

属性名称	说　明	取　值
action	指定处理该表单的程序文件所在的位置，当单击"提交"按钮后，就将表单信息提交给该文件	属性值为该程序文件的URL地址，相对路径或者绝对路径在ASP部分后会详细讲解。这里将属性值设置为电子邮箱地址，用户提交的表单将会寄至该邮箱
method	指定该表单的传送方式	两个值： post表示将所有信息当作一个表单传递给服务器，一般选择post；fet表示将表单信息附在URL地址后面传给服务器
name	指定表单的名字	变量名，可以取字符串，以区分多个表单

2. <input> 和 </input> 标签

该标签对用于在表单中定义单行文本域、单选按钮、复选框、按钮等表单元素，常用方法如下：

```
<input name="textfield" type="text" size="15" >
```

不同的元素有不同的属性，详细的属性如表 17-7 所示。

表17-7 <input>标签的属性

属性名称	说　明	取　值
type	元素类型	
name	表单元素名称	属性值是变量名，用于指定输入信息在处理程序中被赋予的变量值
size	单行文本域的长度	属性值为数字，表示多少个字符长
maxlength	单行文本域可以输入的最大字符数	其属性值为数字，表示多少个字符。当大于size的属性值时，用户可移动光标来查看整个输入内容
value	对于单行文本域，则指定输入文本框的默认值，可选；对于单选按钮或复选框，则指定单选按钮被选中后传送到服务器的实际值，必选；对于按钮，则指定按钮表面上的文本，可选	属性值为字符串
checked	若被加入，则默认选中	没有属性值

表17-8 type属性的值

属性值	说 明
text	表示单行文本域
password	表示密码域,输入的字符以*显示
radio	表示单选按钮
checkbox	表示复选框
submit	表示"提交"按钮
reset	表示"重置"按钮,单击后将清除所填内容
image	表示图像域,此时input元素还有一个重要属性: src,该属性用来指定图像域的来源
hidden	隐藏文本域,类似于text,但不可见,常用来传递信息

下面是一个表单的实例,在浏览器中预览,效果如图 17-7 所示。

```
<html>
<head>
<meta http-equiv="Content-Type" content="text/html; charset=gb2312" />
<title> 表单 </title>
<style type="text/css">
<!--
.STYLE1 {
    font-size: 18px;
    font-weight: bold;
}
-->
</style>
</head>
<body>
<form name="form2" method="post" action="mailto:ll@163.com">
    <table width="500" border="0" align="center"
cellpadding="0" cellspacing="2">
```

```html
    <tr>
        <td width="143" height="25"> 姓名：</td>
        <td width="351"><input name="name" type="text" id="name" size="20">
    </td>
    </tr>
    <tr>
      <td height="25"> 年龄：</td>
      <td><select name="age" id="age">
        <option value="5">5</option>
        <option value="6">6</option>
        <option value="7">7</option>
        <option value="8">8</option>
        <option value="9">9</option>
        <option value="10">10</option>
        <option value="11">11</option>
        <option value="12">12</option>
        <option value="20" selected>20</option>
        <option value="30">30</option>
        <option value="35">35</option>
        </select>
      </td>
    </tr>
    <tr>
      <td height="25"> 性别：</td>
        <td><input name="radiobutton" type="radio" value="radiobutton" checked>
        男
        <input type="radio" name="radiobutton" value="radiobutton">
        女 </td>
    </tr>
    <tr>
      <td height="25"> 家庭住址：</td>
      <td><input name="textfield" type="text" size="40"></td>
    </tr>
    <tr>
      <td height="25"> 联系电话：</td>
      <td><input name="textfield2" type="text" size="15"></td>
    </tr>
    <tr>
      <td height="25"> 您对我们的服务是否满意 </td>
        <td><input type="checkbox" name="checkbox" value="checkbox">
        非常满意
        <input type="checkbox" name="checkbox2" value="checkbox">
        一般
        <input type="checkbox" name="checkbox3" value="checkbox">
        非常差 </td>
    </tr>
    <tr>
      <td height="25"> 意见：</td>
      <td>
      <textarea name="textarea" cols="40" rows="6"></textarea>
      </td>
    </tr>
    <tr>
        <td height="25" colspan="2" align="center">
        <input type="submit" name="Submit3" value=" 提交 ">
            <input type="reset" name="Submit4" value=" 重置 ">
        </td>
```

```
          </tr>
        </table>
      </form>
    </body>
</html>
```

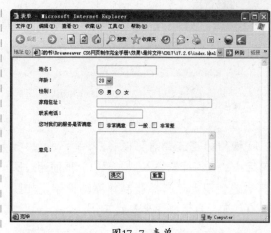

图17-7 表单

17.3 在Dreamweaver中编辑代码

从创建简单的网页到设计、开发复杂的网站应用程序，Dreamweaver CS6 提供了功能全面的代码编写环境。Dreamweaver 提供了许多有效的工具来支持对源代码的创建，可以高效率地编写和编辑 HTML 代码。

17.3.1 查看源代码

通过一些增强的功能可以更加有效地编写代码，节省大量时间。执行"查看"|"代码"命令，打开"代码"视图，在其中可以查看源代码。或单击文档窗口上方的 代码 按钮，也可以打开"代码"视图，如图 17-8 所示。

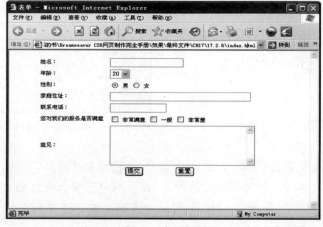

图17-8 代码视图

17.3.2 使用标签选择器和标签编辑器

原始文件: CH17/17.3.2/index.html

最终文件: CH17/17.3.3/index1.html

使用标签选择器可以将 Dreamweaver 标签库中的任何标签插入到页面中。下面通过实例讲述使用标签选择器制作浮动框架,如图 17-9 所示,具体操作步骤如下。

图17-9 浮动框架效果

❶打开网页文档,如图 17-10 所示。

图17-10 打开网页文档

❷将光标置于页面文档中间空白处,执行"插入"|"标签"命令,弹出"标签选择器"对话框,选择"HTML 标签"|"页面元素"|"iframe"选项,如图 17-11 所示。

图17-11 "标签选择器"对话框

❸单击"插入"按钮,弹出"标签编辑器——iframe"对话框,在该对话框中单击"源"文本框右边的"浏览"按钮,在弹出的"选择文件"对话框中选择文件,如图 17-12 所示。

图17-12 "选择文件"对话框

❹单击"确定"按钮,将"宽度"和"高度"分别设置为 500 和 400,"边距宽度"和"边距高度"设置为 0,"滚动"设置为"自动",如图 17-13 所示。

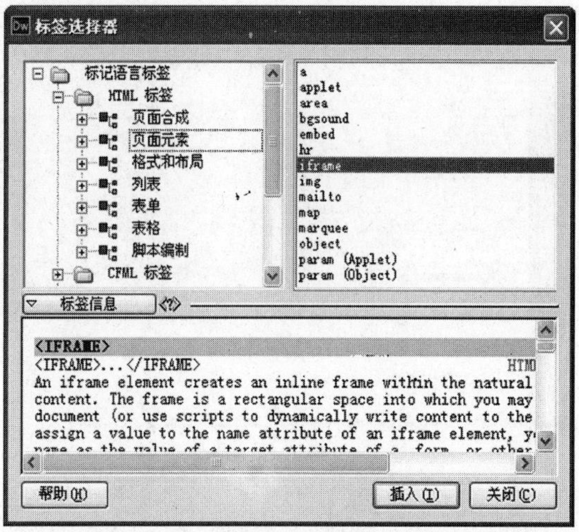

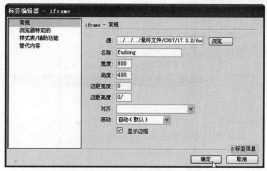

图17-15 "标签编辑器"对话框

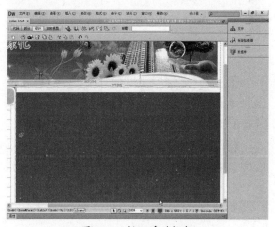

图17-13 "标签编辑器—iframe"对话框

17.3.3 使用代码提示

原始文件：CH17/17.3.3/index.html
最终文件：CH17/17.3.3/index1.html

❺单击"确定"按钮，在文档中插入浮动框架，如图17-14所示。保存文档，按F12键在浏览器中预览，效果如图17-9所示。

通过代码提示，可以在"代码"视图中插入代码。在输入某些字符时，将显示一个列表，列出完成条目所需要的选项。下面通过代码提示讲述背景音乐的插入，效果如图17-16所示，具体操作步骤如下。

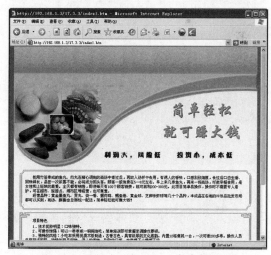

图17-16 使用代码提示加入背景音乐效果

图17-14 插入浮动框架

使用标签编辑器可以对网页代码中的标签进行编辑，添加标签属性或修改属性。如果修改代码中已有的标签，可以在代码窗口中选定要编辑的标签并单击鼠标右键，在弹出菜单中选择"编辑标签"选项，弹出"标签编辑器"对话框，在该对话框中对已有的标签进行编辑，如图17-15所示。

❶在使用代码之前，首先执行"编辑"|"首选参数"命令，弹出"首选参数"对话框，在对话框中的"分类"列表中选择

"代码提示"选项，将所有复选框勾选，并将"延迟"选项右侧的指针移动至最左端，设置为0秒，如图17-17所示。

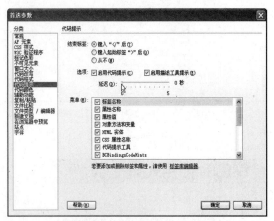

图17-17 "首选参数"对话框

②打开网页文档，如图17-18所示。

图17-18 打开网页文档

③切换到"代码"视图，找到标签<body>，并在其后面输入"<"以显示标签列表，输入"<"时会自动弹出一个列表框，如图17-19所示，向下滚动该列表并双击插入bgsound标签。

④如果该标签支持属性，则按空格键以显示该标签允许的属性列表，从中选择属性src，如图17-20所示，这个属性用来设置背景音乐文件的路径。

图17-19 输入"<"

图17-20 选择属性src

⑤按Enter键后，出现"浏览"字样，单击以弹出"选择文件"对话框，在对话框中选择音乐文件，如图17-21所示。

⑥单击"确定"按钮，在新插入的代码后按空格键，在属性列表中选择属性loop，如图17-22所示。

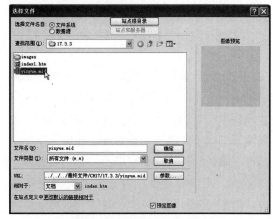

图17-21 "选择文件"对话框

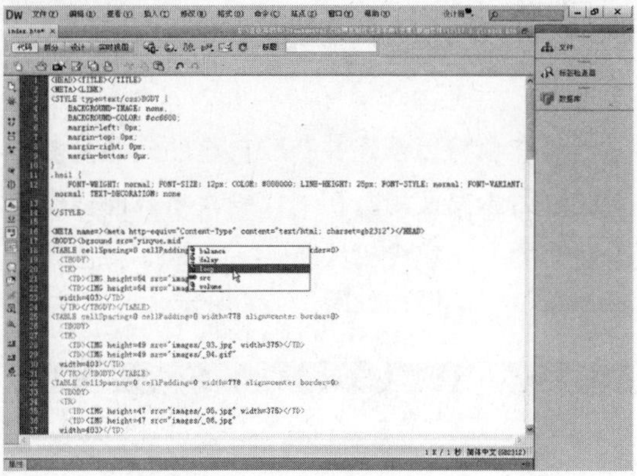

图17-22 选择属性loop
图17-23 输入">"

❼单击选中 loop，出现"-1"并选中。在最后的属性值后，为该标签输入">"，如图17-23 所示。

❽保存文件，按 F12 键在浏览器中预览效果，在图 17-16 所示的网页中就能听到音乐。

17.4 使用"代码片断"面板

使用代码片断可以大大减小代码编辑的工作量，在代码片断面板中可以存储 HTML、JavaScript、CFM、ASP 和 JSP 等代码片断，当需要重复使用这些代码时，就可以很方便地在文档中插入这些代码。Dreamweaver 还包含了一些预定义的代码片断，可以使用它们作为起始点。

17.4.1 插入代码片断

插入代码片断的具体操作步骤如下。

❶执行"窗口"|"代码片断"命令，打开"代码片断"面板，如图 17-24 所示。

❷将光标置于要插入代码片断的位置，在"代码片断"面板中双击要插入的代码片断，单击面板左下角的"插入"按钮，如图17-25 所示。

图17-24 "代码片断"面板

图17-25 要插入的代码片断

提示:

在名称列表区中列出了Dreamweaver预定义的代码片断,单击代码片断前面的加号,即可展开相应的代码片断并可进行预览。

❸插入代码片断后,在"代码"视图中的效果如图17-26所示。

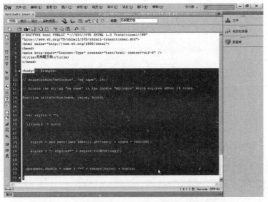

图17-26 插入代码片断

17.4.2 创建代码片断

用户也可以创建并存贮自己的代码片断,方便以后重复使用。在"代码片断"面板中单击底部的"新建代码片断"按钮，弹出"代码片断"对话框,如图17-27所示。

图17-27 "代码片断"对话框

★知识要点:★

"代码片断"对话框中主要有以下参数。

- 名称:在这个文本框中输入代码片断的名称。
- 描述:对这段代码进行简单的描述。
- 代码片断类型:代码插入,有"环绕选定内容"和"插入块"两种方式。
- 前插入:"环绕选定内容"模式下,插入位置在选定对象之前的代码。
- 后插入:"环绕选定内容"模式下,插入位置在选定对象之后的代码。
- 预览类型:可选择"设计"或"代码"。

17.5 优化代码

如果从 Word 或其他编辑器复制文本到 Dreamweaver 中，将会产生一些垃圾代码或者 Dreamweaver 不能识别的错误代码，这不仅使文档增大，而且会影响下载时间或使浏览器运行速度变慢。Dreamweaver 提供了清除多余代码的功能，通过该功能可以删除多余的代码。

17.5.1 清理HTML/XHTML代码

清理 HTML/XHTML 代码的具体操作步骤如下。

❶打开需要清理的网页文档。执行"命令" | "清理 HTML"命令,弹出"清理 HTML/XHTML"对话框,在对话框中"移除"选项中勾选"空标签区块"和"多余的嵌套标签"复选项,或者在"指定的标签"文本框中输入所要删除的标签,并在"选项"中勾选"尽可能合并嵌套的 <font> 标签"和"完成后显示记录"复选项,如图 17-28 所示。

❷单击"确定"按钮,Dreamweaver 自动开始清理工作。清理完毕后,弹出一个提示框,在提示框中显示清理工作的结果,如图 17-29 所示。

图17-28 "清理HTML/XHTML"对话框

图17-29 显示清理工作的结果

17.5.2 清理Word生成的HTML代码

由于一些文本文件多为 Word 格式,所以经常会将一些 Word 生成的 HTML 文档直接应用到网站中,这样就不可避免地带来一些错误代码、无用的样式代码和废代码等,所以要对其进行清理,具体操作步骤如下。

❶执行"命令" | "清理 Word 生成的 HTML"命令,弹出"清理 Word 生成的 HTML"对话框,如图 17-30 所示。

❷在对话框中切换到"详细"选项卡,勾选需要的选项,如图 17-31 所示。

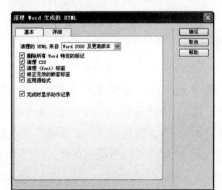

图17-30 "清理Word生成的HTML"对话框

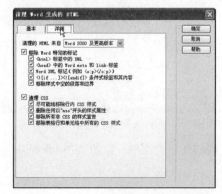

图17-31 "详细"选项卡

❸单击"确定"按钮，清理工作完成后显示提示框，如图17-32所示。

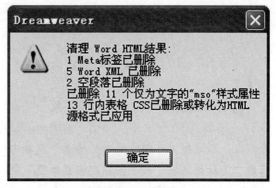

图17-32 提示框

17.6 综合实战：使用标签选择器插入滚动公告

原始文件：CH17/17.6/index.html

最终文件：CH17/17.6/index1.html

本章主要讲述了 HTML 的常用标记，在 Dreamweaver CS6 中编写 HTML 代码等知识。下面通过实例讲述利用标签选择器插入滚动公告，效果如图 17-33 所示，具体操作步骤如下。

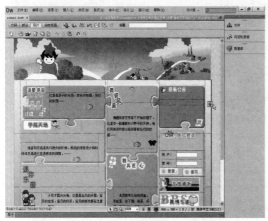

图17-33 使用标签选择器插入滚动公告

❶打开网页文档，如图 17-34 所示。

图17-34 打开文档

❷将光标置于页面文档中相应的位置，执行"插入"|"标签"命令，弹出"标签选择器"对话框，选择"HTML 标签"|"页面元素"|"marquee"选项，如图17-35 所示。

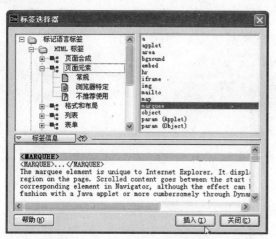

图17-35 "标签选择器"对话框

❸单击"插入"按钮，即可在"拆分"视图中插入marquee标签，单击"关闭"按钮，输入文字，如图17-36所示。

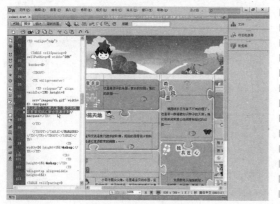

图17-36 输入文字

❹在<marquee>中按空格键，以显示允许的属性列表标记，如图17-37所示。

图17-37 属性列表标记

❺在列表中选择scrollamount选项后，双击鼠标左键以插入标记，在双引号中输入1，如图17-38所示。

图17-38 插入标记

❻按空格键，在弹出的属性列表中选择scrolldelay标记插入，并在双引号中输入10，如图17-39所示。

图17-39 插入标记

❼按空格键，显示允许的属性列表，如图17-40所示。

图17-40 属性列表

❽在列表中选择 direction 标记插入，并弹出属性列表，如图 17-41 所示。

图17-41　插入标记

❾在属性列表中选择 up 标记插入，如图 17-42 所示。

图17-42　插入标记

❿按空格键，弹出允许的属性列表，在该列表中选择 behavior 标记插入，并在双引号中输入 loop，如图 17-43 所示。

图17-43　插入标记

⓫按空格键，显示允许的属性列表，选择 width 标记插入，并在双引号中输入 100%，如图 17-44 所示。

图17-44　插入标记

⓬按空格键，显示允许的属性列表，选择 height 标记插入，并在双引号中输入 50，如图 17-45 所示。

图17-45　插入标记

⓭按空格键，显示允许的属性列表，选择 onMouseOver 标记插入，并在双引号中输入 this.stop()，如图 17-46 所示。

图17-46　插入标记

⓮按空格键，显示允许的属性列表，选择 onMouseOut 标记插入，并在双引号中输入 this.start()，如图 17-47 所示。

⓯保存文档，在浏览器中预览，效果如图 17-33 所示。

图17-47　插入标记

第18章　创建动态网页基础

本章导读

　　动态网页能够根据不同的时间、不同的访问者而显示不同的内容，如常见的 BBS、留言板、聊天室等就是用动态网页来实现的。动态网页技术的出现使得网站从展示平台变成了网络交互平台。Dreamweaver 在集成了动态网页的开发功能后，就由网页设计工具变成了网站开发工具。本章就来介绍利用 Dreamweaver CS6 创建动态网页基础知识。

技术要点

- ●熟悉 ASP 应用程序开发环境
- ●掌握设计数据库
- ●掌握建立数据库连接
- ●掌握定义记录集（查询）
- ●掌握动态数据的绑定
- ●掌握添加服务器行为

18.1 创建ASP应用程序开发环境

要建立具有动态的 Web 应用程序，必需建立一个 Web 服务器，选择一门 Web 应用程序开发语言，为了应用的深入还需要选择一款数据库管理软件。同时，因为是在 Dreamweaver 中开发的，还需要建立一个 Dreamweaver 站点，该站点能够随时调试动态页面。因此创建一个这样的动态站点，需要 Web 服务器 +Web 开发程序语言 + 数据库管理软件 +Dreamweaver 动态站点。

18.1.1 安装因特网信息服务器(IIS)

ASP 是微软开发的动态网站技术，它继承了微软产品的一贯优秀传统，该技术只能在微软的服务器产品（也就是服务器组件）内运行。微软提供的支持 ASP 技术的产品包括以下几项。

● IIS（Internet Information Server，互联网信息服务），主要在 Windows 2000 及以后版本中运行，本书重点介绍在 IIS 下建立动态网页。

● PWS（Personal Web Server，个人网页服务），主要在 Windows 98 上运行，由于该版本已经被淘汰，因此本书也不再介绍。

● ChiliSoft，在 Unix 以及其他非 Windows 系统下运行的一个组件，专门用来支持 ASP，但是它不是微软开发的组件。由于 ASP 本身功能有限，必须通过 COM 技术来扩展 ASP 的功能，但是非 Windows 系统是不支持 COM 技术的。

IIS（Internet Information Server，互联网信息服务）是一种 Web 服务组件，它提供的服务包括 Web 服务器、FTP 服务器、NNTP 服务器和 SMTP 服务器，这些服务分别用于网页浏览、文件传输、新闻服务和邮件发送等方面。使用这个组件提供的功能，使得在网络（包括互联网和局域网）上发布信息成了一件你很简单的事情。

IIS 组件的一个重要特性就是支持 ASP。IIS 3.0 版本以后引入了 ASP，它可以很容易地开发 Web 应用程序和动态站点。对于 VBScript、JavaScript 脚本语言，或者由 Visual Basic、Java、Visual C++ 开发工具，以及现有的 CGI 脚本开发的应用程序，IIS 都提供强大的本地支持。

在 Windows 2000 版本中默认包含了 IIS 5.0 组件，在 Windows XP 操作系统中则包含 5.1 版本，但是需要用户自己单独安装该组件，安装时需要系统安装盘（在下一节中将详细介绍）。在 Windows Server 2003 版本中默认安装了 IIS 6 版本。IIS 6 与 IIS 5 相比添加了增强选项，并且修补了请求处理架构。最新版本 IIS 7 已随 Vista 版本一起发布。

18.1.2 设置因特网信息服务器(IIS)

要在 Windows XP 下安装 IIS，首先应该确保 Windows XP 中已经用 SP1 或更高版本进行了更新，同时必须安装了 IE6.0 或更高版本的浏览器，相信这两者对于大多数读者来说早已做到了。安装 IIS 的具体操作步骤如下。

❶在 Windows XP 系统下，执行"开始"|"控制面板"|"添加 / 删除程序"命令，弹出如图 18-1 所示的对话框。

❷单击图 18-1 所示的对话框左边的"添加 / 删除 Windows 组件"选项，弹出"Windows 组件向导"对话框，进入并选取组件对话框，如图 18-2 所示。

图18-1 添加/删除程序

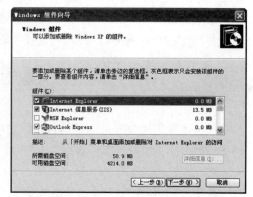

图18-2 "Windows组件向导"对话框

❸在每个组件之前都有一个复选框☑，若该复选框显示为☑，则代表该组件内还含有子组件，双击图 18-2 所示的"Internet 信息服务（IIS）"选项，弹出如图 18-3 所示的对话框。

❹当选择完成所有希望使用的组件以及子组件后，单击"下一步"按钮，弹出如图 18-4 所示的"Windows 组件向导"窗口。

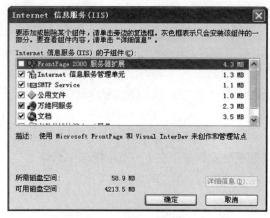

图18-3 IIS子组件的选择画面

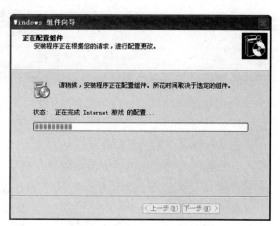

图18-4 "Windows组件向导"

❺安装完毕，会显示"Windows 组件向导"安装完成提示框，单击"完成"按钮就可以完成 IIS 的安装过程，如图 18-5 所示。

❻安装完毕后，启动 IE 浏览器，在地址栏中输入 http://localhost，如果能够显示 IIS 欢迎字样，表示安装成功。要注意不同版本的 Windows 操作系统在安装成功后所显示的信息样式是不同的，如图 18-6 所示。

图18-5 IIS安装完成

图18-6 "Windows组件向导"

18.2 设计Access数据库

与其他关系型数据库系统相比，Access
提供的各种工具既简单又方便，更重要的是
Access 提供了更为强大的自动化管理功能。

下面以 Access 为例讲述数据库的创建，
具体操作步骤如下。

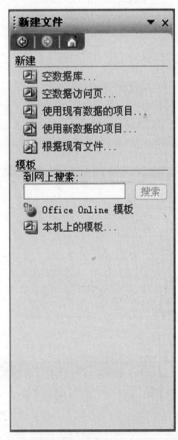

图18-7 "新建文件"面板

★知识要点:★

数据库是计算机中用于储存、处理大量数据的
软件。在创建数据库时，将数据存储在表中，
表是数据库的核心。在数据库的表中可以按照
行或列来表示信息。表的每一行称为一个"记
录"，而表中的每一列称为一个"字段"，字段和
记录是数据库中最基本的术语。

❶启动 Access 软件，执行"文件"丨"新
建"命令，打开"新建文件"面板，如图 18-7
所示，在面板中单击"空数据库"超链接。

❷弹出"文件新建数据库"对话框，在
对话框中选择数据库保存的位置，在"文件
名"文本框中输入 liuyan，如图 18-8 所示。

图18-8　"文件新建数据库"对话框

❸单击"创建"按钮，弹出图18-9所示的窗口，双击"使用设计器创建表"，弹出"表1：表"对话框，在"字段名称"和"数据类型"文本框中分别输入图18-10所示的字段。

图18-9　双击"使用设计器创建表"

图18-10　输入字段

10种数据类型，每种数据类型的说明如下。

● 文本数据类型：可以输入文本字符，如中文、英文、数字、字符、空白。

● 备注数据类型可以输入文本字符，但该类型不同于文字类型，它可以保存约64K字符。

● 数字数据类型：用来保存如整数、负整数、小数、长整数等数值数据。

● 日期/时间数据类型：用来保存和日期、时间有关的数据。

● 货币数据类型：适用于无需很精密计算的数值数据，例如，单价、金额等。

● 自动编号数据类型：适用于自动编号类型，可以在增加一笔数据时自动加1，产生一个数字的字段，自动编号后，用户无法修改其内容。

● 是/否数据类型：关于逻辑判断的数据，都可以设定为此类型。

● OLE对象数据类型：为数据表链接诸如电子表格、图片、声音等对象。

● 超链接数据类型：用来保存超链接数据，如网址、电子邮件地址。

● 查阅向导数据类型：用来查询可预知的数据字段或特定数据集。

❹设计完表后关闭设计表窗口，弹出图18-11所示的对话框，提示"是否保存对'表1'设计的更改"，单击"是"按钮，弹出图18-12所示的"另存为"对话框，在对话框中输入表的名称。

图18-11　提示是否保存表

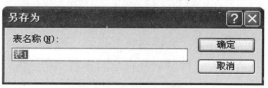

图18-12　"另存为"对话框

Dreamweaver CS6完全学习手册

❺单击"确定"按钮，弹出图18-13所示的对话框，单击"是"按钮即可插入主键，此时在数据库中可以看到新建的表，如图18-14所示。

图18-13 弹出提示信息

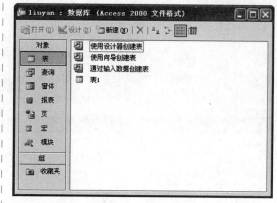

图18-14 新建的表

18.3　建立数据库连接

动态页面最主要的作用就是结合后台数据库，自动更新网页，所以离开数据库的网页也就谈不上什么动态页面。任何内容的添加、删除、修改、检索都是建立在连接基础上的，可以想象连接的重要性了。下面就讲述利用Dreamweaver CS6设置数据库连接。

18.3.1　创建ODBC数据源

要在ASP中使用ADO对象来操作数据库，首先要创建一个指向该数据库的ODBC连接。在Windows系统中，ODBC的连接主要通过ODBC数据源管理器来完成。下面就以Windows XP为例讲述ODBC数据源的创建过程，具体操作步骤如下。

❶执行"控制面板"｜"管理工具"｜"数据源（ODBC）"命令，弹出"ODBC数据源管理器"对话框，在对话框中切换到"系统DNS"选项卡，如图18-15所示。

❷单击"添加"按钮，弹出"创建新数据源"对话框，选择图18-16所示的设置后，单击"完成"按钮。

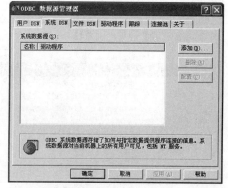

图18-15　"系统DNS"选项卡

图18-16　"创建新数据源"对话框

❸弹出图 18-17 所示的"ODBC Microsoft Access 安装"对话框,在该对话框中选择数据库的路径,在"数据源名"文本框中输入数据源的名称,单击"确定"按钮,在图 18-18 所示的对话框中可以看到创建的数据源 mdb。

图18-17 "ODBC Microsoft Access安装"对话框

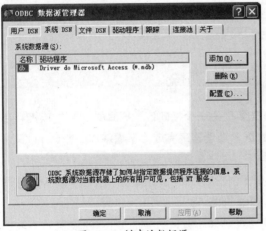

图18-18 创建的数据源

18.3.2 建立系统DSN连接

DSN(Data Source Name,数据源名称),表示用于将应用程序和数据库相连接的信息集合。ODBC 数据源管理器使用该信息来创建指向数据库的连接。通常 DSN 可以保存在文件或注册表中。简而言之,所谓构建 ODBC 连接,实际上就是创建同数据源的连接,也就是创建 DNS。一旦创建了一个指向数据库的 ODBC 连接,同该数据库连接的有关信息就被保存在 DNS 中,而在程序中如果要操作数据库,也必须通过 DSN 来进行。准备工作都做好后,就可以连接数据库了。

创建 DSN 连接的具体操作步骤如下。

❶启动 Dreamweaver,执行"窗口"|"数据库"命令,打开"数据库"面板,在面板中单击 ➕ 按钮,在弹出的菜单中选择"数据库名称(DSN)"选项,如图 18-19 所示。

❷弹出图 18-20 所示的"数据源名称(DSN)"对话框,在对话框中的"连接名称"文本框中输入 conn,在"数据源名称(DSN)"下拉列表中选择 liuyan。

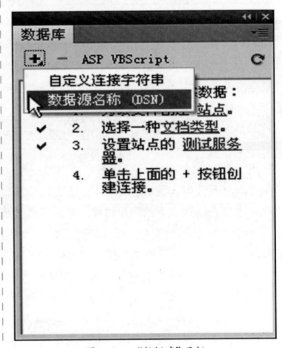

图18-19 "数据库"面板

图18-20 "数据源名称(DSN)"对话框

❸单击"测试"按钮,如果成功则弹出图
18-21 所示的提示框,表明数据库就连接好了。
单击"确定"按钮返回到"数据库"面板,可
以看到新建的数据源,如图 18-22 所示,接下来
就是要通过它到数据库中读取数据了。

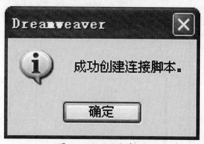

图18-21 测试成功

图18-22 "数据库"面板

18.4 定义记录集(查询)

对于创建基于数据库的 Web 应用程序,最关键的而又最重要的一环就是定义记录集,对数
据库的操作几乎都是从创建记录集开始的。

18.4.1 简单记录集(查询)的定义

记录集是通过数据库查询得到的数据库中记录的子集。记录集由查询来定义,查询则由搜索
条件组成,这些条件决定记录集中应该包含的内容,定义记录集(查询)的具体操作步骤如下。

❶执行"窗口"|"绑定"命令,打开"绑定"面板,如图 18-23 所示。

❷在面板中单击 ➕ 按钮,在弹出的菜单中选择"记录集(查询)"选项,如图 18-24 所示。

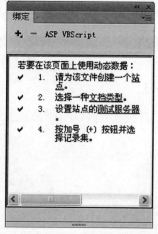

图18-23 "绑定"面板

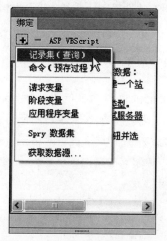

图18-24 选择"记录集(查询)"选项

❸弹出"记录集"对话框,在该对话框中的"名称"文本框中输入 Recordset1,在"连接"下拉列表中选择 shop,在"表格"下拉列表中选择 products,如图 18-25 所示。

❹单击"确定"按钮,即可创建记录集,如图 18-26 所示。

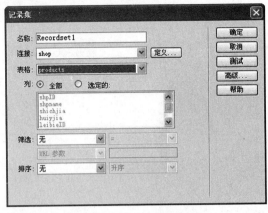

图18-25 "记录集"对话框

图18-26 创建记录集

在"记录集"对话框中可以设置以下参数。

● 名称:创建的记录集的名称。

● 连接:用来指定一个已经建立好的数据库连接,如果在"连接"下拉列表中没有可用的连接出现,则可单击其右边的"定义"按钮建立一个连接。

● 表格:选取已选连接数据库中的所有表。

● 列:若要使用所有字段作为一条记录中的列项,则选择"全部"单选项,否则应勾选"选定的"单选项。

● 筛选:设置记录集仅包括数据表中的符合筛选条件的记录。它包括 4 个下拉列表,这 4 个下拉列表分别可以完成过滤记录条件字段、条件表达式、条件参数以及条件参数的对应值。

● 排序:设置记录集的显示顺序。它包括 2 个下拉列表,在第一个下拉列表中可以选择要排序的字段,在第二个下拉列表中可以设置升序或降序。

18.4.2 高级记录集的定义

利用记录集对话框的高级模式,可以编写出随心所欲的代码,来实现用户自己想要的各种功能。打开"记录集"对话框,在对话框中单击"高级"按钮,显示高级记录集,如图 18-27 所示。

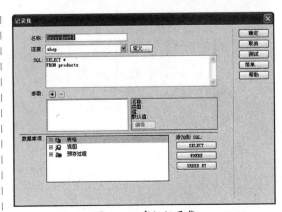

图18-27 高级记录集

记录集对话框的高级模式中可以设置以下参数。

● 名称：设置记录集的名称。

● 连接：选择要使用的数据库连接。如果没有，则可单击其右侧的"定义"按钮定义一个数据库链接。

● SQL：在下面的文本区域中输入 SQL 语句。

● 变量：如果在 SQL 语句中使用了变量，则可单击 + 按钮来设置变量，即输入变量的"名称"、"默认值"和"运行值"。

● 数据库项：数据库项目列表，Dreamweaver CS6 把所有的数据库项目都列在了这个表中，用可视化的形式和自动生成 SQL 语句的方法让用户在做动态网页时会感到方便和轻松。

18.4.3 调用存储过程

在 Dreamweaver CS6 中可以使用存储过程来定义记录集。存储过程包含一个或者多个存放在数据库中的 SQL 语句，可以返回一个或多个记录集。调用存储过程的具体操作步骤如下。

❶ 打开需要调用存储过程的网页。

❷ 单击"绑定"面板中的 + 按钮，在弹出的菜单中选择"记录集（查询）"选项，弹出"记录集"对话框，单击"高级"按钮切换到高级"记录集"对话框，如图 18-28 所示。

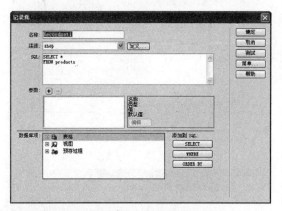

图18-28 高级"记录集"对话框

❸ 在"数据库项"列表框中单击"预存过程"左侧的"+"号，展开该数据库，选择想要存储的过程，单击"过程"按钮，再单击"确定"按钮，即可完成操作。

18.4.4 简单的SQL查询语句

用 Dreamweaver CS6 的高级"记录集"对话框来定义记录集。要使用 SQL 语言定义记录的具体操作步骤如下。

❶ 打开需要绑定数据的页面，执行"窗口"|"绑定"命令，打开"绑定"面板。

❷ 在面板中单击 + 按钮，在弹出的菜单中选择"记录集（查询）"选项，弹出"记录集"对话框，单击"高级"按钮切换到高级"记录集"对话框。

❸ 在"名称"文本框中输入记录集名称，系统默认名称是 Recordset+ 序号的形式。

❹ 在"连接"下拉列表中选择要连接的数据源。

❺ 在 SQL 文本区中输入 SQL 语句，可以在对话框底部的"数据库项"列表框中选择适当的项目，如图 18-29 所示。

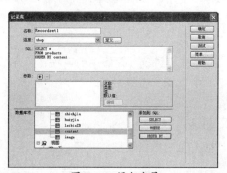

图18-29 添加变量

⑥如果需要在 SQL 语句中输入变量，可在"变量"选项区单击 按钮，则下面"名称"列对应的区域被激活，可以使用默认的变量值来定义它们的值，也可以设置运行时的值。一般情况下服务器对象持有浏览器发送的值。

⑦设置完成后，可以单击"测试"按钮连接到数据库进行测试。如果测试成功，则会打开一个"测试 SQL 指令"对话框，该对话框中显示了记录集中所有符号查询条件的数据。单击"确定"按钮，关闭该对话框，返回到"记录集"对话框。

⑧单击"确定"按钮，Dreamweaver CS6 会自动把记录添加到"绑定"面板的有效数据源列表中，可以为网页使用这个记录集中的任意一个记录。

18.5 其他数据源的定义

在 Dreamweaver 中不仅可以定义从数据库中提取数据的记录集作为数据源，还可以定义服务器对象类型的数据源，这些类型的数据源主要是以 Request 对象、Session 变量和 Application 变量的形式出现。

18.5.1 请求变量

Request 对象是 ASP 技术中用于传递数据的最常见的对象，它主要用于检索客户端的浏览器递交给服务器的各项信息。使用 Request 对象可以访问任何基于 HTTP 请求传递的所有信息，包括从 HTML 表单中用 POST 方法或 GET 方法传递的信息，以及 cookie 和用户认证信息等。

①单击"绑定"面板中的 按钮，在弹出的菜单中选择"请求变量"选项，如图 18-30 所示。

②弹出"请求变量"对话框，单击"类型"右边的下拉列表按钮，可以看到 Request 对象包括的 5 个集合类型，如图 18-31 所示。

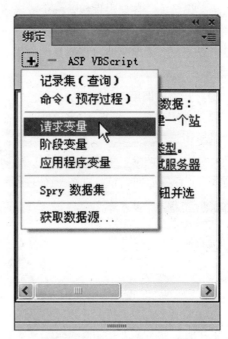

图18-30 选择"请求变量"选项

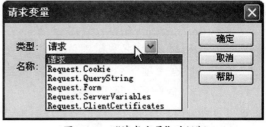

图18-31 "请求变量"对话框

在集合类型各选项的意义如下。

● Request.Cookie：该集合用于取得保存在客户端的 Cookie 数据。

● Request.QueryString：该集合用于读取链接地址后所附带的变量参数，即 URL 参数。如果客户端的表单以 GET 方法向服务器递交数据，由于这种传递方法是以 URL 参数的形式传递的，所以也可以用 QueryString 集合来接收。

● Request.Form：该集合用于读取浏览器以 POST 方法递交给服务器的数据。

● Request.ServerVariables：该集合用于取得 Web 服务器上的环境变量信息。

● Request.ClientCertificate：该集合用于取得客户端的身份权限数据。

❸ 选择某个类型的集合，在"名称"文本框中输入变量的名称，单击"确定"按钮，创建的变量将显示在"绑定"面板中，如图 18-32 所示。

图18-32 定义请求变量

18.5.2 阶段变量

当用浏览器浏览某个 ASP 网页，开始执行 Web 应用程序时，在 Web 站点上将会产生代表该联机的阶段变量。每个阶段变量都对应着一个标识符，供 Web 应用程序识别该变量。

这个标识符在 Session 对象产生时，将会写到客户端计算机的 Cookies 中。

❶ 单击"绑定"面板中的 ➕ 按钮，在弹出的菜单中选择"阶段变量"选项，如图 18-33 所示。

❷ 弹出"阶段变量"对话框，如图 18-34 所示，在"名称"文本框中输入阶段变量的名称，单击"确定"按钮即可。

图18-33 选择"阶段变量"选项

图18-34 "阶段变量"对话框

18.5.3 应用程序变量

这里所说的应用程序变量就是利用 Application 对象构建的应用程序作用域变量，应用程序变量可以被所有访问站点的人使用。利用 Application 对象创建的变量可以计算访问站点的人数、追踪用户操作，或是为所有用户提供特定的信息。

❶ 单击"绑定"面板中的 ➕ 按钮，在弹出的菜单中选择"应用程序变量"选项，如图 18-35 所示。

图18-35 选择"应用程序变量"选项

❷弹出"应用程序变量"对话框，如图18-36所示，在"名称"文本框中输入应用程序变量的名称，单击"确定"按钮即可。

图18-36 "应用程序变量"对话框

18.6 动态数据的绑定

定义数据源之后，就要根据需要向页面指定位置添加动态数据。在Dreamweaver中通常把添加动态数据称为动态数据的绑定。动态数据可以添加到页面上任意位置，可以像普通文本一样添加到文档的正文中，还可以把它绑定到HTML的属性中。

18.6.1 绑定动态文本

在Dreamweaver CS6中，往页面绑定动态文本的具体操作步骤如下。

❶执行"窗口"|"绑定"命令，打开"绑定"面板。

❷在"绑定"面板中选择要显示的数据源。如果是记录集类型的数据源，则选择其中的字段，如果是服务器对象类型的数据源，则选择数据源本身。

❸将选中的数据源项拖动到文档中需要的位置上，或者将插入点放入文档中需要的位置，单击"绑定"面板上的"插入"按钮，如图18-37所示，即可绑定动态文本。

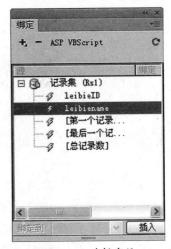

图18-37 选择字段

18.6.2 设置动态文本数据格式

绑定到页面上的动态数据，默认情况下，运行后采用其本身固有的默认格式显示。在Dreamweaver CS6 中，还可以根据需要指定或改变动态内容的显示格式。

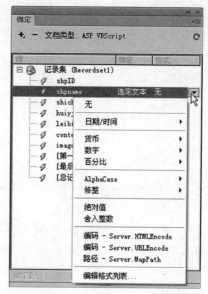

图18-38 设置动态内容下拉菜单

1. 动态文本格式一般设置方法

设置动态数据的显示格式的具体操作步骤如下。

❶在文档中选中要设置其格式的动态数据，这时"绑定"面板中相应的数据源也被选中。

❷在"绑定"面板中可以看到，被选中的数据源右边的"格式"栏处，出现了一个 ▼ 按钮，单击该按钮将弹出一个下拉菜单，如图18-38 所示。

❸在弹出的菜单中可以选择相应的选项。

弹出的下拉菜单各项功能参数如下。

● 日期／时间：设置时间／日期类型的动态内容的显示格式。

● 货币：设置货币类型的动态内容的显示格式。

● 数字：设置数字类型的动态内容的显示格式。

● 百分比：设置百分比类型的动态内容的显示格式。

● AlphaCase：设置字符类型的动态内容的大小写格式。

● 修整：设置如何删除动态内容中的空格，包括动态内容左方的空格、右方的空格和左右方两端的空格。

● 绝对值：设置动态内容以绝对值形式显示。

● 舍入整数：将数据类型的动态内容进行四舍五入取整。

● 编码 −Server.HTMLEncode：利用 ASP 中 Server 对象的 HTMLEncode 方法为 HTML 类型的动态内容进行 HTML 编码。

● 编码 −Server.URLEncode：利用 ASP 中 Server 对象的 URLEncode 方法为 URL 类型的动态内容进行 URL 编码。

● 路径 −Server.MapPath：利用 ASP 中 Server 对象的 MapPath 方法根据 URL 类型的动态内容获取其磁盘绝对路径。

● 编辑格式化列表：选择该项，可以对格式化列表进行编辑。

2. 使用动态文本对话框

Dreamweaver CS6 提供了一个插入动态数据对话框，利用这个对话框不仅可以把定义的数据源插入到文档的任意位置，而且还可以在插入动态数据之前设置好动态数据的格式，具体操作步骤如下。

❶执行"插入"│"数据对象"│"动态数据"│"动态文本"命令，弹出"动态文本"对话框，如图 18-39 所示。

图18-39　"动态文本"对话框

❷在"域"列表框中列出了"绑定"面板中定义的所有数据源，并且数据源的组织形式也与"绑定"面板的数据源组织形式一致，选择一个合适的动态数据。

❸如果需要设置动态数据的格式，从"格式"下拉列表中选择一个合适的格式，相应的 ASP 代码将显示在"代码"文本框中，在该文本框中可以任意修改。

"动态文本"对话框不仅仅为插入动态文本提供了另一种方法，在为 HTML 标记设置动态属性时将会用到。

18.6.3　绑定动态图像

在实际应用中，经常需要动态地改变图像的 URL，即实现图像的动态化。创建动态图像源，实际上就是用记录集中的某字段中保存的 URL 地址作为图像的 URL 地址。绑定动态图像的具体操作步骤如下。

❶将光标放置在要插入图像的位置。

❷执行"插入记录"│"图像"命令，弹出"选择图像源文件"对话框，如图 18-40 所示。

❸在该对话框上的"选取文件名目"处有两个选项，即"文件系统"和"数据源"选项。在默认情况下，"文件系统"选项被选中。选择"数据源"单选项，这时"选择图像源文件"对话框将切换成图 18-41 所示的动态 URL 模式的对话框。

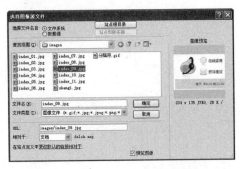

图18-40　"选择图像源文件"对话框

图18-41　动态URL模式

❹从"域"列表框中选择需要绑定到图像标记的 src 属性的数据源。

❺在"格式"下拉列表中，可以设置动态内容的格式。

❻在 URL 文本框中，可以看到将要绑定到图像标记的 src 属性的 ASP 代码。

❼单击"确定"按钮，确定操作，就完成了创建动态图像。

把一个已经指定了具体URL地址的图像或者图像占位符修改为动态图像的具体操作步骤如下。

❶选中图像，在"绑定"面板中选中要作为动态图像 URL 的数据源。

❷单击"绑定"面板中的"绑定"按钮。即可绑定动态图像。

❸如果想把某个数据源绑定到图像的其他属性中，从"绑定到"下拉列表中选图像标记的其他属性，再单击"绑定"按钮，即可绑定动态图像。

18.6.4 向表单对象绑定动态数据

除了可以在页面的正文部分添加动态数据之外，往表单对象中绑定数据也是最常见的应用。在 Dreamweaver CS6 中，可以很方便地将动态数据绑定到文本域、复选框、列表框等表单对象的 value、name 或其他属性中。向表单对象绑定动态数据具体操作步骤如下。

❶在文档窗口中，选中要绑定的动态数据的表单对象。

❷从"绑定"面板中选择要应用到文本域中的数据源。

❸从"绑定到"下拉列表中，选择希望将动态内容绑定到文本域对象的属性，如图 18-42 所示。

❹单击"绑定"按钮，动态数据即绑定到了表单对象的属性上。

在"绑定"面板中选择一个数据源，将其拖动到文档窗口中的表单对象上，在表单对象周围出现被选中的虚线时释放鼠标。

选中表单对象文本域，单击"属性"面板中的"初始值"文本框右边的闪电图标按钮，如图 18-43 所示，打开"动态数据"对话框进行设置，如图 18-44 所示。

图18-43 "属性"面板

图18-42 "绑定"面板

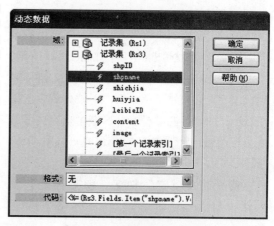

图18-44 "动态数据"对话框

打开"服务器行为"面板,单击该面板上的⊕按钮,在弹出的菜单中选择"动态表单元素"|"动态文本字段"选项,弹出"动态文本字段"对话框,如图18-45所示。在"文本域"下拉列表中选择页面上的一个文本域,单击"将值设置为"文本框右边的闪电图标按钮,打开"动态数据"对话框,选择数据源,单击"确定"按钮确定操作。

图18-45 "动态文本字段"对话框

18.7 添加服务器行为

如果想显示从数据库中取得的多条或者所有记录,则必须添加一条服务器行为,这样就会按要求连续地显示多条或者所有的记录。

18.7.1 显示多条记录

"重复区域"服务器行为可以显示一条记录,也可以显示多条记录。如果要在一个页面上显示多条记录,必须指定一个包含动态内容的选择区域作为重复区域。插入重复区域的具体操作步骤如下。

❶选中要创建重复区域的部分,执行"窗口"|"服务器行为"命令,打开"服务器行为"面板,在面板中单击⊕按钮,在弹出的菜单中选择"重复区域"选项,如图18-46所示。

❷选择该选项后,弹出"重复区域"对话框,在对话框中"记录集"下拉列表中选择相应的记录集,在"显示"区域中指定页面的最大记录数,默认值为10个记录,如图18-47所示。

❸单击"确定"按钮,即可插入重复区域。

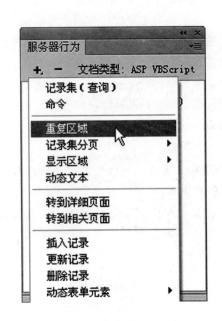

图18-46 选择"插入记录"选项

图18-47 "重复区域"对话框

18.7.2 移动记录

在应用重复区域服务器时，指定在一页中可以显示的最大记录条数。当记录的总数大于页面中显示的记录条数时，可以通过记录集导航条显示在多个页面中。

执行"窗口"|"服务器行为"命令，打开"服务器行为"面板，在面板中单击按钮，在弹出菜单中选择"记录集分页"选项，在弹出子菜单中根据需要选择相应的选项，如图18-48所示。

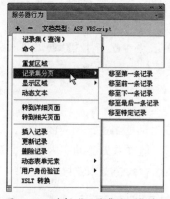

图18-48 选择"记录集分页"选项

在"记录集分页"子菜单中可以设置以下选项。

●移至第一条记录：将所选的链接或文本设置为跳转到记录集显示子页的第一页的链接。

●移至前一条记录：将所选的链接或文本设置为跳转到上一记录显示子页的链接。

●移至下一条记录：将所选的链接或文本设置为跳转到下一记录子页的链接。

●移至最后一条记录：将所选的链接或文本设置为跳转到记录集显示子页的最后一页的链接。

●移至特定记录：将所选的链接或文本设置为从当前页跳转到指定记录显示子页的第一页的链接。

18.7.3 显示区域

需要显示某个区域时，Dreamweaver CS6可以根据条件动态显示。执行"窗口"|"服务器行为"命令，打开"服务器行为"面板，在面板中单击按钮，在弹出的菜单中选择"显示区域"选项，在弹出的子菜单中根据需要选择相应的选项，如图18-49所示。

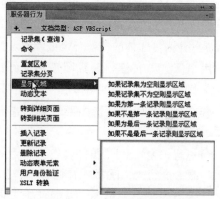

图18-49 "显示区域"选项

在"显示区域"子菜单中可以设置以下选项。

● 如果记录集为空则显示区域：只有当记录集为空时才显示所选区域。

● 如果记录集不为空则显示区域：只有当记录集不为空时才显示所选区域。

● 如果为第一条记录则显示区域：当当前页中包括记录集中第一条记录时显示所选区域。

● 如果不是第一条记录则显示区域：当当前页中不包括记录集中第一条记录时显示所选区域。

● 如果为最后一条记录则显示区域：当当前页中包括记录集最后一条记录时显示所选区域。

● 如果不是最后一条记录则显示区域：当当前页中不包括记录集中最后一条记录时显示所选区域。

18.7.4 页面之间信息传递

应用程序可以将信息或参数从一个页面传递到另一个页面。要想把一个页面的信息传递到另一个页面时,就要用到适当的服务器行为。

1. 转到详细页面

在 Dreamweaver CS6 中,参数是以 HTML 表单的形式进行收集并且以某种方式传递的。如果表单用 POST 方式把信息传递到服务器,那么参数作为传递体的一部分也被传递。如果表单用 GET 方式传递,参数则被附加到 URL 上,在表单的 Action 属性中指定。

❶在列表页面中,选中要设置为指向详细页上的动态内容。

❷执行“窗口”|“服务器行为”命令,打开“服务器行为”面板,在面板中单击 按钮,在弹出的菜单中选择“转到详细页面”选项,弹出“转到详细页面”对话框,如图 18-50 所示。

图18-50 “转到详细页面”对话框

在“转到详细页面”对话框中可以设置以下参数。

● 链接:在下拉列表中可以选择要把行为应用到哪个链接上。如果在文档中选择了动态内容,则会自动选择该内容。

● 详细信息页:在文本框中输入细节页面对应的 ASP 页面的 URL 地址,或单击右边的“浏览”按钮选择。

● 传递 URL 参数:在文本框中输入要通过 URL 传递到细节页中的参数名称,然后设置以下选项的值。

记录集:选择通过 URL 传递参数所属的记录集。

列:选择通过 URL 传递参数所属记录集中的字段名称,即设置 URL 传递参数的值的来源。

● URL 参数:勾选此复选项表明将结果页中的 URL 参数传递到详细节页上。

● 表单参数:勾选此复选项表明将结果页中的表单值以 URL 参数的方式传递到详细页面上。

❸在对话框中进行相应的设置,单击“确定”按钮,这样原先的动态内容就会变成一个包含动态内容的超文本链接了。

2. 转到相关页面

可以建立一个链接打开另一个页面而不是它的子页面,并且传递信息到该页面,这种页面与页面之间进行参数传递的两个页面,称之为相关页。

❶在要传递参数的页面中,选中要实现相关页跳转的文字。

❷执行“窗口”|“服务器行为”命令,打开“服务器行为”面板,在面板中单击 按钮,在弹出的菜单中选择“转到相关页面”选项,弹出“转到相关页面”对话框,如图 18-51 所示。

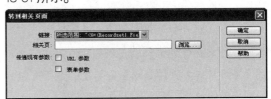

图18-51 “转到相关页面”对话框

在"转到相关页面"对话框中可以设置以下参数。

● 链接：在下拉列表中选择某个现有的链接，该行为将被应用到该链接上。如果在该页面上选中了某些文字，该行为将把选中的文字设置为链接。如果没有选中文字，那么在默认状态下Dreamweaver CS6会创建一个名为"相关"的超文本链接。

● 相关页：在文本框中输入相关页的名称或单击"浏览"按钮选择相应文件。

● URL参数：勾选此复选项，表明将当前页面中的URL参数传递到相关页上。

● 表单参数：勾选此复选项，表明将当前页面中的表单参数值以URL参数的方式传递到相关页上。

18.7.5 用户验证

为了更能有效地管理共享资源的用户，需要规范化访问共享资源的行为。通常采用注册（新用户取得访问权）→登录（验证用户是否合法并分配资源）→访问授权的资源→退出（释放资源）这一行为模式来实施管理。

❶在定义检查新用户名之前需要先定义一个插入记录服务器行为。其实"检查新用户名"行为是限制"插入记录"行为的行为，它用来验证插入记录的指定字段的值在记录集中是否唯一。

❷执行"窗口"|"服务器行为"命令，打开"服务器行为"面板，在面板中单击按钮，在弹出的菜单中选择"用户身份验证"|"检查新用户名"选项，如图18-52所示。

❸弹出"检查新用户名"对话框，如图18-53所示，在该对话框中"用户名字段"下拉列表中选择需要验证的记录字段（验证该字段在记录集中是否唯一），如果字段的值已经存在，那么可以在"如果存在，则转到"文本框中指定引导用户所去的页面。

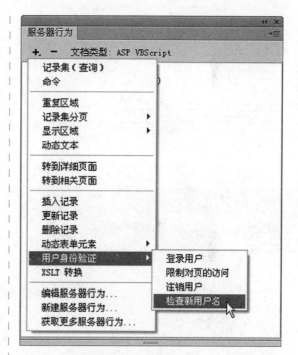

图18-52 选择"检查新用户名"选项

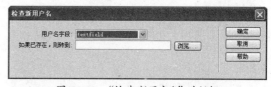

图18-53 "检查新用户名"对话框

❹单击"服务器行为"面板中的■按钮，在弹出的菜单中执行"用户身份验证"|"登录用户"选项，弹出"登录用户"对话框，如图18-54所示。

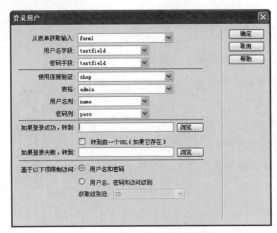

图18-54　"登录用户"对话框

在"登录用户"对话框中可以设置以下参数。

● 从表单中获取输入：在下拉列表中选择接受哪一个表单的提交。

● 用户名字段：在下拉列表中选择用户名所对应的文本框。

● 密码字段：在下拉列表中选择用户密码所对应的文本框。

● 使用连接验证：在下拉列表中确定使用哪一个数据库连接。

● 表格：在下拉列表中确定使用数据库中的哪一个表格。

● 用户名列：在下拉列表中选择用户名对应的字段。

● 密码列：在下拉列表中选择用户密码对应的字段。

● 如果登录成功（验证通过）那么就将用户引导至"如果登录成功，转到"文本框所指定的页面。

● 如果存在一个需要通过当前定义的登录行为验证才能访问的页面，则应勾选"转到前一个URL（如果它存在）"复选项。

● 如果登录不成功（验证没有通过）那么就将用户引导至"如果登录失败，转到"文本框所指定的页面。

● 在"基于以下项限制访问"选项组提供的一组单选按钮中，可以选择是否包含级别验证。

❺单击"服务器行为"面板中的 按钮，在弹出的菜单中执行"用户身份验证"|"限制对页的访问"选项，弹出"限制对页的访问"对话框，如图18-55所示。

图18-55　"限制对页的访问"对话框

在"限制对页的访问"对话框中可以设置以下参数。

● 在"基于以下内容进行限制"提供的一组单选按钮中，可以选择是否包含级别验证。

● 如果没有经过验证，那么就将用户引导至"如果访问被拒绝，则转到"文本框所指定的页面。

● 如果需要进行经过验证，则可以单击"定义"按钮，打开如图18-56所示的对话框，其中+按钮用来添加级别，－按钮用来删除级别，"名称"文本框用来指定级别的名称。

图18-56　"定义访问级别"对话框

❻单击"服务器行为"面板中的➕按钮，在弹出的菜单中选择"用户身份验证"｜"注销用户"选项，弹出"注销用户"对话框，如图18-57所示。

❼设置完毕后，单击"确定"按钮即可。

图18-57 "注销用户"对话框

在"注销用户"对话框中可以设置以下参数。

● 单击链接：指的是当用户指定链接时运行。

● 页面载入：指的是当用户加载本页面时运行。

● 在完成后，转到：该文本框用来指定运行"注销用户"行为后引导用户所至的页面。

第19章 设计开发网站动态留言系统

本章导读

留言系统是网站上用户进行交流的方式之一。在 Internet 创建的初期，留言系统作为一个重要的交流工具在网站收集用户意见方面起到了很重要的作用，随着 Internet 技术的发展，留言系统已经有了更多的功能。本章主要学习留言系统的制作过程。

技术要点

- 熟悉留言系统程序设计分析
- 掌握创建数据表与数据库连接
- 掌握设计留言板的各个页面

19.1 程序设计分析

留言系统作为一个非常重要的交流工具在收集用户意见方面起到了很大的作用。留言系统页面结构比较简单，基本的留言系统由留言列表页、留言详细内容页和发表留言页组成。图19-1所示的是留言系统页面结构图。

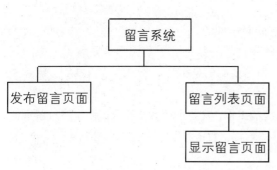

图19-1 留言板系统页面结构图

留言列表页面 liebiao.asp，如图 19-2 所示，这个页面显示留言的标题、作者和留言时间等，单击留言标题可以进入留言详细信息页。

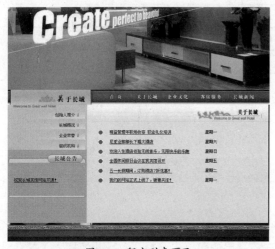

图19-2 留言列表页面

留言详细信息页面 xiangxi.asp，如图 19-3 所示，这个页面显示了留言的详细信息。

图19-3 留言详细信息页面

发表留言页面 fabiao.asp，如图 19-4 所示，在这个页面中可以发表留言内容，然后提交到后台数据库中。

图19-4 发表留言页面

19.2 创建数据表与数据库连接

作为一个留言管理系统主要用到了创建数据库和数据库表、建立数据源连接、建立记录集、添加重复区域来显示多条记录、页面之间传递信息等技巧和方法。这些功能的实现将在后面的制作过程中进行详细的介绍。本节主要使用 Access 建立数据库和数据表的方法，同时掌握数据库的连接方法。

19.2.1 设计数据库

最终文件：CH19/gbook.mdb

数据库是计算机中用于储存、处理大量文件的软件。将数据利用数据库储存起来，用户可以灵活地操作这些数据，从现存的数据中统计出任何想要的信息组合，任何内容的添加、删除、修改、检索都是建立在连接基础上的。

在制作具体网站功能页面前，首先做一个最重要的工作，就是创建数据库表，用来存放留言信息。本章的留言系统数据库表 gbook.mdb，其中的字段名称、数据类型和说明见表 19-1 所示。

表19-1 数据库表gbook

字段名称	数据类型	说明
g_id	自动编号	自动编号
subject	文本	标题
author	文本	作者
email	文本	联系信箱
date	文本	留言时间
content	备注	留言内容

在设计完数据库表之后，下面就创建数据库连接，具体操作步骤如下。

19.2.2 创建数据库连接

❶启动 Dreamweaver CS6，打开要创建数据库连接的文档，执行"窗口"|"数据库"命令，打开"数据库"面板，在面板中单击 按钮，在该弹出的菜单中选择"数据源名称（DSN）"选项，如图 19-5 所示。

❷弹出"数据源名称（DSN）"对话框，在该对话框中的"连接名称"文本框中输入gbook，在"数据源名称（DSN）"选项中选择 gbook，如图 19-6 所示。

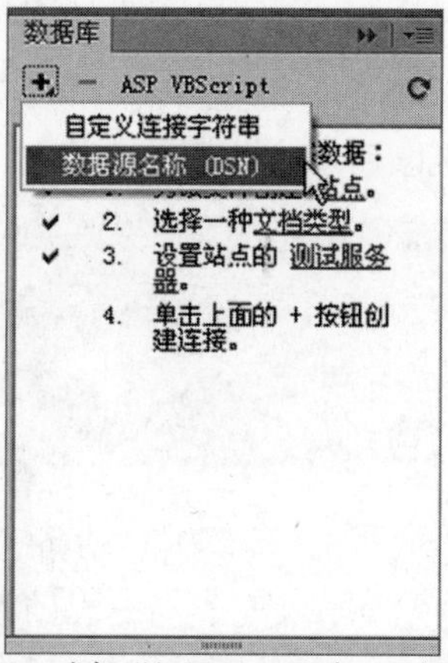

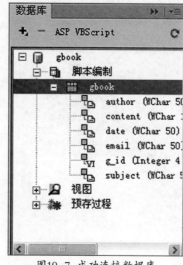

图19-5 选择"数据源名称(DSN)"选项

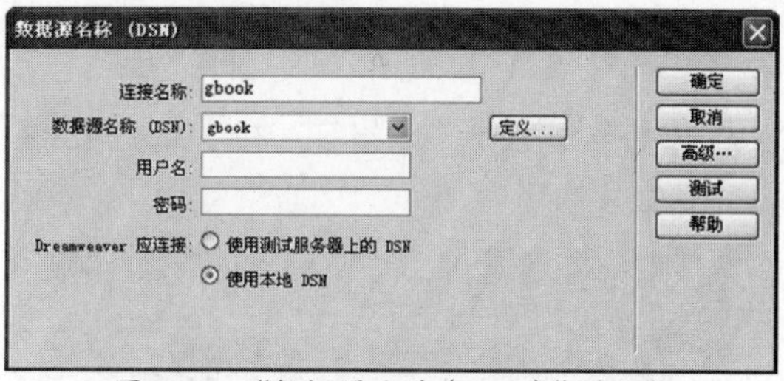

图19-6 "数据源名称(DSN)"对话框

❸单击"确定"按钮,即可成功连接,此时"数据库"面板如图 19-7 所示。

图19-7 成功连接数据库

19.3 留言列表页面

原始文件:CH19/index.html

最终文件:CH19/liebiao.asp

留言列表页面效果如图 19-8 所示,该页面主要是利用创建记录集、显示区域、绑定字段、创建重复区域和转到详细页面服务器行为制作的。

19.3.1 基本页面设计

下面设计基本页面,具体操作步骤如下。

❶打开网页文档 index.htm,将其另存为 liebiao.asp,如图 19-9 所示。

图19-8 留言列表页面效果

图19-9 另存文档

Dreamweaver CS6完全学习手册

②将光标置于相应的位置，执行"插入"|"表格"命令，插入1行3列的表格，在"属性"面板中将"填充"设置为4，"对齐"设置为"居中对齐"，此表格记为"表格1"，如图19-10所示。

图19-10 插入表格

③将光标置于第1列单元格中，执行"插入"|"图像"命令，插入图像 images/jiaju.jpg，如图19-11所示。

图19-11 插入图像

④分别在第2列和第3列单元格中输入文字，如图19-12所示。

图19-12 输入文字

⑤按Enter键换行，插入1行1列的"表格2"，在"属性"面板中将"填充"设置为4，如图19-13所示。

图19-13 插入表格

⑥将光标置于"表格2"中，输入相应的文字，如图19-14所示。

图19-14 输入文字

⑦选中文字"添加"，在"属性"面板中的"链接"文本框中输入 fabiao.asp，设置链接，如图19-15所示。

图19-15 设置链接

19.3.2 创建记录集

基本页面设计好后，然后在这个页面的基础上添加记录集、绑定动态数据，以显示留言标题列表，具体操作步骤如下。

❶执行"窗口"|"绑定"命令，打开"绑定"面板，在面板中单击 按钮，在弹出的菜单中选择"记录集（查询）"选项，如图 19-16 所示。

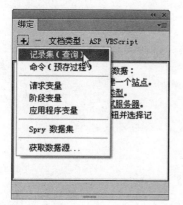

图19-16 选择"记录集（查询）"选项

❷弹出"记录集"对话框，在对话框中的"名称"文本框中输入 Rs1，在"连接"下拉列表中选择 gbook，在"表格"下拉列表中选择 gbook，"列"勾选"选定的"单选项，在列表框中选择 g_id、subject 和 date，在"排序"下拉列表中选择 g_id 和降序，如图 19-17 所示。

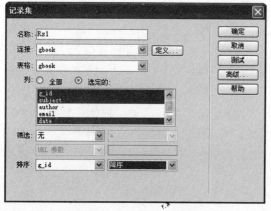

图19-17 "记录集"对话框

❸单击"确定"按钮，创建记录集，如图 19-18 所示。创建记录集的核心代码如下所示。

图19-18 创建记录集

```
<% If Rs1.EOF And Rs1.BOF Then %>
    <table width="480" border="0"
align="center" cellpadding="4"
cellspacing="0">
      <tr>
       <td> 暂时还没有留意，请 <a
href="fabiao.asp"> 添加 </a>！ </td>
      </tr>
    </table>
    <% End If ' end Rs1.EOF And Rs1.BOF
%>
```

❹选中"表格 2"，执行"窗口"|"服务器行为"命令，打开"服务器行为"面板，在面板中单击 按钮，在弹出的菜单中选择"显示区域"|"如果记录集为空则显示区域"选项，如图 19-19 所示。

❺弹出"如果记录集为空则显示区域"对话框，在对话框中的"记录集"下拉列表中选择 Rs1，如图 19-20 所示。

图19-19　选择"如果记录集为空则显示区域"选项

图19-20　"如果记录集为空则显示区域"对话框

❻单击"确定"按钮，创建如果记录集为空则显示区域服务器行为，如图19-21所示。

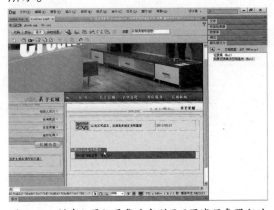

图19-21　创建如果记录集为空则显示区域服务器行为

❼选中文字"公司正式成立，欢迎各界朋友光临惠顾"，在"绑定"面板中展开记录集Rs1，选中subject字段，单击右下角的"插入"按钮，绑定字段，如图19-22所示。

❽选中文字"2013.05.01"，在"绑定"面板中展开记录集Rs1，选中date字段，单击右下角的"插入"按钮，绑定字段，如图19-23所示。

图19-22　绑定字段

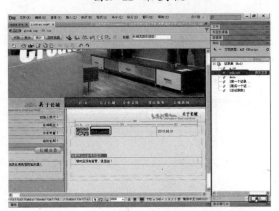

图19-23　绑定字段

19.3.3　添加重复区域

使用"重复区域"行为可以循环显示留言列表信息，下面设置重复区域，具体操作步骤如下。

❶选择"表格1"，执行"窗口"｜"服务器行为"命令，打开"服务器行为"面板，在面板中单击❶按钮，在弹出的菜单中选择"重复区域"选项，如图19-24所示。

❷弹出"重复区域"对话框，在对话框中的"记录集"下拉列表中选择Rs1，"显示"勾选"15记录"单选按钮，如图19-25所示。

图19-24 选择"重复区域"选项

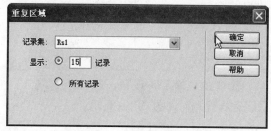

图19-25 "重复区域"对话框

❸单击"确定"按钮，创建重复区域服务器行为，如图19-26所示。创建重复区域后的代码如下所示。

图19-26 创建重复区域服务器行为

```
<%
While ((Repeat1__numRows <> 0) AND (NOT Rs1.EOF))
%>
 <table width="480" border="0" align="center" cellpadding="4"
cellspacing="0">
  <tr>
   <td width="52"><img src="images/jiaju.jpg" width="50"
height="27"></td>
   <td width="252"><%=(Rs1.Fields.Item("subject").Value)%></td>
   <td width="152"><%=(Rs1.Fields.Item("date").Value)%></td>
  </tr>
 </table>
<%
Repeat1__index=Repeat1__index+1
Repeat1__numRows=Repeat1__numRows-1
Rs1.MoveNext()
Wend
%>
```

19.3.4 转到详细页面

使用"转到详细页面"可以对留言的标题添加链接，链接到留言内容的详细页面，具体操作步骤如下。

❶选中占位符 {Rs1.subject}，单击"服务器行为"面板中的按钮，在弹出的菜单中选择"转到详细页面"选项，如图 19-27 所示。

❷弹出"转到详细页面"对话框，在该对话框中的"详细信息页"文本框中输入 xiangxi.asp，在"记录集"下拉列表中选择 Rs1，在"列"下拉列表中选择 g_id，在"传递现有参数"勾选"URL 参数"复选项，如图 19-28 所示。此时代码如下所示。

```
<A HREF="xiangxi.asp?<%= Server.HTMLEncode(MM_keepURL)
& MM_joinChar(MM_keepURL) & "g_id=" & Rs1.Fields.Item("g_id").Value %>">
<%=(Rs1.Fields.Item("subject").Value)%></A>
```

图19-27 选择"转到详细页面"选项

图19-28 "转到详细页面"对话框

❸单击"确定"按钮，创建转到详细页面服务器行为，如图 19-29 所示。

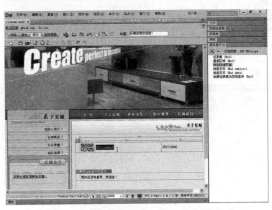

图19-29 创建转到详细页面服务器行为

19.4 留言详细信息页面

浏览者可以在留言列表页面中单击留言标题，进入自己感兴趣的内容，以便链接到详细的内容页面来阅读。留言详细信息页面效果如图 19-30 所示。显示留言的详细信息，主要利用创建记录集和绑定字段制作的。

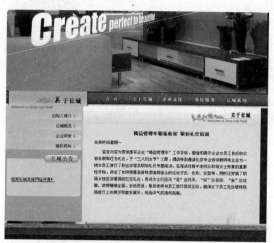

图19-30 留言详细信息页面效果

| 原始文件：CH19/index.html |
| 最终文件：CH19/xiangxi.asp |

19.4.1 设计页面静态部分

下面设计页面的静态部分，具体操作步骤如下。

❶打开网页文档 index.htm，将其另存为 xiangxi.asp，如图 19-31 所示。

图19-31 另存文档

❷将光标置于相应的位置，执行"插入"|"表格"命令。插入 3 行 1 列的表格，在"属性"面板中将"填充"设置为 4，"对齐"设置为"居中对齐"，如图 19-32 所示。

图19-32 插入表格

❸将光标置于第 1 行单元格中，将"水平"设置为"居中对齐"，输入文字，单击"粗体"按钮 **B** 对文字加粗，如图 19-33 所示。

图19-33 输入文字

❹分别在第 2 行和第 3 行单元格中输入文字，如图 19-34 所示。

图19-34 输入文字

19.4.2 创建记录集

下面创建名称为 Rs1 的记录集，从留言表 gbook 中读取留言的详细信息，具体操作步骤如下。

❶单击"绑定"面板中的![+]按钮，在弹出的菜单中选择"记录集（查询）"选项，弹出"记录集"对话框，在"名称"文本框中输入 Rs1，在"连接"下拉列表中选择 gbook，在"表格"下拉列表中选择 gbook，"列"选择"全部"单选项，在"筛选"下拉列表中选择 g_id、=、URL 参数和 g_id，如图 19-35 所示。单击"确定"按钮，创建记录集，如图 19-36 所示。创建的记录集代码如下。

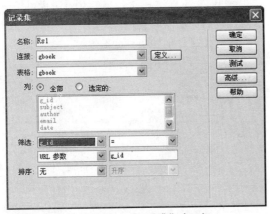

图19-35 "记录集"对话框

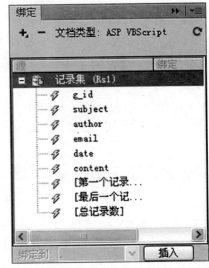

图19-36 创建的记录集

```
<%
Dim Rs1
Dim Rs1_cmd
Dim Rs1_numRows

Set Rs1_cmd = Server.CreateObject ("ADODB.Command")
Rs1_cmd.ActiveConnection = MM_gbook_STRING
Rs1_cmd.CommandText = "SELECT * FROM gbook WHERE g_id = ?"
Rs1_cmd.Prepared = true
Rs1_cmd.Parameters.Append Rs1_cmd.CreateParameter("param1", 5, 1, -1, Rs1__MMColParam) '
adDouble
Set Rs1 = Rs1_cmd.Execute
Rs1_numRows = 0
%>
```

❷选中文字"留言标题",在"绑定"面板中展开记录集Rs1,选中subject字段,单击右下角的"插入"按钮,绑定字段,如图19-37所示。

图19-37 绑定字段

❸按照步骤2的方法,分别将date和content字段绑定到相应的位置,如图19-38所示。

图19-38 绑定字段

19.5 发表留言页面

原始文件:CH19/index.html

最终文件:CH19/fabiao.asp

发表留言的页面效果如图19-39所示,该页面主要是利用插入表单对象、检查表单行为和创建登录用户服务器行为制作的。

19.5.1 插入表单对象

发表留言页面的主要功能是客户能够输入留言内容,这些留言内容需要在表单对象中输入,下面就讲述表单对象的插入,具体操作步骤如下。

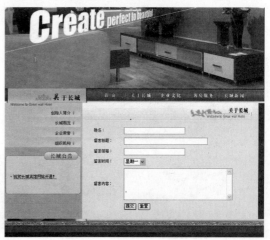

图19-39 发表留言页面效果

❶ 打开网页文档 index.htm，将其另存为 fabiao.asp。将光标置于相应的位置，执行"插入"|"表单"|"表单"命令，插入表单，如图 19-40 所示。

图19-40　插入表单

❷ 将光标置于表单中，执行"插入"|"表格"命令，插入 6 行 2 列的表格，在"属性"面板中将"填充"设置为 4，"对齐"设置为"居中对齐"，如图 19-41 所示。

图19-41　插入表格

❸ 分别在单元格中输入相应的文字，如图 19-42 所示。

图19-42　输入文字

❹ 将光标置于第 1 行第 2 列单元格中，执行"插入"|"表单"|"文本域"命令，插入文本域，在"属性"面板中的"文本域"名称文本框中输入 author，"字符宽度"设置为 25，"类型"设置为"单行"，如图 19-43 所示。

图19-43　插入文本域

❺ 将光标置于第 2 行第 2 列单元格中，执行"插入"|"表单"|"文本域"命令，插入文本域，在"属性"面板中的"文本域"名称文本框中输入 subject，"字符宽度"设置为 35，"类型"设置为"单行"，如图 19-44 所示。

图19-44　插入文本域

❻ 将光标置于第 3 行第 2 列单元格中，执行"插入"|"表单"|"文本域"命令，插入文本域，在"属性"面板中的"文本域"名称文本框中输入 email，"字符宽度"设置为 25，"类型"设置为"单行"，如图 19-45 所示。

图19-45 插入文本域

⓻将光标置于第4行第2列单元格中，执行"插入"|"表单"|"选择（列表/菜单）"命令，插入列表/菜单，如图19-46所示。

图19-46 插入列表/菜单

⓼选中列表/菜单，在"属性"面板中单击"列表值"按钮，弹出"列表值"对话框，在对话框中单击➕按钮，添加项目标签，如图19-47所示。

图19-47 "列表值"对话框

⓽单击"确定"按钮，添加到"初始化时选定"列表框中，在"列表/菜单名称"文本框中输入date，"类型"设置为"菜单"，如图19-48所示。

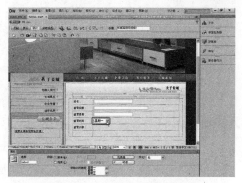

图19-48 设置列表/菜单属性

⓾将光标置于第5行第2列单元格中，插入文本区域，在"属性"面板中的"文本域"名称文本框中输入content，"字符宽度"设置为45，"行数"设置为6，"类型"设置为"多行"，如图19-49所示。

图19-49 插入文本区域

⓫将光标置于第6行第2列单元格中，执行"插入"|"表单"|"按钮"命令，插入按钮，在"属性"面板中的"值"文本框中输入"提交"，"动作"设置为"提交表单"，如图19-50所示。

图19-50 插入按钮

⑫将光标置于"提交"按钮的后面，再插入一个按钮，在"属性"面板中的"值"文本框中输入"重置"，"动作"设置为"重置表单"，如图 19-51 所示。

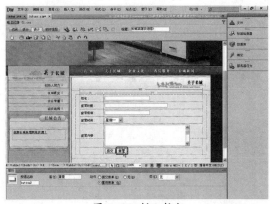

图19-51　插入按钮

19.5.2　插入记录

使用"插入记录"服务器行为可以将用户提交的留言内容插入到留言表 gbook 中，具体操作步骤如下。

❶单击"服务器行为"面板中的➕按钮，在弹出的菜单中选择"插入记录"选项，弹出"插入记录"对话框，在对话框中的"连接"下拉列表中选择 gbook，在"插入到表格"下拉列表中选择 gbook，在"插入后，转到"文本框中输入 liebiao.asp，如图 19-52 所示。

❷单击"确定"创建插入记录服务器行为，如图 19-53 所示。插入记录的代码如下。

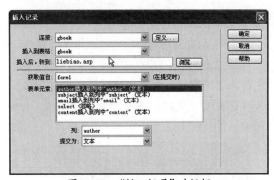

图19-52　"插入记录"对话框

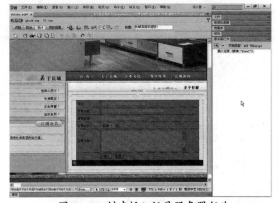

图19-53　创建插入记录服务器行为

```
<%If (CStr(Request("MM_insert")) = "form1") Then
  If (Not MM_abortEdit) Then
    ' execute the insert
    Dim MM_editCmd
    Set MM_editCmd = Server.CreateObject ("ADODB.Command")
```

```
    MM_editCmd.ActiveConnection = MM_gbook_STRING
    MM_editCmd.CommandText = "INSERT INTO gbook (author, subject, email, content) VALUES
(?, ?, ?, ?)"
    MM_editCmd.Prepared = true
    MM_editCmd.Parameters.Append MM_editCmd.CreateParameter("param1", 202, 1, 50,
Request.Form("author")) ' adVarWChar
    MM_editCmd.Parameters.Append MM_editCmd.CreateParameter("param2", 202, 1, 50,
Request.Form("subject")) ' adVarWChar
    MM_editCmd.Parameters.Append MM_editCmd.CreateParameter("param3", 202, 1, 50,
Request.Form("email")) ' adVarWChar
    MM_editCmd.Parameters.Append MM_editCmd.CreateParameter("param4", 203, 1,
536870910, Request.Form("content")) ' adLongVarWChar
    MM_editCmd.Execute
    MM_editCmd.ActiveConnection.Close
    ' append the query string to the redirect URL
    Dim MM_editRedirectUrl
    MM_editRedirectUrl = "liebiao.asp"
    If (Request.QueryString <> "") Then
    If (InStr(1, MM_editRedirectUrl, "?", vbTextCompare) = 0) Then
    MM_editRedirectUrl = MM_editRedirectUrl & "?" & Request.QueryString
    Else
    MM_editRedirectUrl = MM_editRedirectUrl & "&" & Request.QueryString
    End If
    End If
    Response.Redirect(MM_editRedirectUrl)
    End If
End If%>
```

第4篇
商业网站案例

第20章 设计制作缤纷多彩的在线
购物网站

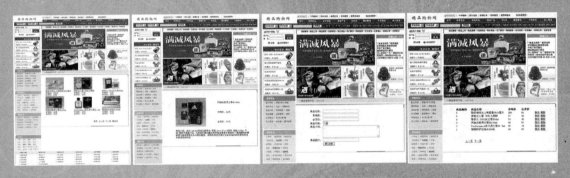

本章导读

　　网上购物系统是在网络上建立一个虚拟的购物商场，使购物过程变得轻松、快捷、方便，很适合现代人快节奏的生活；同时又能有效地控制"商场"运营的成本，开辟了一个新的销售渠道。本章主要讲述购物网站的制作过程。

技术要点

● 熟悉购物网站设计概述

● 掌握创建数据库表

● 掌握创建数据库连接

● 掌握制作购物系统前台页面

20.1　购物网站设计概述

网上购物系统使消费者的购物过程变得轻松、快捷、方便，极其适合现代人快节奏的生活，面对日益增长的电子商务市场，越来越多的企业建立了自己的购物网站。

20.1.1　购物网站分类

购物网站是电子商务网站的一种基本形式。电子商务在我国一开始出现的概念是电子贸易。电子贸易的出现，简化了交易手续，提高了交易效率，降低了交易成本，很多企业竞相效仿。电子商务按交易对象可以分成 4 类。

● 企业对消费者的电子商务（BtoC）。一般以网络零售业为主，例如经营各种书籍、鲜花、计算机等商品。BtoC 是就是商家与顾客之间的商务活动，它是电子商务的一种主要的商务形式。商家可以根据自己的实际情况，根据自己发展电子商务的目标，选择所需的功能系统，组成自己的电子商务网站。

● 企业对企业的电子商务（BtoB），一般以信息发布为主，主要是建立商家之间的桥梁。B2B 就是商家与商家之间的商务活动，它也是电子商务的一种主要的商务形式，BtoB 商务网站是实现这种商务活动的电子平台。商家可以根据自己的实际情况，根据自己发展电子商务的目标，选择所需的功能系统，组成自己的电子商务网站。

● 企业对政府的电子商务（BtoG）。BtoG 是通过互联网处理两者之间的各项事务。政府与企业之间的各项事务都可以涵盖在此模式中，如政府机构通过互联网进行工程的招投标和政府采购；政府利用电子商务方式实施对企业行政事务的管理，如管理条例发布以及企业与政府之间各种手续的报批；政府利用电子商务方式发放进出口许可证，为企业通过网络办理交税、报关、出口退税、商检等业务。这类电子商务可以提高政府机构的办事效率，使政府工作更加透明、廉洁。

● 消费者对消费者的电子商务（CtoC），如一些二手市场、跳蚤市场等都是消费者对消费者个人的交易。图 20-1 所示的淘宝网站就是典型的 CtoC 网站。

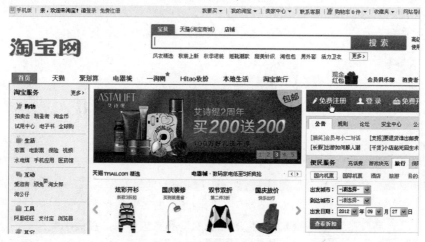

图20-1　典型的CtoC网站

20.1.2　购物网站的设计要点

网上购物这种新型的购物方式已经吸引了很多购物者的注意。购物网站应该能够随时让顾客参与购买，商品介绍更详细，更全面。要达到这样的网站水平就要使网站中的商品有秩序、科学化的分类，便于购买者查询。把网页制作得更加美观，来吸引大批的购买者。

1.　分类体系

一个好的购物网站除了需要销售好的商品之外，更要有完善的分类体系来展示商品。所有需要销售的商品都可以通过相应的文字和图片来说明。分类目录可以运用一级目录和二级目录相配合的形式来管理商品，顾客可以通过点击商品类别名称来了解该类的所有商品信息。

2.　购物车

对于很多顾客来讲，当他们从众多的商品信息中结束采购时，恐怕已经记不清楚自己采购的东西了，所以他们更需要能够在网上商店中的某个页面存放所采购的商品，并能够计算出所有商品的总价格。购物车就能够帮助顾客通过存放购买商品的信息，将它们列在一起，并提供商品的总共数目和价格等功能，方便顾客进行统一的管理和结算。

3.　信用卡支付

既然在网上购买商品，顾客自然就希望能够通过网络直接付款。这种电子支付正受到人们更多的关注。

4.　安全问题

网上购物网还涉及到很多安全性问题，如密码、信用卡号码及个人信息等。如何将这些问题处理得当是十分必要的。目前有许多公司或机构能够提供安全认证，如 SSL 证书。通过这样的认证过程，可以使顾客的比较敏感的信息得到保护。

5.　顾客跟踪

在传统的商品销售体系中，对于顾客的跟踪是比较困难的。如果希望得到比较准确的跟踪报告，则需要投入大量的精力。网上购物网站解决这些问题就比较容易了。通过顾客对网站的访问情况和提交表单中的信息，可以得到很多更加清晰的顾客情况报告。

6.　商品促销

在现实购物过程中，人们更关心的是正在销售的商品，尤其是价格。通过网上购物网站中将商品进行管理和推销，使顾客很容易地了解商品的信息。

20.1.3　主要功能页面

购物类网站是一个功能复杂、花样繁多、制作烦琐的商业网站，但也是企业或个人推广和展示商品的一种非常好的销售方式。本章所制作的网站页面主要包括前台页面和后台管理页面。在前台显示浏览商品，在后台可以添加、修改和删除商品，也可以添加商品类别。

图 20-2 所示是本章制作的在线购物系统的结构图。

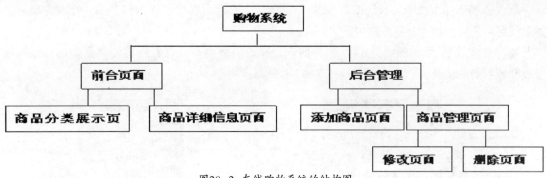

图20-2 在线购物系统的结构图

商品分类展示页面 class.asp，如图 20-3 所示，在此面中显示了商品的列表信息，可通过页面分类浏览商品，如商品名称、商品价格和商品图片等信息。

商品详细信息页面 detail.asp，如图 20-4 所示，在此页面中显示了商品的详细内容。

图20-3 商品分类展示页面　　　　　　　　　　图20-4 商品详细信息页面

管理员登录页面 login.asp，如图 20-5 所示，在此页面中输入用户名和密码后就可以进入后台页面。

添加商品分类页面 addfenlei.asp，如图 20-6 所示，在此页面中可以添加商品类别。

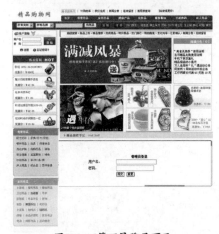

图20-5 管理员登录页面　　　　　　　　　　图20-6 添加商品分类页面

制作添加商品页面 addshp.asp，如图 20-7 所示，在此页面中可以添加商品，修改完成后添加后就可以提交到后台数据库表中。

商品管理页面 admin.asp，如图 20-8 所示，在此页面中可以查看所有的商品，还可以选择修改和删除商品记录。

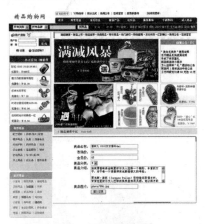

图20-7 添加商品页面

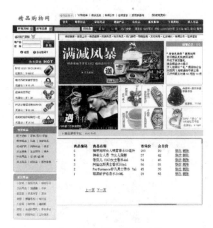

图20-8 商品管理页面

修改商品页面 modify.asp，如图 20-9 所示，在此页面中可以修改商品，修改完成后就可以提交到后台数据库表中。

删除商品页面 del.asp，如图 20-10 所示，在此页面中可以删除商品记录。

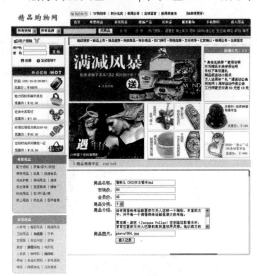

图20-9 修改商品页面

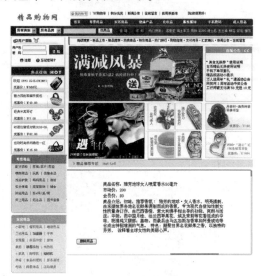

图20-10 删除商品页面

20.2 创建数据库

最终文件：CH20/shop.mdb

在制作具体的网站功能页面之前，首先需要做一项很重要的工作，就是创建数据库表，用来存放留言信息，这里创建了一个数据库"shop.mdb"，其中包含的表有商品表 Products、商品类别表 class 和管理员表 admin，表中存放着留言的内容信息，其中的字段名称和数据类型如表 20-1、表 20-2 和表 20-3 所示。

表20-1 商品表Products中的字段

字段名称	数据类型	说　明
ShpID	自动编号	商品的编号
Shpname	文本	商品的名称
Shichangjia	数字	商品的市场价
Huiyuanjia	数字	商品的会员价
FenleiID	数字	商品分类编号
Content	备注	商品的介绍
Image	文本	商品图片

表20-2 商品类别表class中的字段

字段名称	数据类型	说　明
FenleiID	自动编号	商品分类编号
Fenlei	文本	商品分类名称

表20-3 管理员表admin中的字段

字段名称	数据类型	说　明
ID	自动编号	自动编号
Name	文本	用户名
Password	文本	用户密码

20.3　创建数据库连接

创建数据库连接的具体操作步骤如下。

❶打开要创建数据库连接的文档，执行"窗口"|"数据库"命令，打开"数据库"面板，在面板中单击⊞按钮，在弹出的菜单中选择"数据源名称（DSN）"选项，如图 20-11 所示。

❷弹出"数据源名称（DSN）"对话框，在该对话框中的"连接名称"文本框中输入 shop，在"数据源名称（DSN）"下拉列表中选择 shop，如图 20-12 所示。

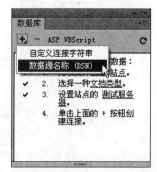

图20-11 选择"数据源名称（DSN）"选项

图20-12 "数据源名称（DSN）"对话框

❸单击"确定"按钮，即可成功连接，此时"数据库"面板如图 20-13 所示，可以看到该面板中显示了数据库中的几个表，如 admin、class、products。

Dreamweaver CS6完全学习手册

图20-13 "数据库"面板

20.4 制作购物系统前台页面

购物网站是目前网络上流行的网络应用系统。本章将详细介绍网上购物系统的主要功能模块的实现，进而把握电子商务基本功能实现的一般流程。

前台页面主要是浏览者可以看到的页面，主要包括商品分类展示页面和商品详细信息页面，下面具体讲述其制作过程。

20.4.1 制作商品分类展示页面

原始文件：CH20/index.html
最终文件：CH20/class.asp

商品分类展示页面效果如图 20-14 所示，此页面用于显示网站中的商品，主要是利用创建记录集、绑定字段和创建"记录集分页"服务器行为制作的，具体的操作步骤如下。

图20-14 商品分类展示页面

❶打开网页文档 index.htm，将其另存为 class.asp，如图 20-15 所示。将光标置于相应的位置，执行"插入"|"表格"命令。

图20-15 另存为class.asp

❷插入1行1列的"表格1"，在"表格1"中插入3行1列的表格，此表格记为"表格2"，在"属性"面板中将"填充"设置为2，如图 20-16 所示。

商业网站案例

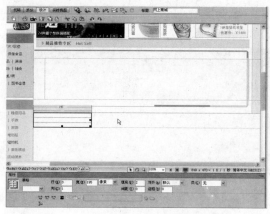

图20-16 插入表格

❸将光标置于"表格2"的第1行单元格中，将"水平"设置为"居中对齐"，插入图像 images/shang1.jpg，如图20-17所示。

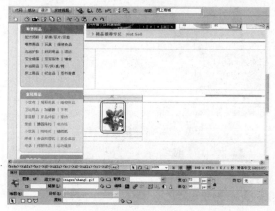

图20-17 插入图像

❹将光标置于"表格2"的第3行单元格中，输入相应的文字，如图20-18所示。

图20-18 输入文字

❺单击"绑定"面板中的 ➕ 按钮，在弹出的菜单中选择"记录集（查询）"选项，弹出"记录集"对话框，在对话框中的"名称"文本框中输入Rs1，在"连接"下拉列表中选择shop，在"表格"下拉列表中选择products，将"列"勾选"全部"单选按钮，在"筛选"下拉列表中分别选择"fenleilD"、"＝"、"URL参数"和"fenleilD"，在"排序"栏的下拉列表中选择"shpID"和"降序"，如图20-19所示。

❻单击"确定"按钮，创建记录集，如图20-20所示，其代码如下所示。

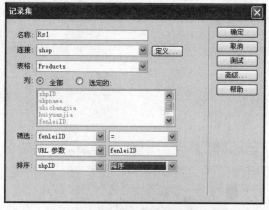

图20-19 "记录集"对话框

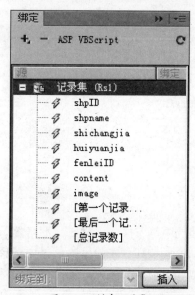

图20-20 创建记录集

提示:

如果只是用到数据表中的某几个字段,那么最好不要将全部的字段都选定。因为字段数越多,应用程序执行起来就越慢。虽然有时候在浏览时是感觉不到的,但是随着数据量的增大,就会体现得越明显。因此在创建数据集的时候,要养成良好的习惯,只选定记录集所用到的字段。

⑦选中图像,在"绑定"面板中展开记录集 Rs1,选中 image 字段,单击右下角的"绑定"按钮,绑定字段,如图 20-21 所示。

图20-21 绑定字段

⑧按照步骤 7 的方法,将 shpname、shichjia 和 huiyjia 字段绑定到相应的位置,如图 20-22 所示。

图20-22 绑定字段

⑨选中"表格 2",单击"服务器行为"面板中的 ➕ 按钮,在弹出的菜单中选择"重复区域"选项,弹出"重复区域"对话框,在对话框中的"记录集"下拉列表中选择

Rs1,"显示"勾选"9 记录"单选项,如图 20-23 所示。

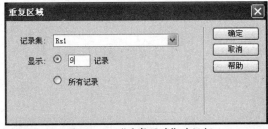

图20-23 "重复区域"对话框

⑩单击"确定"按钮,创建重复区域服务器行为,如图 20-24 所示。

图20-24 创建服务器行为

⑪选中"服务器行为"面板中创建的"重复区域(R1)",切换到"代码"视图,在相应的位置输入以下代码,如图 20-25 所示。

```
If(Repeat1__index MOD 3 = 0) Then
Response.Write("</tr></tr>")
```

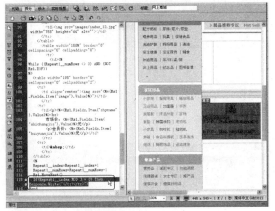

图20-25 输入代码

344

★代码解析★

这里设置重复区域重复3次后就换一行,也就是当Repeat1_index这个变量的值除以3余数等于0时就执行换行操作。MOD函数是求两个数相除的余数,这样一来若重复区是3的倍数,即会执行表格换行的操作,也就完成了水平重复区域设置。

⑫选中{R1.shpname},单击"服务器行为"面板中的➕按钮,在弹出的菜单中选择"转到详细页面"选项,弹出"转到详细页面"对话框,在对话框中的"详细信息页"文本框中输入detail.asp,在"记录集"下拉列表中选择Rs1,在"列"下拉列表中选择shpID,如图20-26所示。

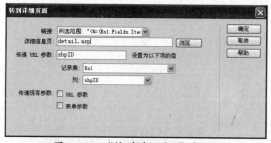

图20-26 "转到详细页面"对话框

⑬单击"确定"按钮,创建转到详细页面服务器行为,如图20-27所示。

图20-27 创建服务器行为

★提示:★

在制作时,也要对图像创建转到详细页面服务器行为,这样无论是单击商品的名称还是图片,都可以转到商品详细信息页面。

⑭将光标置于"表格1"的右边,执行"插入"|"表格"命令,插入1行1列的表格,此表格记为"表格3",如图20-28所示。

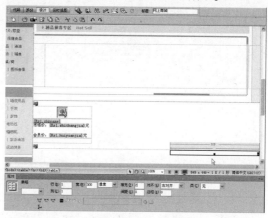

图20-28 插入表格

⑮在"属性"面板中将"填充"设置为2,"对齐"设置为"右对齐",将光标置于"表格3"中,输入相应的文字,如图20-29所示。

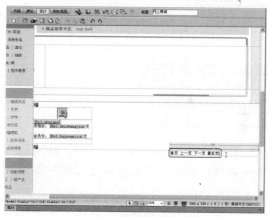

图20-29 输入文字

⑯选中文字"首页",单击"服务器行为"面板中的➕按钮,在弹出的菜单中选择"记录集分页"|"移至第一条记录"选项,弹出"移至第一条记录"对话框,如图20-30所示。

图20-30 "移至第一条记录"对话框

⑰ 在该对话框中的"记录集"下拉列表中选择 Rs1，单击"确定"按钮，创建移至第一条记录服务器行为，如图 20-31 所示。

前一条记录"、"移至下一条记录"和"移至最后一条记录"服务器行为，如图 20-32 所示。

图20-31 创建服务器行为

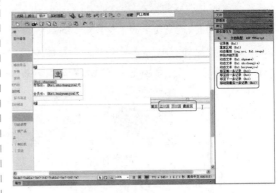

图20-32 创建服务器行为

⑱ 按照步骤 16 ~ 17 的方法，分别为文字"上一页"、"下一页"和"最后页"创建"移至

20.4.2 制作商品详细信息页面

> 原始文件：CH20/index.html
>
> 最终文件：CH20/detail.asp

商品详细信息页面效果如图 20-33 所示，它是在商品分类页面的基础上，进一步显示商品的信息资料。访问者只能通过单击商品分类页面中的商品标题超级链接才能进入该页面，因此在具体创建记录集定义的过程中，将商品分类列表页面传递而来的 URL 参数 shpID 的值作为筛选条件的变量。本页面主要是利用创建记录集和绑定字段制作的，具体操作步骤如下。

图20-33 商品详细信息页面效果

346

❶打开网页文档，将其另存为detail. asp，如图20-34所示。将光标置于相应的位置，执行"插入"|"表格"命令。

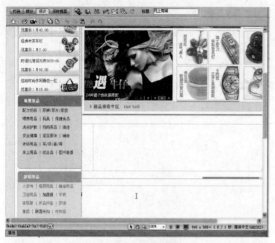

图20-34 另存文档

❷插入5行2列的表格，在"属性"面板中将"填充"设置为2，"对齐"设置为"居中对齐"，如图20-35所示。

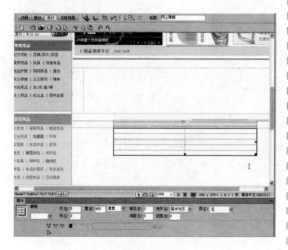

图20-35 插入表格

❸将光标置于第1行第1列单元格中，按住鼠标左键向下拖动至第3行第1列单元格中，合并单元格，在合并后的单元格中插入图像images/shang1.gif，如图20-36所示。

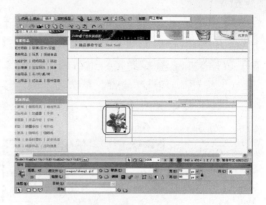

图20-36 插入图像

❹将光标置于第1行第2列单元格中，将"高"设置为40，将第2行第2列单元格的"高"设置为30，分别在单元格中输入相应文字，如图20-37所示。

图20-37 输入文字

❺选中第5行单元格，合并单元格，在合并后的单元格中输入文字，如图20-38所示。单击"绑定"面板中的 ⊞ 按钮，在弹出的菜单中选择"记录集（查询）"选项。

图20-38 输入文字

⑥弹出"记录集"对话框，在该对话框中的"名称"中输入Rs1，在"连接"下拉列表中选择shop，在"表格"下拉列表中选择products，"列"勾选"全部"单选项，在"筛选"下拉列表中选择shpID、=、URL参数和shpID，如图20-39所示。

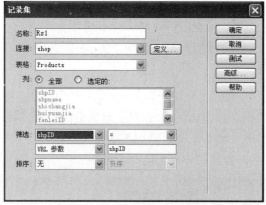

图20-39 "记录集"对话框

⑦单击"确定"按钮，创建记录集，如图20-40所示。

★代码解析★

使用SELECT语句从商品表products中按照商品编号读取商品详细信息，并且显示商品的详细内容。

图20-40 创建记录集

⑧选中图像，在"绑定"面板中展开记录集Rs1，选中image字段，单击右下角的"绑定"按钮，绑定字段，如图20-41所示。

⑨按照步骤8的方法，分别将shpname、shichjia、huiyjia和content字段绑定到相应的位置，如图20-42所示。

图20-41 绑定字段

图20-42 绑定字段

20.5 制作购物系统后台管理

本节将讲述购物系统后台管理页面的制作。后台管理页面主要包括管理员登录页面、添加商品类别页面、添加商品信息页面、删除商品和商品管理主页面。

20.5.1 制作管理员登录页面

> 原始文件：CH20/index.html
>
> 最终文件：CH20/login.asp

在购物网站中，管理员在进行添加、修改和删除商品之前，必须登录系统，进行用户信息的验证和登记，以实现最后订单的提交。几乎所有的购物网站后台页面都需要具备管理员登录功能。管理员登录页面效果如图20-43所示，该页面主要是利用插入表单对象和创建登录用户服务器行为制作的，具体操作步骤如下。

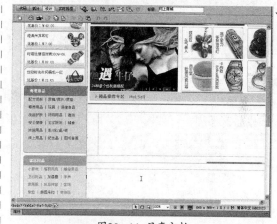

图20-44 另存文档

❷将光标置于相应的位置，插入表单，如图20-45所示。

图20-45 插入表单

❸将光标置于表单中，执行"插入"|"表格"命令，插入4行2列的表格，在"属性"面板中将"填充"设置为2，"对齐"设置为"居中对齐"，如图20-46所示。

图20-43 管理员登录页面效果

❶打开网页文档index.htm，将其另存为login.asp，如图20-44所示。

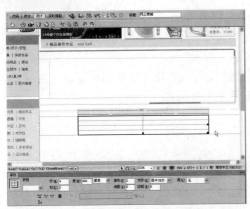

图20-46 插入表格

④选中第1行单元格,合并单元格,在合并后的单元格中输入文字,在"属性"面板中将"水平"设置为"居中对齐","高"设置为50,"大小"设置为14像素,单击"加粗"按钮**B**对文字加粗,如图20-47所示。

图20-47 输入文字

⑤分别在其他单元格中输入文字,如图20-48所示。

图20-48 输入文字

⑥将光标置于第2行第2列单元格中,执行"插入"|"表单"|"文本域"命令。插入文本域,在"属性"面板中的"文本域"名称文本框中输入name,将"字符宽度"设置为25,"类型"设置为"单行",如图20-49所示。

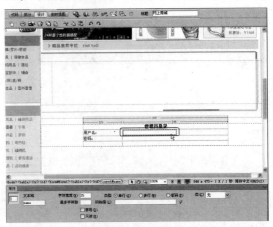

图20-49 插入文本域

⑦将光标置于表第3行第2列单元格中插入文本域,在"属性"面板中的"文本域"名称文本框中输入pass,将"字符宽度"设置为25,"类型"设置为"密码",如图20-50所示。

图20-50 插入文本域

⑧将光标置于第4行第2列单元格中,执行"插入"|"表单"|"按钮"命令,插入按钮,分别插入"登录"按钮和"重置"按钮,如图20-51所示。

图20-51 插入按钮

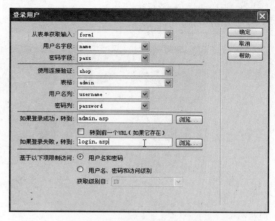

图20-52 "登录用户"对话框

❾ 单击"服务器行为"面板中的 ⊞ 按钮，在弹出的菜单中选择"用户身份验证" | "登录用户"选项，弹出"登录用户"对话框，在对话框中的"从表单获取输入"下拉列表中选择 form1，在"使用连接验证"下拉列表中选择 shop，在"表格"下拉列表中选择 admin，在"用户名列"下拉列表中选择 username，在"密码列"下拉列表中选择 password，"如果登录成功，则转到"文本框中输入 admin.asp，在"如果登录失败，则转到"文本框中输入 login.asp，如图 20-52 所示。

❿ 单击"确定"按钮，创建登录用户服务器行为，如图 20-53 所示。

图20-53 创建服务器行为

★代码解析★

下面这段代码的核心作用是验证从表单 form1 中获取的用户名和密码是否与数据库表中的 name 和 pass 一致，如果一致则转向后台管理主页面 admin.asp。如果不一致，则转向后台登录页面 login.asp。

20.5.2 制作添加商品分类页面

原始文件：CH20/index.html

最终文件：CH20/addfenlei.asp

添加商品分类页面效果如图 20-54 所示，该页面主要是利用插入表单对象、创建记录集、创建插入记录和限制对页的访问服务器行为制作的，具体操作步骤如下。

图20-54 添加商品分类页面效果

❶ 打开网页文档 index.htm，将其另存为 addfenlei.asp。将光标置于相应的位置，按 Enter 键换行，执行"插入"|"表单"|"表单"命令，插入表单，如图 20-55 所示。

图20-55 插入表单

❷ 将光标置于表单中，插入 2 行 2 列的表格，在"属性"面板中将"填充"设置为 2，"对齐"设置为"居中对齐"，并在第 1 行第 1 列单元格中输入文字，如图 20-56 所示。

图20-56 输入文字

❸ 将光标置于第 1 行第 2 列单元格中，插入文本域，在"属性"面板中的"文本域"名称文本框中输入 fenleiname，将"字符宽度"设置为 25，"类型"设置为"单行"，如图 20-57 所示。

图20-57 插入文本域

❹ 将光标置于第 2 行第 2 列单元格中，执行"插入"|"表单"|"按钮"命令，分别插入"提交"按钮和"重置"按钮，如图 20-58 所示。

图20-58 插入按钮

❺单击"绑定"面板中的 ⊞ 按钮,在弹出的菜单中选择"记录集(查询)"选项,弹出"记录集"对话框,在该对话框中的"名称"文本框中输入 Rs1,如图 20-59 所示。

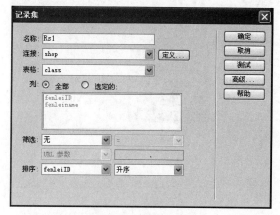

图20-59 创建记录集

❻在"连接"下拉列表中选择 shop,在"表格"下拉列表中选择 class,"列"勾选"全部"单选项,在"排序"下拉列表中选择 fenleiID 和升序,单击"确定"按钮,创建记录集,如图 20-60 所示。

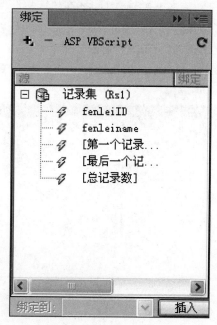

图20-60 "记录集"对话框

❼单击"服务器行为"面板中的 ⊞ 按钮,在弹出的菜单中选择"插入记录"选项,弹出"插入记录"对话框,在该对话框中的"连接"下拉列表中选择 shop,在"插入到表格"下拉列表中选择 class,如图 20-61 所示。

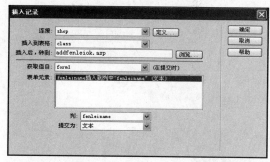

图20-61 "插入记录"对话框

❽在"插入后,转到"文本框中输入 addfenleiok.asp,在"获取值自"下拉列表中选择 form1,单击"确定"按钮,创建插入记录服务器行为,如图 20-62 所示。

图20-62 创建服务器行为

❾单击"服务器行为"面板中的 ⊞ 按钮,在弹出的菜单中选择"用户身份验证"|"限制对页的访问"选项,弹出"限制对页的访问"对话框,在该对话框中的"如果访问被拒绝,则转到"文本框中输入 login.asp,如图 20-63 所示。

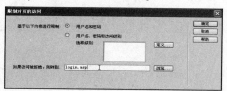

图20-63 "限制对页的访问"对话框

⑩ 单击"确定"按钮，创建限制对页的访问服务器行为。

⑪ 打开网页文档 index.html，将其另存为 addfenleiok.asp。将光标置于相应的位置，按 Enter 键换行，输入文字，设置"水平"为"居中对齐"，如图 20-64 所示。

⑫ 选中文字"添加商品分类页面"，在"属性"面板中的"链接"文本框中输入 addfenlei.asp，如图 20-65 所示。

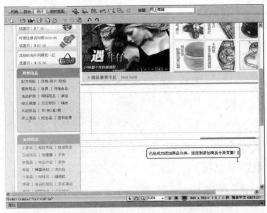

图20-64 输入文字

图20-65 设置链接

20.5.3 制作添加商品页面

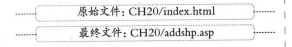

原始文件：CH20/index.html

最终文件：CH20/addshp.asp

添加商品页面效果如图 20-66 所示，该页面主要是利用插入表单对象、插入记录和限制对页的访问服务器行为制作的，具体操作步骤如下。

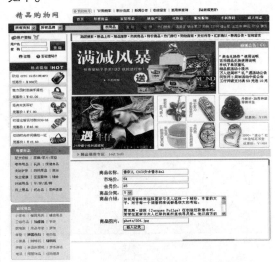

图20-66 添加商品页面果

❶ 打开网页文档 index.htm，将其另存为 addshp.asp。单击"绑定"面板中的 ➕ 按钮，在弹出的菜单中选择"记录集（查询）"选项，弹出"记录集"对话框，在该对话框中的"名称"文本框中输入 Rs1，在"连接"下拉列表中选择 shop，在"表格"下拉列表中选择 class，"列"勾选"全部"单选项，在"排序"下拉列表中选择 fenleiID 和"降序"，如图 20-67 所示。

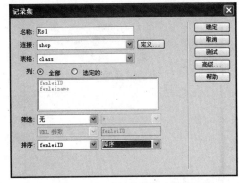

图20-67 "记录集"对话框

❷ 单击"确定"按钮，创建记录集，如图 20-68 所示。

图20-68 创建记录集

③单击"数据"插入栏中的"插入记录表单向导"按钮 🔩，弹出"插入记录表单"对话框，在该对话框中的"连接"下拉列表中选择 shop，在"插入到表格"下拉列表中选择 products，在"插入后，转到"文本框中输入 addshpok.asp，"表单字段"列表框中：选中 shpID，单击 ➖ 按钮将其删除，选中 shpname，"标签"文本框中输入"商品名称："，选中 shichjia，"标签"文本框中输入"市场价："，选中 huiyjia，"标签"文本框中输入"会员价："，选中 fenleiID，在"标签"文本框中输入"商品分类："，在"显示为"下拉列表中选择"菜单"，单击 菜单属性 按钮，弹出"菜单属性"对话框，在对话框中的"填充菜单项"勾选"来自数据库"单选项，如图 20-69 所示。

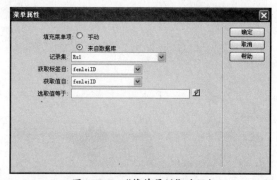

图20-69 "菜单属性"对话框

④在对话框中单击"选取值等于"文本框右边的 🖉 按钮，弹出"动态数据"对话框，在对话框中的"域"列表中选择 fenleiname，如图 20-70 所示。

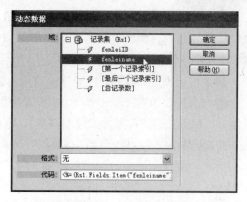

图20-70 "动态数据"对话框

⑤单击"确定"按钮，返回到"菜单属性"对话框，单击"确定"按钮，返回到"插入记录表单"对话框，选中 content，在"标签"文本框中输入"商品介绍："，在"显示为"下拉列表中选择"文本区域"，选中 image，在"标签"文本框中输入"商品图片："，如图 20-71 所示。

图20-71 "插入记录表单"对话框

⑥单击"确定"按钮，插入记录表单向导，如图 20-72 所示。

图20-72 插入记录表单向导

❼单击"服务器行为"面板中的按钮,在弹出的菜单中选择"用户身份验证"|"限制对页的访问"选项,弹出"限制对页的访问"对话框,在该对话框中的"如果访问被拒绝,则转到"文本框中输入 login.asp,如图 20-73 所示。

❽单击"确定"按钮,创建限制对页的访问服务器行为。

❾打开网页文档 index.htm,将其另存为 addshpok.asp。将光标置于相应的位置,按 Enter 键换行,输入文字,设置为"居中对齐",选中文字"添加商品页面",在"属性"面板中的"链接"文本框中输入 addshp.asp,如图 20-74 所示。

图20-73 "限制对页的访问"对话框

图20-74 设置链接

20.5.4 制作商品管理页面

- -
　原始文件: CH20/index.html
- -
　最终文件: CH20/admin.asp
- -

商品管理页面效果如图 20-75 所示,该页面主要是利用创建记录集、绑定字段、重复区域、转到详细页面、创建记录集分页和显示区域服务器行为制作的,具体操作步骤如下。

❶打开网页文档 index.htm,将其另存为 admin.asp。将光标置于相应的位置,插入 2 行 6 列的"表格 1",如图 20-76 所示。

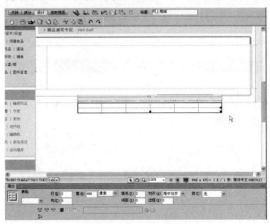

图20-76 插入表格

❷在"属性"面板中将"填充"设置为 2,"对齐"设置为"居中对齐",分别在单元格中输入相应的文字,如图 20-77 所示。

图20-75 商品管理页面效果

图20-77 输入文字

❸单击"绑定"面板中的➕按钮，在弹出的菜单中选择"记录集（查询）"选项，弹出"记录集"对话框，在对话框中的"名称"文本框中输入Rs2，在"连接"下拉列表中选择shop，如图20-78所示。

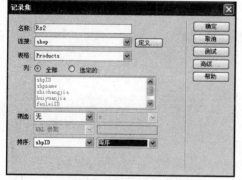

图20-78 "记录集"对话框

❹在"表格"下拉列表中选择products，"列"勾选"全部"单选项，在"排序"下拉列表中选择shpID和"降序"，单击"确定"按钮，创建记录集，如图20-79所示。

图20-79 创建记录集

❺将光标置于表格1的第2行第1列单元格中，在"绑定"面板中展开记录集Rs2，选中shpID字段，单击右下角的"插入"按钮，绑定字段，如图20-80所示。

图20-80 绑定字段

❻按照步骤5的方法，分别将shpname、shichjia和huiyjia字段绑定到相应的位置，如图20-81所示。

图20-81 绑定字段

❼选中"表格1"的第2行单元格，单击"服务器行为"面板中的➕按钮，在弹出的菜单中选择"重复区域"选项，弹出"重复区域"对话框，如图20-82所示。

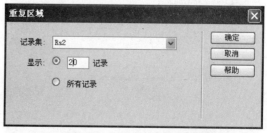

图20-82 "重复区域"对话框

❽在对话框中的"记录集"下拉列表中

选择 Rs2，"显示"勾选"20 记录"单选项，单击"确定"按钮，创建重复区域服务器行为，如图 20-83 所示。

图20-83 创建服务器行为

❾选中文字"修改"，单击"服务器行为"面板中的➕按钮，在弹出的菜单中选择"转到详细页面"选项，弹出"转到详细页面"对话框，如图 20-84 所示。

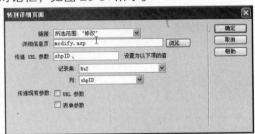

图20-84 "转到详细页面"对话框

❿在对话框中的"详细信息页"文本框中输入 modify.asp，在"记录集"下拉列表中选择 Rs2，在"列"下拉列表中选择 shpID，单击"确定"按钮，创建转到详细页面服务器行为，如图 20-85 所示。

图20-85 创建服务器行为

⓫选中文字"删除"，单击"服务器行为"面板中的➕按钮，在弹出的菜单中选择"转到详细页面"选项，弹出"转到详细页面"对话框，在对话框中的"详细信息页"文本框中输入 del.asp，在"记录集"下拉列表中选择 Rs2，在"列"下拉列表中选择 shpID，如图 20-86 所示。

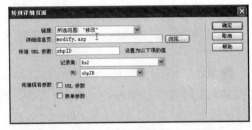

图20-86 "转到详细页面"对话框

⓬单击"确定"按钮，创建转到详细页面服务器行为，如图 20-87 所示。

图20-87 创建服务器行为

⓭将光标置于"表格 1"的右边，按 Enter 键换行，执行"插入"|"表格"命令，插入 1 行 1 列的表格，此表格记为"表格 2"，如图 20-88 所示。

图20-88 插入表格

⑭ 在"属性"面板中将"填充"设置为2,"对齐"设置为"居中对齐",将光标置于"表格2"中,输入相应的文字,如图20-89所示。

图20-89 输入文字

⑮ 选中文字"首页",单击"服务器行为"面板中的 按钮,在弹出的菜单中选择"记录集分页"|"移至第一条记录"选项,弹出"移至第一条记录"对话框,在对话框中的"记录集"下拉列表中选择 Rs2,如图20-90 所示。

图20-90 "移至第一条记录"对话框

⑯ 单击"确定"按钮,创建移至第一条记录服务器行为,如图 20-91 所示。

图20-91 创建服务器行为

⑰ 按照步骤15 ~ 16 的方法,分别对文字"上一页"、"下一页"和"最后页"创建"移至前一条记录"、"移至下一条记录"和"移至最后一条记录"服务器行为,如图20-92 所示。

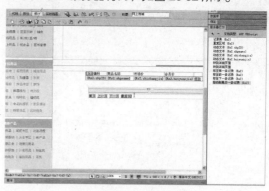

图20-92 创建服务器行为

⑱ 选中文字"首页",单击"服务器行为"面板中的 按钮,在弹出的菜单中选择"显示区域"|"如果不是第一条记录则显示区域"选项,弹出"如果不是第一条记录则显示区域"对话框,在对话框中的"记录集"下拉列表中选择 Rs2,如图 20-93 所示。

图20-93 "如果不是第一条记录则显示区域"对话框

⑲ 单击"确定"按钮,创建如果不是第一条记录则显示区域服务器行为,如图 20-94 所示。

图20-94 创建服务器行为

⑳ 按照步骤 18 ～ 19 的方法，分别对文字"上一页"、"下一页"和"最后页"创建"如果为最后一条记录则显示区域"、"如果为第一条记录则显示区域"和"如果不是最后一条记录则显示区域"服务器行为，如图 20-95 所示。

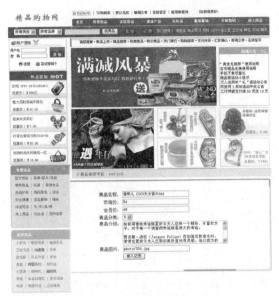

图20-96 修改页面效果

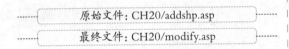

图20-95 创建服务器行为

20.5.5 制作修改页面

> 原始文件：CH20/addshp.asp
>
> 最终文件：CH20/modify.asp

修改页面效果如图 20-96 所示，该页面主要是利用创建据记录集、绑定字段和创建更新服务器行为制作的，具体操作步骤如下。

❶ 打开网页文档 addshp.asp，将其另存为 modify.asp。在"服务器行为"面板中选中"插入记录（表单"form1"）"，单击 ➖ 按钮删除，如图 20-97 所示。

❷ 单击"绑定"面板中的 ➕ 按钮，在弹出的菜单中选择"记录集（查询）"选项。弹出"记录集"对话框，在该对话框中的"名称"文本框中输入 Rs3，在"连接"下拉列表中选择 shop，在"表格"下拉列表中选择 products，将"列"勾选"全部"单选项，在"筛选"下拉列表中分别选择 shpID、=、URL 参数和 shpID，如图 20-98 所示。

图20-97 创建服务器行为

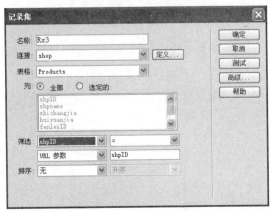

图20-98 "记录集"对话框

❸ 单击"确定"按钮，创建记录集，如图 20-99 所示。

❹选中文字"商品名称:"右边的文本域,在"绑定"面板中展开记录集 Rs3,选中shpname 字段,单击"绑定"按钮,绑定字段,如图 20-100 所示。

图20-99 创建记录集

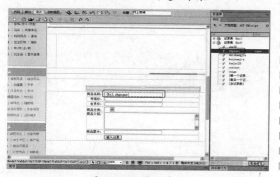

图20-100 绑定字段

❺按照步骤 4 的方法,分别将 shichjia、huiyjia、content 和 image 字段绑定到相应的位置,如图 20-101 所示。

❻单击"服务器行为"面板中的➕按钮,在弹出的菜单中选择"更新记录"选项,弹出"更新记录"对话框,如图 20-102 所示。

图20-101 绑定字段

图20-102 "更新记录"对话框

❼在对话框中的"连接"下拉列表中选择 shop,在"要更新的表格"下拉列表中选择 products,在"选取记录自"下拉列表中选择 Rs3,在"唯一键列"下拉列表中选择 shpID,在"在更新后,转到"文本框中输入 modifyok.asp,在"获取值自"下拉列表中选择 form1,单击"确定"按钮,创建更新记录服务器行为,如图 20-103 所示。

图20-103 创建服务器行为

❽打开网页文档 index.htm,将其另存为 modifyok.asp。将光标置于相应的位置,按Enter 键换行,输入文字,设置"水平"为"居中对齐",选中文字"商品管理页面",在"属性"面板中的"链接"文本框中输入 admin.asp,如图 20-104 所示。

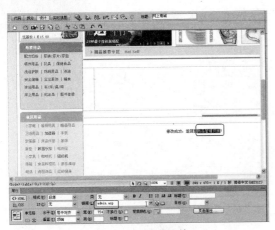

图20-104 设置链接

20.5.6 制作删除页面

原始文件：CH20/index.htm

最终文件：CH20/del.asp

删除页面效果如图 20-105 所示，该页面主要是利用创建记录集、绑定字段和创建删除记录服务器行为制作的，具体操作步骤如下。

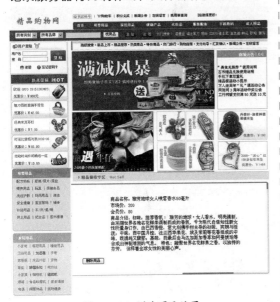

图20-105 删除页面效果

❶打开网页文档 index.htm，将其另存为 del.asp，如图 20-106 所示。将光标置于相应的位置，执行"插入"|"表格"命令。

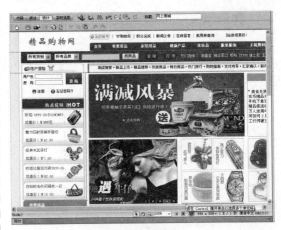

图20-106 另存文档

❷插入 4 行 1 列的表格，在"属性"面板中将"填充"设置 2，"对齐"设置为"居中对齐"，如图 20-107 所示。

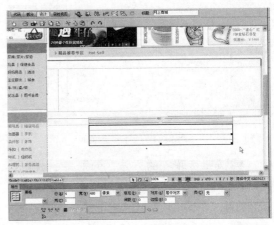

图20-107 插入表格

❸分别在表格中输入相应的文字，如图 20-108 所示。单击"绑定"面板中的 按钮，在弹出的菜单中选择"记录集（查询）"选项，弹出"记录集"对话框，在该对话框中的"名称"文本框中输入 Rs2。

❹在"连接"下拉列表中选择 shop，在"表格"下拉列表中选择 products，将"列"勾选"全部"单选项，在"筛选"下拉列表中分别选择 shpID、=、URL 参数和 shpID，如图 20-109 所示。

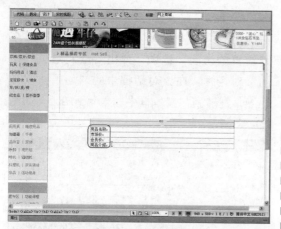

图20-108　输入文字

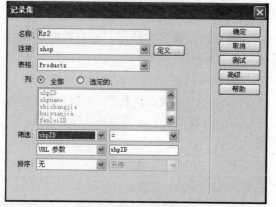

图20-109　"记录集"对话框

❺单击"确定"按钮，创建记录集，如图20-110所示。将光标置于第1行单元格文字"商品名称："的后面。

❻在"绑定"面板中展开记录集Rs2，选中shpname字段，单击右下角的"插入"按钮，绑定字段，如图20-111所示。

图20-110　创建记录集

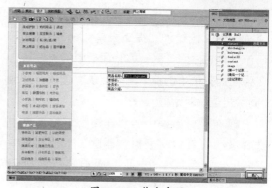

图20-111　绑定字段

❼按照步骤6的方法，分别将shichangjia、huiyuanjia、content和image字段绑定到相应的位置，如图20-112所示。

图20-112　绑定字段

❽将光标置于表格的右边，执行"插入"｜"表单"｜"表单"命令，插入表单，如图20-113所示。

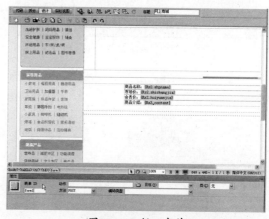

图20-113　插入表单

❾将光标置于表单中，执行"插入"｜"表单"｜"按钮"命令，插入按钮，在"属性"

面板中的"值"文本框中输入"删除商品"，将"动作"设置为"提交表单"，如图20-114所示。单击"服务器行为"面板中的⊞按钮，在弹出的菜单中选择"删除记录"选项，弹出"删除记录"对话框。

⑩在该对话框中的"连接"下拉列表中选择shop，在"从表格中删除"下拉列表中选择products，在"选取记录自"下拉列表中选择Rs2，在"唯一键列"下拉列表中选择shpID，在"提交此表单以删除"下拉列表中选择form1，在"删除后，转到"文本框中输入delok.asp，如图20-115所示。

图20-114 插入按钮

图20-115 "删除记录"对话框

⑪单击"确定"按钮，创建删除记录服务器行为，如图20-116所示。

图20-116 创建服务器行为

⑫单击"服务器行为"面板中的⊞按钮，在弹出的菜单中选择"用户身份验证"|"限制对页的访问"选项，弹出"限制对页的访问"对话框，在该对话框中的"如果访问被拒绝，则转到"文本框中输入login.asp，如图20-117所示。

图20-117 "限制对页的访问"对话框

⑬单击"确定"按钮，创建限制对页的访问服务器行为。

⑭打开网页文档index.htm，将其另存为delok.asp，这个页面是删除成功页面。将光标置于相应的位置，按Enter键换行，输入文字，设置"水平"为"居中对齐"，选中文字"商品管理页面"，在"属性"面板中的"链接"文本框中输入admin.asp，如图20-118所示。

图20-118 设置链接

第21章 设计房地产企业网站

本章导读

    当前人类正大踏步地迈入信息时代，以互联网为代表的全球信息化浪潮正以迅猛的态势冲击着各行各业。全球房地产业也开始了一场深刻变革，一方面是智能化住宅走入普通人的生活；另一方面房地产经营方式开始步入信息时代。房地产公司上网，可充分发挥现代网络技术优势，突破地理空间和时间局限，及时发布公司信息，宣传公司形象并可在网上完成动态营销业务。

技术要点

● 了解房地产类网站概述

● 掌握企业网站首页设计

● 掌握企业网站模板的创建

● 掌握制作留言系统

21.1 房地产类网站概述

　　根据不同房地产项目的定位和设计理念，相应的网站在制作时也会有不同的风格和特点，但一定要突出其项目的特点，吸引购买者注意。

　　绝大多数企业上网是为了介绍自己的产品和服务，希望能够通过网络得到订单。本例房地产网站可以把楼盘的展示作为网站的重点。页面的插图应以体现房地产为主，营造企业形象为辅，尽量做到将两方面协调到位。

21.1.1 房地产建站目的

　　房地产网站建设的主要目的如下。

　　●提升企业形象：对于房产企业而言，企业的品牌形象至关重要。买房子是许多人一生中的头等大事，需要考虑的因素也较多。因开发商的形象而产生的问题，往往是消费者决定购买与否的主要考虑因素之一。

　　●开拓更大国内国际市场：现在通过建立网站，企业形象的宣传不再局限于当地市场，而是全球范围的宣传。企业信息的实时传递，与公众相互沟通的即时性、互动性，弥补了传统手段的单一性和不可预见性。

　　●改变营销方式：传统的企业营销是采取主动去联系客户，如企业有了自己的网站，就可化主动为被动，让潜在的客户，通过网站得到他们要的资料，再通过电子邮件或电话、传真等方式联络，从而促成业务成交。

　　●服务更加周到：利用网站可以提供一天24小时服务，可以时刻更新网页内容，可以提供网上订单、网上反馈等互动方式。

　　●可以节省资金：无纸化的网页可取代传统的楼盘介绍等需要经常更新的印刷品，客户传真订单、索取有关资料介绍等传统方式可直接在网上进行。降低运作成本，增强市场竞争力，提高经济效益。

21.1.2 网站主要页面

　　以形象为主的企业网站的目的重在宣传企业文化，塑造企业形象，消除企业与消费者之间的距离感，主要围绕企业及产品、服务信息进行网络宣传，通过网站树立企业的形象。对于所有网站来说，其重中之重的页面就是首页了，能够做好首页就相当于做好了网站的一半。图21-1所示为网站首页。

图21-1 网站首页

Dreamweaver CS6完全学习手册

图 21-2 所示是网站的主页。可以看出整个主页栏目设置清晰，页面清爽简洁。虽然栏目众多，但是在主页中只突出了几块比较重要的栏目，其他内容则放在相关栏目中进行更详细的介绍。

图21-2 网站的主页

留言列表页面 liebiao.asp，如图 21-3 所示，这个页面显示留言的标题、作者和留言时间等，单击留言标题可以进入留言详细信息页。

留言详细信息页面 xiangxi.asp 如图 21-4 所示，这个页面显示了留言的详细信息。

图21-3 留言列表页面

图21-4 留言详细信息页面

发表留言页面 fabiao.asp 如图 21-5 所示，在这个页面中可以发表留言内容，然后提交到后台数据库中。

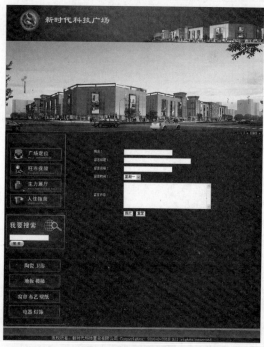

图21-5 发表留言页面

21.2　设计首页

首页设计历来是网站建设的重要一环，不仅因为"第一印象"至关重要，用 Photoshop CS6 设计首页的具体操作步骤如下。

······ 最终文件：CH21/网站首页.psd ······

❶ 启 动 Photoshop CS6，执 行" 文件"|"新建"命令，打开"新建"对话框，在该对话框中将"宽度"设置为1000，"高度"设置为600，如图 21-6 所示。

❷单击"确定"按钮，新建空白文档。选择工具箱中的"渐变工具"，如图 21-7 所示。

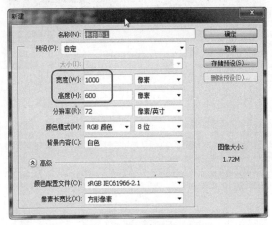

图21-6　"新建"对话框

图21-7　新建文档

❸在选项栏中单击"点按可编辑渐变"按钮，打开"渐变编辑器"对话框，在该对话框中设置相应的渐变颜色，如图 21-8 所示。

❹单击"确定"按钮，设置渐变颜色，在舞台中填充背景层，如图 21-9 所示。

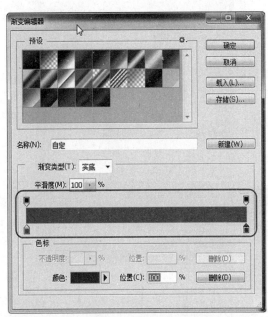

图21-8　设置渐变颜色

图21-9　填充背景

❺选择工具箱中的"自定义形状"工具，在选项栏中单击"形状"右边的按钮，在弹出的列表中选择相应的形状，如图 21-10 所示。

❻按住鼠标左键在舞台中绘制形状，如图 21-11 所示。

商业网站案例

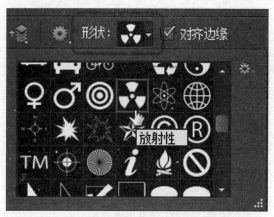

图21-10 选择形状

图21-11 绘制形状

❼执行"图层"|"图层样式"|"混合选项"命令，打开"图层样式"对话框，在该对话框中单击"样式"选项，在弹出的列表框中选择相应的样式，如图 21-12 所示。

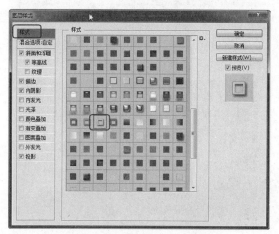

图21-12 "图层样式"对话框

❽单击"确定"按钮，设置图层样式，如图 21-13 所示。

图21-13 设置图层样式

❾选择工具箱中的"横排文字"工具，在选项栏中设置相应的参数，在文档中输入文字"新时代科技广场"，如图 21-14 所示。

图21-14 输入文字

❿执行"图层"|"图层样式"|"投影"命令，打开"图层样式"对话框，在该对话框中设置相应的参数，如图 21-15 所示。

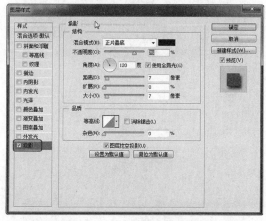

图21-15 "图层样式"对话框

⓫单击"确定"按钮，设置图层样式。选择工具箱中的"直线"工具，在选项栏中将"粗细"设置为1，如图 21-16 所示。

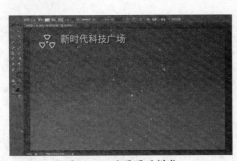

图21-16 设置图层样式

⑫按住鼠标左键在文档中绘制直线，如图 21-17 所示。

图21-17 绘制直线

⑬选择工具箱中的"横排文字"工具，在文档中输入相应的文本，如图 21-18 所示。

图21-18 输入文本

⑭执行"文件"|"打开"命令，打开图像文件 tu.jpg，按 Ctrl+A 快捷键全选图像，然后按 Ctrl+C 快捷键复制图像，如图 21-19 所示。

图21-19 复制图像

⑮返回到原始文档，按 Ctrl+V 快捷键粘贴图像，如图 21-20 所示。

图21-20 粘贴图像

⑯执行"图层"|"图层样式"|"混合选项"命令，弹出"图层样式"对话框，在弹出的对话中单击"样式"选项，在弹出的列表中选择相应的样式，如图 21-21 所示。

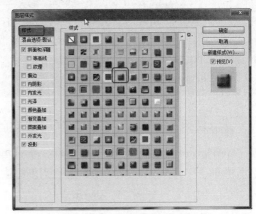

图21-21 "图层样式"对话框

⑰单击"确定"按钮，设置图层样式，效果如图 21-22 所示。

图21-22 设置图层样式效果

⑱选择工具箱中的"矩形"工具，在文档中绘制矩形，如图 21-23 所示。

Dreamweaver CS6完全学习手册

图21-23 绘制矩形

⑲选择工具箱中的"横排文字"工具，在文档中输入相应的文本，如图21-24所示。

图21-24 输入文本效果

⑳执行"文件"|"存储为"命令。打开"存储为"对话框，在该对话框中将"文件名"设置为"网站首页"，单击"确定"按钮保存文档，如图21-25所示。

图21-25 "存储为"对话框

21.3 创建模板

最终文件：CH21/Templates/index.dwt

由于网站的大部分二级页面风格相似，若一一制作这些风格相似的网页，不仅浪费时间而且对后期的网站维护也不方便。这时就可以运用Dreamweaver CS6的模板功能。图21-26所示的就是制作的网站模板。

图21-26 网站模板

21.3.1 制作顶部文件

顶部文件如图 21-27 所示，主要是网站的 Banner 图片，具体制作步骤如下。

图21-27 网站顶部文件

❶ 启动 Dreamweaver CS6，执行"文件"|"新建"命令，弹出"新建文档"对话框，在对话框中选择"空模板"|"HTML 模板"选项，如图 21-28 所示。

图21-28 "新建文档"对话框

❷ 单击"创建"按钮，创建一空白模板网页，如图 21-29 所示。

图21-29 创建空模板

❸ 执行"插入"|"表格"命令，插入 2 行 1 列的"表格1"，在"属性"面板中将"对齐"设置为"居中对齐"，如图 21-30 所示。

图21-30 插入"表格1"

❹ 将光标置于"表格1"的第1行单元格中，执行"插入"|"图像"命令，插入图像 ../images/index_01.gif，如图 21-31 所示。

图21-31 插入图像

❺ 将光标置于"表格1"的第2行中，在"拆分"视图中输入背景图像代码 background=../images/index_02.gif，在"属性"面板中将"高"设置为 45，如图 21-32 所示。

❻ 将光标置于背景图像上，执行"插入"|"图像"命令，插入图像 ../images/banner1.jpg，如图 21-33 所示。

图21-32 输入代码

图21-33 插入图像

❼将光标置于"表格1"的右边,执行"插入"|"表格"命令,插入1行1列的"表格2",如图21-34所示。

图21-34 插入"表格2"

⑧将光标置于"表格2"中,执行"插入"|"图像"命令,插入图像../images/banner1.jpg,如图21-35所示。

图21-35 插入图像

21.3.2 制作网站左侧内容

网站左侧内容区如图21-36所示,主要是网站的栏目导航区域,具体制作步骤如下。

❶将光标置于"表格2"的右边,执行"插入"|"表格"命令,插入1行3列的"表格3",如图21-37所示。

图21-36 网站左侧内容区

图21-37 插入"表格3"

②切换至"拆分"视图，输入代码 bgColor=#5a0000，设置表格的背景颜色，如图 21-38 所示。

图21-38 设置背景颜色

③将光标置于"表格3"的第1列单元格中，执行"插入"|"表格"命令，插入4行1列的表格，此表格记为"表格4"，如图 21-39 所示。

图21-39 插入"表格4"

④将光标置于"表格4"的第1行中，执行"插入"|"图像"命令，插入图像 ../images/index_10.gif，如图 21-40 所示。

图21-40 插入图像

⑤将光标置于"表格4"的第2行中，执行"插入"|"表格"命令，插入1行3列的表格，此表格记为"表格5"，如图 21-41 所示。

图21-41 插入"表格5"

⑥将光标置于"表格5"的第1列中，切换至"拆分"视图并输入代码 background="../images/index_14.gif"，在"属性"面板中将"宽"设置为5，如图 21-42 所示。

图21-42 输入代码

⑦将光标置于"表格5"的第3列中，切换至"拆分"视图输入代码background=".. images/index_16.gif"，如图21-43所示。

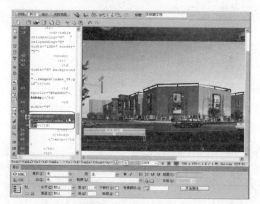

图21-43 输入代码

⑧将光标置于"表格5"的第2列中，执行"插入"|"表格"命令，插入8行1列的表格，此表格记为"表格6"，在"表格6"中插入相应的图像，如图21-44所示。

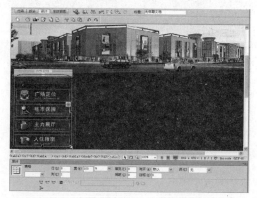

图21-44 插入表格和插入图像

⑨将光标置于"表格4"的第3行单元格中，执行"插入"|"表格"命令，插入2行1列的表格，此表格记为"表格7"，如图21-45所示。

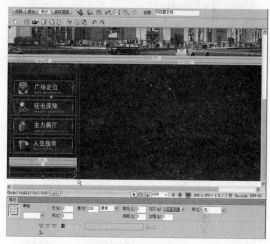

图21-45 插入"表格7"

⑩将光标置于"表格7"的第1行中，切换至"拆分"视图输入代码，在"属性"面板中将"高"设置为140，如图21-46所示。

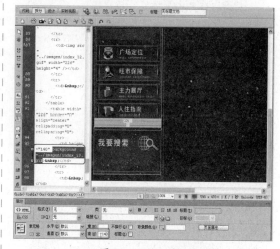

图21-46 输入代码

⑪光标置于背景图像上，执行"插入"|"表格"命令，插入2行1列的表格，此表格记为"表格8"，如图21-47所示。

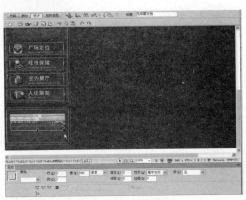

图21-47 插入"表格8"

⑫ 将"表格8"的第1行"高"设置为80。将光标置于"表格8"的第2行中，执行"插入"｜"表单"｜"表单"命令，如图21-48所示。

图21-48 插入表单

⑬将光标置于表单中，执行"插入"｜"表单"｜"文本域"命令，插入文本域，如图21-49所示。

图21-49 插入文本域

⑭将光标置于文本域的右边，执行"插入"｜"表单"｜"图像域"命令，插入图像域../images/index_33_2.gif，如图21-50所示。

图21-50 插入图像域

⑮将光标置于"表格4"的第4行单元格中，执行"插入"｜"表格"命令，插入2行1列的表格，此表格记为"表格9"，如图21-51所示。

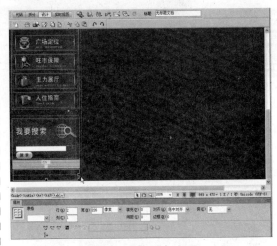

图21-51 插入"表格9"

⑯在"表格9"的第1行中插入1行3列的表格，此表格记为"表格10"，如图21-52所示。

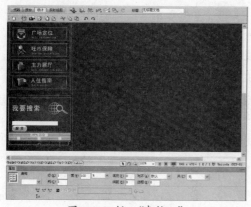

图21-52 插入"表格10"

⑰将"表格10"的第1列单元格"宽"设置为4，在"表格10"的第2列中插入9行1列的"表格11"，在"表格11"中插入相应的图像，如图21-53所示。

图21-53 插入表格和图像

⑱在"表格10"的第2行中插入图像../images/index_99.gif，如图21-54所示。

图21-54 插入图像

21.3.3 制作版权信息部分

网站版权信息部分如图21-55所示，具体制作步骤如下。

图21-55 网站版权信息部分

❶将光标置于"表格3"的右边，插入3行1列的表格，此表格记为"表格12"，效果如图21-56所示。

图21-56 插入"表格12"

❷在"表格12"的第1行中插入图像../images/index_104.gif，如图21-57所示。

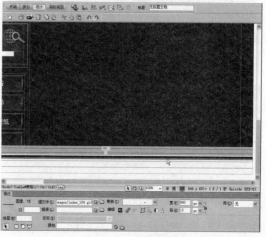

图21-57 插入图像

❸将光标置于"表格12"的第2行中，切换至"拆分"视图并输入代码background="../images/index_105.gif"，在"属性"面板中将"高"设置为29，如图21-58所示。

❹将"表格12"的第3行"背景颜色"设置为#5c0005，并输入相应的文字，如图21-59所示。

图21-58 输入代码

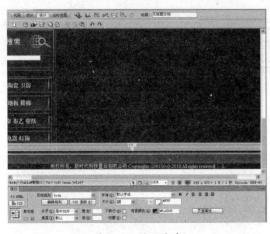

图21-59 输入文字

21.3.4 创建可编辑区

创建模板后接着要进行的操作就是创建可编辑区域。可编辑区域可以控制模板页面中哪些区域可以编辑，哪些区域不可以编辑。

❶将光标置于"表格3"的第2列单元格中，执行"插入"|"模板对象"|"可编辑区域"命令，弹出"新建可编辑区域"对话框，如图21-60所示。

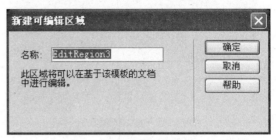

图21-60 "新建可编辑区域"对话框

❷单击"确定"按钮，即可创建可编辑区域，如图21-61所示。

图21-61 创建可编辑区域

❸执行"文件"|"保存"命令，弹出"另存模板"对话框，如图21-62所示。

❹在"另存为"文本框中输入名称，单击"保存"按钮，即可保存为模板网页。

图21-62 "另存模板"对话框

21.4 制作留言系统

留言管理系统主要用到了创建数据库和数据库表、建立数据源连接、建立记录集、添加重复区域来显示多条记录、页面之间传递信息等技巧和方法。这些功能的实现将在后面的制作过程中进行详细的介绍。本节主要介绍使用 Access 建立数据库和数据表的方法，同时掌握数据库的连接方法。

21.4.1 设计数据库

数据库是计算机中用于储存、处理大量文件的软件。将数据利用数据库储存起来，用户可以灵活地操作这些数据，从现存的数据中统计出任何想要的信息组合，任何内容的添加、删除、修改、检索都是建立在连接基础上的。

在制作具体网站功能页面前，首先做一个最重要的工作，就是创建数据库表，用来存放留言信息。本章的留言系统数据库表 gbook.mdb，其中的字段名称、数据类型和说明见表 21-1 所示。

表21-1 数据库表gbook

字段名称	数据类型	说明
g_id	自动编号	自动编号
subject	文本	标题
author	文本	作者
email	文本	联系信箱
date	文本	留言时间
content	备注	留言内容

21.4.2 建立数据库连接

在设计完数据库表之后，下面就创建数据库连接，具体操作步骤如下。

❶ 启动 Dreamweaver CS6，打开要创建数据库连接的文档，执行"窗口"|"数据库"命令，打开"数据库"面板，在面板中单击 ➕ 按钮，在弹出的菜单中选择"自定义连接字符串"选项，如图 21-63 所示。

❷ 弹出"自定义连接字符串"对话框，在该对话框中的"连接名称"文本框中输入 gbook，在"连接字符串"文本框中输入以下代码，如图 21-64 所示。

```
"Provider=Microsoft.JET.Oledb.4.0;Data Source="&Server.Mappath("/gbook.mdb")
```

图21-63 选择"自定义连接字符串"选项

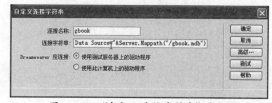

图21-64 "自定义连接字符串"对话框

③单击"确定"按钮，即可成功连接，此时"数据库"面板如图21-65所示。

提示：
> 设置时必须先关闭数据库，否则会出现"不能使用；文件已在使用中"的错误提示信息。

图21-65 "数据库"面板

21.4.3 制作留言列表页面

> 原始文件：CH21/index.htm

> 最终文件：CH21/liebiao.asp

留言列表页面效果如图21-66所示，该页面主要是利用创建记录集、显示区域、绑定字段、创建重复区域和转到详细页面服务器行为制作的。制作留言列表页面的具体操作如下。

图21-66 留言列表页面效果

❶执行"文件"|"新建"命令，弹出"新建文档"对话框，在对话框中选择"模板中的页"|"效果"lindex命令，如图21-67所示。

图21-67 "新建文档"对话框

❷单击"创建"按钮，即可利用模板创建一个网页，将其另存为liebiao.asp，如图21-68所示。

图21-68 利用模板创建网页

❸将光标置于相应的位置，执行"插入"|"表格"命令，插入1行3列的表格，在"属性"面板中将"填充"设置为4，"对齐"设置为"居中对齐"，将如图21-69所示。

图21-69 插入表格

❹将此表格记为"表格1",将光标置于表格1的第1列单元格中,执行"插入"|"图像"命令,插入图像 images/ann.gif,如图21-70所示。

图21-70 插入图像

❺分别在第2列和第3列单元格中输入文字,如图21-71所示。

图21-71 输入文字

❻将光标置于表格1的右边,按 Enter 键换行,插入1行1列的"表格2",在"属性"面板中将"填充"设置为4,如图21-72所示。

图21-72 插入表格

❼将光标置于"表格2"中,输入相应的文字,如图21-73所示。

图21-73 输入文字

❽选中文字"添加",在"属性"面板中的"链接"文本框中输入 fabiao.asp,设置链接,如图21-74所示。

图21-74 设置链接

❾执行"窗口"|"绑定"命令,打开"绑定"面板,在面板中单击 ⊞ 按钮,在弹出的菜单中选择"记录集(查询)"选项,弹出"记录集"对话框,在对话框中的"名称"文本框中输入 Rs1,如图21-75所示。

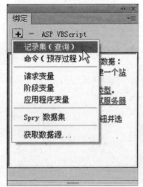

图21-75 选择"记录集(查询)"选项

⑩在"连接"下拉列表中选择 gbook，在"表格"下拉列表中选择 gbook，"列"勾选"选定的"单选项，在列表框中选择 g_id、subject 和 date，在"排序"下拉列表中选择 g_id 和降序，如图 21-76 所示。

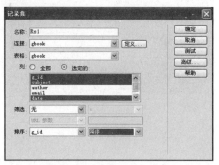

图21-76　"记录集"对话框

⑪单击"确定"按钮创建记录集，如图 21-77 所示。

图21-77　创建记录集

⑫选中"表格 2"，执行"窗口"｜"服务器行为"命令，打开"服务器行为"面板，在面板中单击 🔳 按钮，在弹出的菜单中选择"显示区域"｜"如果记录集为空则显示区域"选项，如图 21-78 所示。

图21-78　选择"如果记录集为空则显示区域"选项

⑬弹出"如果记录集为空则显示区域"对话框，在该对话框中的"记录集"下拉列表中选择 Rs1，如图 21-79 所示。

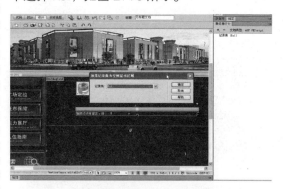

图21-79　"如果记录集为空则显示区域"对话框

⑭单击"确定"按钮，如果记录集为空，则显示区域服务器行为，如图 21-80 所示。

图21-80　创建服务器行为

⑮选中文字"本……欢迎各界朋友光临惠顾！"，在"绑定"面板中展开记录集 Rs1，选中 subject 字段，单击右下角的"插入"按钮，绑定字段，如图 21-81 所示。

图21-81　绑定字段

⑯选中文字"2012.12.1"，在"绑定"面板中展开记录集 Rs1，选中 date 字段，单击右下角的"插入"按钮，绑定字段，如图 21-82 所示。

图21-82 绑定字段

⑰选择"表格1"，执行"窗口"|"服务器行为"命令，打开"服务器行为"面板，在面板中单击 按钮，在弹出的菜单中选择"重复区域"选项，如图 21-83 所示。

图21-83 选择"重复区域"选项

⑱弹出"重复区域"对话框，在对话框中的"记录集"下拉列表中选择 Rs1，"显示"勾选"15 记录"单选项，如图 21-84 所示。

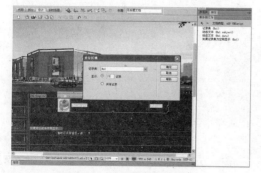

图21-84 "重复区域"对话框

⑲单击"确定"按钮，创建重复区域服务器行为，如图 21-85 所示。

图21-85 创建服务器行为

使用"转到详细页面"可以对留言的标题添加链接，链接到留言内容的详细页面。

⑳选中占位符 {Rs1.subject}，单击"服务器行为"面板中的 按钮，在弹出的菜单中选择"转到详细页面"选项，弹出"转到详细页面"对话框，在该对话框中的"详细信息页"文本框中输入 xiangxi.asp，在"记录集"下拉列表中选择 Rs1，在"列"下拉列表中选择 g_id，如图 21-86 所示。

图21-86 选择"转到详细页面"选项

㉑在"传递现有参数"勾选"URL 参数"复选项，如图 21-87 所示。此时代码如下所示。

图21-87 "转到详细页面"对话框

```
<A HREF="xiangxi.asp?<%= Server.
HTMLEncode(MM_keepURL)
    & MM_joinChar(MM_keepURL) & "g_id=" &
Rs1.Fields.Item("g_id").Value %>">
    <%=(Rs1.Fields.Item("subject").Value)%></A>
```

㉒单击"确定"按钮，创建转到详细页面服务器行为，如图 21-88 所示。

图21-88　创建服务器行为

21.4.4　制作留言添加页面

> 原始文件：CH21/index.htm

> 最终文件：CH21/fabiao.asp

添加留言页面效果如图 21-89 所示，该页面主要是利用插入表单对象、检查表单行为和创建登录用户服务器行为制作的。

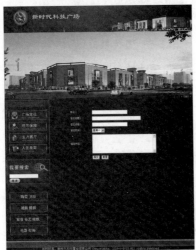

图21-89　添加留言页面效果

❶执行"文件"|"新建"命令，从模板中新建一网页，将其另存为 fabiao.asp。将光标置于相应的位置，执行"插入"|"表单"|"表单"命令，插入表单，如图 21-90 所示。

图21-90　插入表单

❷将光标置于表单中，执行"插入"|"表格"命令，插入 6 行 2 列的表格，在"属性"面板中将"填充"设置为 4，"对齐"设置为"居中对齐"，如图 21-91 所示。

> **提示：**
> 要使用提交表单功能，Dreamweaver 要求该表单域中至少存在一个文本域和一个"提交"按钮。如果存在多个文本域，请确保要验证的每个文本域具有唯一名称。

图21-91　插入表格

❸分别在单元格中输入相应的文字，如图 21-92 所示。

图21-92 输入文字

④将光标置于第1行第2列单元格中，执行"插入"|"表单"|"文本域"命令。插入文本域，在"属性"面板中的"文本域名称"文本框中输入author，"字符宽度"设置为25，"类型"设置为"单行"，如图21-93所示。

图21-93 插入文本域

⑤将光标置于第2行第2列单元格中，执行"插入"|"表单"|"文本域"命令，插入文本域，在"属性"面板中的"文本域名称"文本框中输入subject，将"字符宽度"设置为35，"类型"设置为"单行"，如图21-94所示。

图21-94 插入文本域

⑥将光标置于第3行第2列单元格中，执行"插入"|"表单"|"文本域"命令，插入文本域，在"属性"面板中的"文本域名称"文本框中输入email，将"字符宽度"设置为25，"类型"设置为"单行"，如图21-95所示。

图21-95 插入文本域

⑦将光标置于第4行第2列单元格中，执行"插入"|"表单"|"选择（列表/菜单）"命令，插入列表/菜单，如图21-96所示。

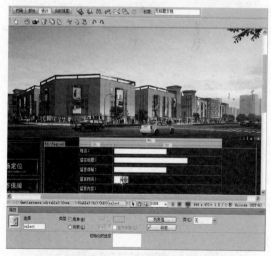

图21-96 插入列表/菜单

⑧选中列表/菜单，在"属性"面板中单击"列表值"按钮，弹出"列表值"对话框，在该对话框中单击➕按钮，添加项目标签，如图21-97所示。

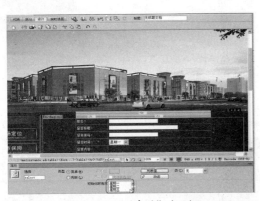

图21-97 "列表值"对话框

❾单击"确定"按钮，添加到"初始化时选定"列表框中，在"列表/菜单名称"文本框中输入 date,将"类型"设置为"菜单"，如图 21-98 所示。

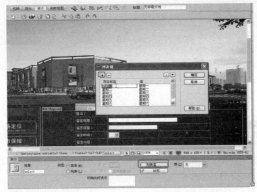

图21-98 设置列表/菜单属性

❿将光标置于第5行第2列单元格中，插入文本区域，在"属性"面板中的"文本域名称"文本框中输入 content,将"字符宽度"设置为45,"行数"设置为6,"类型"设置为"多行"，如图 21-99 所示。

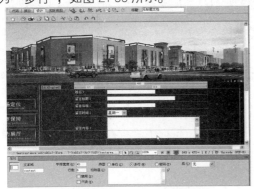

图21-99 插入文本区域

⓫将光标置于第6行第2列单元格中，执行"插入"|"表单"|"按钮"命令，插入按钮，在"属性"面板中的"值"文本框中输入"提交"，将"动作"设置为"提交表单"，如图 21-100 所示。

图21-100 插入按钮

⓬将光标置于"提交"按钮的右边，再插入一个按钮，在"属性"面板中的"值"文本框中输入"重置"，将"动作"设置为"重置表单"，如图 21-101 所示。

图21-101 插入按钮

⓭单击"服务器行为"面板中的⊞按钮，在弹出的菜单中选择"插入记录"选项，弹出"插入记录"对话框，在该对话框中的"连接"下拉列表中选择 gbook,在"插入到表格"下拉列表中选择 gbook,在"插入后，转到"文本框中输入 liebiao.asp,如图 21-102 所示。

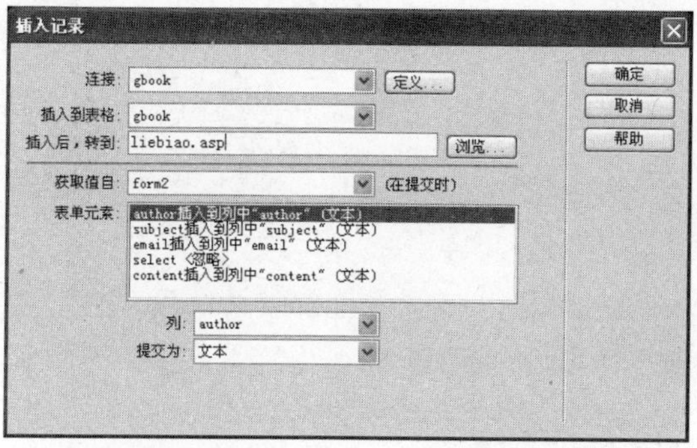

浏览者可以在留言列表页面中单击留言标题，进入自己感兴趣的内容，以便链接详细的内容页面来阅读。留言详细信息页面效果如图21-104所示，显示留言的详细信息，主要是利用创建记录集和绑定字段制作的。

图21-102 "插入记录"对话框

❹单击"确定"按钮，创建插入记录服务器行为，如图21-103所示。

★指点迷津★

有时已经在服务器行为中将"插入记录"服务器行为删除了，为什么重做"插入记录"后，运行时还会提示变量重复定义？

虽然已经在服务器行为中将插入记录服务器行为删除了，但在Dreamweaver中的"代码"视图中，定义的原有变量并未删除。所以在重新插入记录后，变量会出现重复定义的情况。在将插入记录服务器行为删除后，再切换到"代码"视图中，将代码中定义的变量删除。

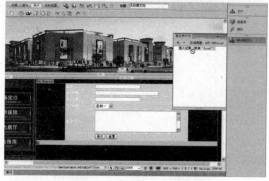

图21-103 创建服务器行为

21.4.5 制作留言详细信息页面

原始文件：CH21/index.htm

最终文件：CH21/xiangxi.asp

图21-104 留言详细信息页面效果

❶执行"文件"|"新建"命令，从模板新建一网页，将其另存为xiangxi.asp，如图21-105所示。

图21-105 另存为xiangxi.asp

❷将光标置于相应的位置，执行"插入"|"表格"命令，插入3行1列的表格，在"属性"面板中将"填充"设置为4，"对齐"设置为"居中对齐"，如图21-106所示。

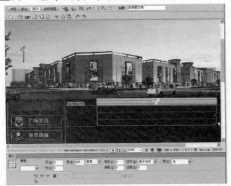

图21-106 插入表格

❸将光标置于第1行单元格中，将"水平"设置为"居中对齐"，输入文字，单击"粗体"按钮**B**对文字加粗，如图21-107所示。

图21-107 输入文字

❹分别在第2行和第3行单元格中输入文字，如图21-108所示。

图21-108 输入文字

❺单击"绑定"面板中的⊞按钮，在弹出的菜单中选择"记录集（查询）"选项，弹出"记录集"对话框，在"名称"文本框中输入Rs1，在"连接"下拉列表中选择gbook，在"表格"下拉列表中选择gbook，"列"勾选"全部"单选项，在"筛选"下拉列表中选择g_id、=、URL参数和g_id，如图21-109所示。单击"确定"按钮，创建记录集，如图21-110所示。

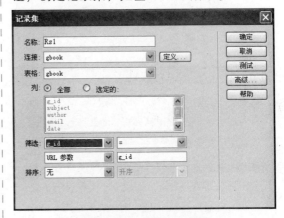

图21-109 "记录集"对话框

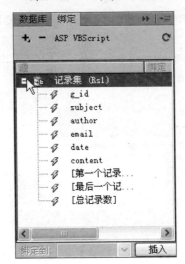

图21-110 创建记录集

❻选中文字"留言标题"，在"绑定"面板中展开记录集Rs1，选中subject字段，单击右下角的"插入"按钮，绑定字段，如图21-111所示。

图21-111 绑定字段

❼ 按照步骤 6 的方法，分别将 date 和 content 字段绑定到相应的位置，如图 21-112 所示。

图21-112 绑定字段

第5篇
网站发布推广与安全维护

第22章　站点的发布与推广

本章导读

　　网页制作完毕后要发布到网站服务器上，才能让别人观看。现在上传用的工具有很多，既可以采用专门的FTP工具，也可以采用网页制作工具本身带有的FTP功能。网站发布以后，必须进行推广才能让更多的人知道。

技术要点

- ●测试站点
- ●检查链接
- ●发布网站
- ●网站维护
- ●网站的推广

22.1 测试站点

在真正构建远端站点之前，应该在本地先对站点进行完整的测试，检测站点中是否存在错误和断裂的链接等，以找出可能存在的问题。

22.1.1 检查链接

如果网页中存在错误链接，这种情况是很难察觉的。采用常规的方法，只有打开网页，单击该链接时，才可能发现错误。而Dreamweaver可以帮助用户快速检查站点中网页的链接，避免出现链接错误，具体操作步骤如下。

❶打开已创建的站点地图，选中一个文件，执行"站点"丨"改变站点链接范围的链接"命令，选择命令后，弹出"更改整个站点链接"对话框，如图22-1所示。

❷在"变成新链接"文本框中输入链接的文件，单击"确定"按钮，弹出"更新文件"对话框，单击"更新"按钮，完成更改整个站点范围内的链接，如图22-2所示。

图22-1 "更改整个站点链接"对话框

图22-2 "更新文件"对话框

❸执行"站点"丨"检查站点范围的链接"命令，打开"链接检查器"面板，在"显示"选项卡中选择"断掉的链接"选项，如图22-3所示。

❹在"显示"下拉表中选择"外部链接"选项可以检查出与外部网站链接的全部信息，如图22-4所示。

图22-3 选择"断掉的链接"

图22-4 选择"外部链接"

22.1.2 站点报告

可以对当前文档、选定的文件或整个站点的工作流程或HTML属性（包括辅助功能）运行站点报告。使用站点报告可以检查可合并的嵌套字体标签、辅助功能、遗漏的替换文本、冗余的嵌套标签、可删除的空标签和无标题文档，具体操作步骤如下。

❶执行"站点"丨"报告"命令，弹出"报告"对话框，在对话框中的"报告在"下拉列表中选择"整个当前本地站点"选项，在"选择报告"列表框中勾选"多余的嵌套标签"、"可移除的空标签"和"无标题文档"复选项，如图22-5所示。

❷ 单击"运行"按钮，Dreamweaver 会对整个站点进行检查。检查完毕后，将会自动打开"站点报告"面板，在面板中显示检查结果，如图 22-6 所示。

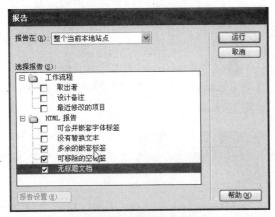

图22-5　"报告"对话框

图22-6　"站点报告"面板

22.1.3　清理文档

清理文档就是清理一些空标签或者在 Word 中编辑时所产生的一些多余的标签，具体操作步骤如下。

❶ 打开需要清理的网页文档。执行"命令"|"清理 HTML"命令，弹出"清理 HTML/XHTML"对话框，在对话框的"移除"选项组中勾选"空标签区块"和"多余的嵌套标签"复选项，或者在"指定的标签"文本框中输入所要删除的标签，并在"选项"选项组中勾选"尽可能合并嵌套的 <font> 标签"和"完成后显示记录"复选框复选项，如图 22-7 所示。

❷ 单击"确定"按钮，Dreamweaver 自动开始清理工作。清理完毕后，弹出一个提示框，在提示框中显示清理工作的结果，如图 22-8 所示。

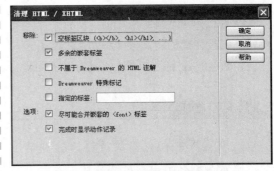

图22-7　"清理 HTML/XHTML"对话框

图22-8　显示清理工作的结果

❸ 执行"命令"|"清理 Word 生成的 HTML"命令，弹出"清理 Word 生成的 HTML"对话框，如图 22-9 所示。

❹ 在对话框中切换到"详细"选项卡，勾选需要的选项，如图 22-10 所示。

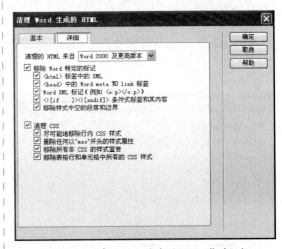

图22-9　"清理Word生成的HTML"对话框

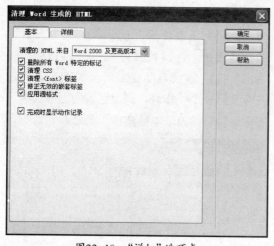

图22-10 "详细"选项卡

❺ 单击"确定"按钮，清理工作完成后
显示提示框，如图 22-11 所示。

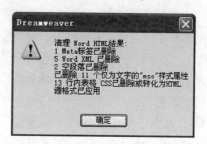

图22-11 提示框

22.2 发布网站

当网站制作完成以后，就要上传到远程服
务器上供浏览者预览，这样所做的网页才会被
别人看到。网站发布流程第一步：申请一个域
名；第二步：申请一个空间服务器；第三步：
上传网站到服务器。

上传网站有两种方法，一种是用
Dreamweaver 自带的工具上传；另一
种是 FTP 软件上传。下面将详细讲述
使用 Dreamweaver 上传的方法。利用
Dreamweaver 上传网站的具体操作步骤
如下。

❶ 执行"站点"|"管理站点"命令，
弹出"管理站点"对话框，如图 22-12
所示。

❷ 单击"编辑当前选定的站点"按
钮，弹出"站点设置对象"对话框，在
该对话框中选择"服务器"选项，如图
22-13 所示。

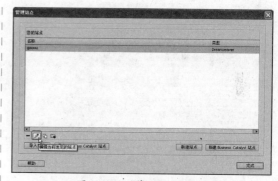

图22-12 "管理站点"对话框

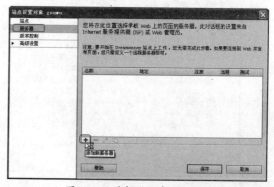

图22-13 选择"服务器"选项

❸在对话框中单击"添加新服务器"按钮，弹出远程服务器设置对话框。在"连接方法"下拉列表中选择FTP选项，在"FTP地址"文本框中输入站点要传到的FTP地址，在"用户名"文本框中输入拥有的FTP服务主机的用户名，在"密码"文本框中输入相应用户的密码，如图22-14所示。

❹设置完远程信息的相关参数后，单击"保存"按钮。执行"窗口"|"文件"命令，打开"文件"面板，在面板中单击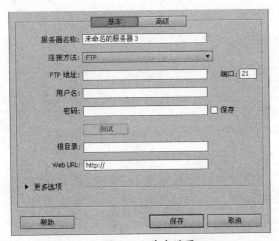按钮，如图22-15所示。

图22-14 基本设置

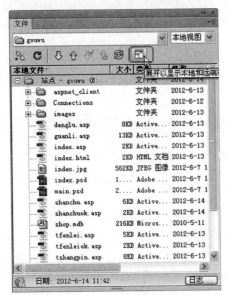

图22-15 "文件"面板

❺弹出图22-16所示的界面，在界面中单击"连接到远端主机"按钮，建立与远程服务器连接。连接到服务器后，"连接到远端主机"按钮会自动变为闭合状态，并在一旁亮起一个小绿灯，列出远端网站的目录，右侧窗口显示为"本地文件"信息。

图22-16 建立与远程服务器连接

22.3 网站维护

一个好的网站，仅仅通过一次性工作是不可能制作完美的，由于市场在不断地变化，网站的内容也需要随之调整，给人常新的感觉，才会更加吸引访问者，给访问者留下很好的印象。这就要求对站点进行长期不间断的维护和更新。对于网站来说，只有不断地更新内容，才能保证网站的生命力，否则网站不仅不能起到应有的作用，反而会对企业自身形象造成不良影响。

22.3.1 网站内容的更新

如何快捷方便地更新网页，提高更新效率，是很多网站面临的难题。现在网页制作工具不少，但对网站维护人员来说，要为了更新信息而日复一日地编辑网页，疲于应付是普遍存在的问题。

内容更新是网站维护过程中的重要一环，可以考虑从以下 5 个方面入手，使网站能长期顺利地运转。

第一，在网站建设初期，就要对后续维护给予足够的重视，要保证网站后续维护所需资金和人力。很多网站建设时很舍得投入资金，可是网站发布后，维护力度不够，信息更新工作迟迟跟不上，网站建成之时，便是网站死亡的开始。

第二，要从管理制度上保证信息渠道的通畅和信息发布流程的合理性。网站上各栏目的信息往往来源于多个业务部门，要进行统筹考虑，确立一套从信息收集、信息审查到信息发布的良性运转的管理制度，既要考虑信息的准确性和安全性，又要保证信息更新的及时性。要解决好这个问题，领导的重视是前提。

第三，在建设过程中要对网站的各个栏目和子栏目进行尽量细致的规划，在此基础上确定哪些是经常要更新的内容，哪些是相对稳定的内容。根据相对稳定的内容设计网页模板，在以后的维护工作中，这些模板不用改动，这样既省费用，又有利于后续维护。

第四，对经常变更的信息，尽量建立数据库管理，以避免数据杂乱无章的现象发生。如果采用基于数据库的动态网页方案，则在网站开发过程中，不但要保证信息浏览的方便性，还要保证信息维护的方便性。

第五，要选择合适的网页更新工具。信息收集起来后，如何制作网页，采用不同的方法，效率也会大大不同。比如使用 Notepad 直接编辑 HTML 文档与用 Dreamweaver 等可视化工具相比，后者的效率自然高得多。若既想把信息放到网页上，又想把信息保存起来以备以后再用，采用能够把网页更新和数据库管理结合起来的工具效率会更高。

22.3.2 网站风格的更新

网站风格的更新包括版面、配色等各方面。改版后的网站让客户感觉改头换面，焕然一新。改版的周期一般要长些。如果客户对网站也满意的话，改版可以延长到几个月甚至半年，改版周期不能太短。一般一个网站建设完成以后，代表了公司的形象、风格。随着时间的推移，很多客户对这种形象已经形成了定势。如果经常改版，会让客户感觉不适应，特别是那种风格彻底改变的"改版"。当然如果对公司网站有更好的设计方案，可以考虑改版。毕竟长期使用一种版面会让人感觉陈旧、厌烦。

22.4　网站的推广

网站推广就是以国际互联网为基础，利用数字化的信息和网络媒体的交互性来辅助营销目标实现的一种新型的市场营销方式。简单地说，网站推广就是以互联网为主要手段进行的为达到一定营销目的的推广活动。

22.4.1　登录搜索引擎

据统计，信息搜索已成为互联网最重要的应用。并且随着技术进步，搜索效率不断提高，用户在查询资料时不仅越来越依赖于搜索引擎，而且对搜索引擎的信任度也日渐提高。有了如此雄厚的用户基础，利用搜索引擎宣传企业形象和产品服务当然能获得极好的效果。

首先，要仔细揣摩潜在客户的心理，绞尽脑汁设想他们在查询与网站有关的信息时最可能使用的关键词，并一一将这些词记下来。不必担心列出的关键词会太多，相反找到的关键词越多，覆盖面也越大，也就越有可能从中选出最佳的关键词。

搜索引擎上的信息针对性都很强。用搜索引擎查找资料的人都是对某一特定领域感兴趣的群体，所以愿意花费精力找到网站的人，往往很有可能就是渴望已久的客户。而且不用强迫别人接受提出要求的信息，相反，如果客户确实有某方面的需求，他就会主动找上门来。

图 22-17 所示为在百度搜索引擎登录网站。注册时尽量详尽地填写企业网站中的信息，特别是关键词，尽量写得普遍化、大众化一些，如"公司资料"最好写成"公司简介"。

图22-17　在百度搜索引擎登录网站

可以把自己的网站提交给各个搜索引擎，这样在各个搜索引擎中就能找到商家的网站了，虽然不是每个都能通过，但是勤劳一点总是会有几个通过的。

方法很简单：首先在浏览器打开每个网站的登录口，然后把商家的网址输入进去就行了。

百度搜索网站登录口：http://www.baidu.com/search/url_submit.html

Google 网站登录口：http://www.google.cn/intl/zh-CN_cn/add_url.html

雅虎中国网站登录口：http://search.help.cn.yahoo.com/h4_4.html

网易有道搜索引擎登录口：http://tellbot.youdao.com/report

英文雅虎登录口：http://search.yahoo.com/info/submit.html

TOM 搜索网站登录口：http://search.tom.com/tools/weblog/log.php

22.4.2 利用友情链接

如果网站提供的是某种服务，而其他网站的内容刚好和你形成互补，这时不妨考虑与其建立链接或交换广告，一来增加了双方的访问量；二来可以给客户提供更加周全的服务，同时也避免了直接的竞争。网站之间互相交换链接和旗帜广告有助于增加双方的访问量，图22-18所示为交换友情链接。

图22-18 交换友情链接

最理想的链接对象是与网站流量相当的网站。流量太大的网站由于管理员要应付太多要求互换链接的请求，容易忽略。小一些的网站也可考虑。互换链接页面要放在网站比较偏僻的地方，以免将网站访问者很快引向他人的站点。

找到可以互换链接的网站之后，发一封个性化的Email给对方网站管理员，如果对方没有回复，可以再打电话试试。

在进行交换链接过程中往往存在一些错误的做法，如不管对方网站的质量和相关性，片面追求链接数量，这样只能适得其反。有些网站甚至通过大量发送垃圾邮件的方式请求友情链接，这是非常错误的做法。

22.4.3 借助网络广告

网络广告就是在网络上做的广告，是利用网站上的广告横幅、文本链接、多媒体的方法，在互联网刊登或发布广告，通过网络传递到互联网用户的一种高科技广告运作方式。一般形式是各种图形广告，称为旗帜广告。网络广告本质上还是属于传统宣传模式，只不过载体不同而已。图22-19所示在新浪网投放网络广告推广网站。

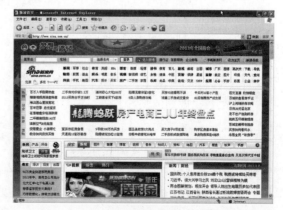

图22-19 在新浪网投放网络广告推广网站

22.4.4　登录网址导航站点

现在国内有大量的网址导航类站点，如 http://www.hao123.com/、http://www.265.com/ 等。在这些网址导航类做上链接，也能带来大量的流量，不过现在想登录上像 hao123 这种流量特别大的站点并不是件容易事。图 22-20 所示为导航网站。

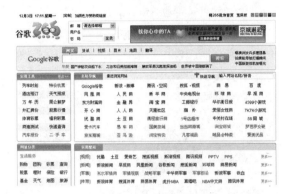

图22-20　导航网站

22.4.5　BBS宣传

在论坛上经常看到很多用户在签名处都留下了他们的网站地址，这也是网站推广的一种方法。将有关的网站推广信息发布在其潜在用户可能访问的网站论坛上，利用用户在这些网站获取信息的机会，实现网站推广的目的。

论坛里暗藏着许多潜在客户，所以千万不要忽略了这里的作用。记得把自己的头像和签名档设置好，并且做得好看些，动人些；再配上好的帖子，无论是首帖，还是回帖，别人都能注意到；分享生意经、生活里的苦辣酸甜、读书、听音乐的乐趣等；定期更换签名，把网站的最新政策和商品及时通知给别人。图22-21 所示为在 BBS 论坛推广网站。

图22-21　在BBS论坛推广网站

22.4.6　发布信息推广

信息发布既是网络营销的基本职能，又是一种实用的操作手段。通过互联网，不仅可以浏览到大量的商业信息，还可以自己发布信息。在网上发布信息可以说是网络营销最简单的方式，网上有许多网站提供企业供求信息发布，并且多数为免费发布信息，有时这种简单的方式也会取得意想不到的效果。

分类信息网站是现在网站推广的一个重要方式，因为它流量高，且审核宽松。下面介绍在分类信息网站做推广的一些事项。

●首先要做的就是在网上找一些分类信息的网站，这类网站很多，但是我们不用找太多，只找十几、二十个权重比较高的就行了，像赶集、58同城、百姓网等。图22-22所示为在58同城发布信息。

图22-22 在58同城发布信息

●选对城市。现在不是纯互联网的企业都有一定的地域性，如果你的企业或者产品地域性很强，强烈建议你以地域性推广为主。大部分分类信息网都有地区分站。

●选对发布板块。因为分类信息的类别非常多，在选择类别的时候一定要遵循自己的产品和服务属性，不要发布错了。如你本来是做网站建设的，如果发到了物流运输的类别上，那么管理员会把你的信息删除的。

●编辑发布内容。内容的编辑是重中之重，为什么这样说呢？因为它像软文一样，原创的最好。不要从其他人那里拷贝一个相关信息过来，换个名称就放上去了。与其这样做无用功，还不如静下心来好好写一篇介绍文章，不在乎文笔多好，自己写的一篇文章比你复制十几篇文章的作用都大。

●信息的排版。经验告诉我们，同样的信息，排版混乱的信息被删的概率大很多。

●跟踪效果。发布的每一条信息并不是放上去就算完事了，要把每一条发送的URL地址记录下来，每星期查看带来的效果如何，比如浏览量、留言等。只有做好统计，才能根据反馈的情况采取相应的措施进行改进，提高推广效果。

22.4.7 利用群组消息即时推广

利用即时软件的群组功能，如QQ群、MSN群等，加入群后发布自己的网站信息，这种方式能即时为自己的网站带来流量。如果同时加几十个QQ群，推广网站可以达到非常不错的效果。但这种方式同时也被很多人厌恶。图22-23所示为利用QQ群推广网站。

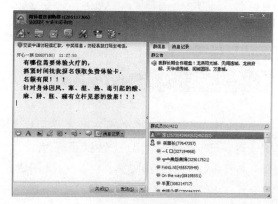

图22-23 利用QQ群推广网站

如果加入群后发布的是直接广告，管理较好的群组马上将发广告的人"踢出"，但现在很多站长都开始使用其他的方式，如先与群管理搞好关系，平时积极参与聊天等活动，在适当的时候发布自己网站的广告，可以起到更好的效果。

另外还有一种现在很多站点都在使用的方法，就是建立自己网站的QQ群，然后在网站上宣传吸引网友的加入，这样一来不仅能够近距离跟自己的网站用户进行交流，还能增加用户的黏性，而且网站有什么新功能推出，可以即时在群中发布通知信息，并且不会有因为发广告而被"踢出"的后顾之忧。

前一种通过添加QQ群宣传的方法会打扰到大多数的群员，但是又确实会产生直接的效果，但如果针对的用户群体不符，则起不到任何的宣传效果。而后一种方法更为实用，不仅能与网站的用户进行交流，还能起到宣传作用。

22.4.8　电子邮件

电子邮件因为方便、快捷、成本低廉的特点，成为目前使用最广泛的互联网应用，是一种有效的推广工具。它常用的方法包括邮件列表、电子刊物、新闻邮件、会员通讯、专业服务商的电子邮件广告等。

22.4.9　电子邮件推广

电子邮件是目前使用最广泛的互联网应用。它方便快捷，成本低廉，不失为一种有效的联络工具。图22-24所示为使用电子邮件推广网站。

图22-24　使用电子邮件推广网站

相比其他网络营销手法，电子邮件营销速度非常快。搜索引擎优化需要几个月，甚至几年的努力，才能充分发挥效果。博客营销更是需要时间，以及大量的文章。而电子邮件营销只要有邮件数据库在手，发送邮件后几小时之内就会看到效果，产生订单。因特网使商家可以立即与成千上万潜在的和现有的顾客取得联系。

由于发送E-mail的成本极低且具有即时性，因此，相对于电话或邮寄，顾客更愿意响应营销活动。相关调查报告显示，E-mail的点击率比网络横幅广告和旗帜广告的点击率平均高5%～15%，E-mail的转换率比网络横幅广告和旗帜广告的转换率平均高10%～30%。

22.4.10　电子邮件推广的技巧

可以看出，电子邮件在现在的推广和营销特别是电子商务类网站的作用越来越明显。利用好技巧，可以让更多的用户产生购买行为。

●提高电子邮件的到达率，没有到达打开也无从谈起。通过提升到达率，不断地研究各种发送邮件方式，来提高邮件发送的成功率。

●内容清晰简单。电子邮件内容简洁，用最简单的内容表达出你的诉求点，如果必要，可以给出一个关于详细内容的链接，收件人如果有兴趣，会主动点击所链接的内容，否则，内容再多也没有价值，只能引起收件人的反感。

●根据不同的用户合理地安排邮件的主题。邮件的主题是收件人最早可以看到的信息，邮件内容是否能引人注意，主题起到相当重要的作用。邮件主题应言简意赅，以便收件人决定是否继续阅读邮件内容。

●邮件的设计一定要美观、好看，给人眼前一亮的感觉。对于两封同样陌生的邮件，制作漂亮精美的邮件肯定比制作粗糙的邮件让用户更容易接受。因此，无论每天在发多少封邮件，尽量在发之前花点时间对邮件美化一下，这样，不但可以提高公司的形象，也拉近了商家和用户之间的距离。

●电子邮件发件人与邮件地址非常重要。电子邮件收件人收到邮件后，如果是有印象的发件人名称与发件人地址，平均打开率要比没有印象的高出两倍以上。因此，开展电子邮件营销必须做到：保持持续稳定的发件人名称；使用独有的域名与发件人地址，这样让他们更容易接受自己。

●标题中包含吸引收件人的关键词，要做到这一点，就需要深入挖掘、分析收件人的关注点与兴趣点，结合自己的特征来把握。

●持续的反馈与改进，持续地分析那些网页到达了而没有被打开的原因，做一些调查问卷或者访问调查，对提高打开率很有好处。

●转发与注册——获得更多的优惠，在当把邮件发布给一个用户的时候，提醒他转发或者注册，并用一定的激励方式来鼓励和促进他实施这项活动。

●邮件发送的频率要适度：有些公司有了邮件群发平台以后，每天就狂发邮件给用户，这样，不但造成用户反感，邮件服务器也会把你列入垃圾邮件的名单中。因此，我们在发送邮件的时候，一定要用策略，一定要懂得分析数据。

第23章 网站的安全维护

本章导读

Web 应用的发展，使网站产生越来越重要的作用，而越来越多的网站在此过程中也因为存在安全隐患而遭受到各种攻击，例如网页被挂马、网站 SQL 注入，导致网页被篡改、网站被查封，甚至被利用成为传播木马给浏览网站用户的一个载体。网络的安全问题随着网络破坏行为日益猖狂而开始得到重视。目前网站建设已经不仅仅考虑具体功能模块的设计，而是将技术的实现与网络安全结合起来。

技术要点

- 掌握网络安全防范措施
- 了解反黑客技术

23.1 网络安全防范措施

目前90%以上的计算机流行病毒都是通过网络进行传播的。计算机病毒具有破坏性，它将影响计算机的正常运行，甚至损坏计算机硬件。为了保障系统的正常运行，维护网络安全，要求管理员必须具备一定的反黑客技术。下面简要介绍目前常见的几种网络安全防范措施。

23.1.1 防火墙技术

如果有条件，可以安装个人防火墙以抵御黑客的袭击。所谓防火墙，是指一种将内部网和公众访问网（Internet）分开的方法，实际上是一种隔离技术。防火墙是在两个网络通讯时执行的一种访问控制尺度，它能允许"同意"的人和数据进入网络，同时将"不同意"的人和数据拒之门外，最大限度地阻止黑客来访问网络，防止他们更改、复制、毁坏重要信息。

防火墙安装和投入使用后，并非万事大吉。要想充分发挥它的安全防护作用，必须进行跟踪和维护，要与商家保持密切的联系，时刻注视商家的动态。因为商家一旦发现其产品存在安全漏洞，就会尽快发布补救产品，此时应尽快确认真伪（防止特洛伊木马等病毒），并对防火墙进行更新。在理想情况下，一个好的防火墙应该能把各种安全问题在发生之前解决。目前各家杀毒软件的厂商都会提供个人版防火墙软件，防病毒软件中都含有个人防火墙，所以可用同一张光盘运行个人防火墙安装程序，需要重点提示的是，防火墙在安装后一定要根据需求进行详细配置。合理设置防火墙后应能防范大部分的蠕虫病毒入侵。

23.1.2 网络加密技术

网络中，加密就是把数据和信息（称为明文）转换为不可辨识形式（密文）的过程。使不应了解该数据和信息的人不能够知道和识别。欲知密文的内容，需将其转变为明文，这就是解密过程。

在网络上进行交换的数据主要面临着以下4种威胁。

❶截获——从网络上监听他人进行交换的信息的内容。

❷中断——有意中断他人在网络上传输的信息。

❸篡改——故意篡改网络上传送的信息。

❹伪造——伪造信息后在网络上传送。

其中截获信息的攻击称为被动攻击，而中断、更改和伪造信息的攻击都称为主动攻击。但是无论是主动还是被动攻击，都是在信息传输的两个端点之间进行的，即源站和目的站之间。

加密技术是电子商务采取的主要安全保密措施，是最常用的安全保密手段，利用技术手段把重要的数据变为乱码（加密）传送，到达目的地后再用相同或不同的手段还原（解密）。加密技术的应用是多方面的，但最为广泛的应用还是在电子商务和VPN上的应用，深受广大用户的喜爱。

23.1.3 网络安全管理

计算机网络是人们通过现代信息技术手段了解社会、获取信息的重要手段和途径。网络安全管理是人们能够安全上网、绿色上网、健康上网的根本保证。做好网络安全必须有个精通网络的专家。

1. 杜绝病毒来源

俗话说："病从口入"，了解病毒的来源是防止病毒最重要的一个环节。因此，在日常操作中应注意：文件以软盘、光盘、网络共享和电子邮件等方式存入主机前，应确定是否带有病毒，并用杀毒软件查杀后再使用。

2. 数据备份

对系统中重要的数据进行备份，以便系统受计算机病毒感染、导致系统崩溃时进行恢复。

3. 避免从软驱或光驱启动

很多引导型病毒是在软驱或者光驱启动时感染的，如果计算机不设定从软驱或光驱启动，可以有效地降低感染引导型病毒的机率，在 CMOS 中将系统设为仅从硬盘启动就可以了。

4. 防止宏病毒

尽量不要打开来历不明的文件或模板；在低版本的 Word、Excel 和 PowerPoint 中将"宏病毒防护"选项打开，Office XP 可以自动侦测 Word、Excel 和 PowerPoint 等文件中是否含有宏功能，并提示用户在确认无毒之后再打开。

5. 预防 E-mail 病毒

通过 E-mail 携带的可执行文件，如扩展名为 .exe 的程序文件、含宏的文件以及脚本语言等都有可能是病毒的藏身之处，只要执行带病毒的可执行文件，就会提高中毒的机率。因此，不要随便打开来历不明的电子邮件或电子邮件中的附件。如果使用 Outlook/Outlook Express 收发电子邮件，建议关闭信件预览功能。

6. 安装杀毒软件

安装杀毒软件是防止病毒最有效的措施之一。如果仅仅安装杀毒软件而不定期更新病毒库或扫描计算机里的各个文件、文件夹，病毒还是有潜伏在计算机中并伺机而动的可能。因此，不仅要定期全面扫描，还要随时更新病毒库。

23.2　反黑客技术

黑客原指热心于计算机技术、水平高超的电脑专家，尤其是程序设计人员。但到了今天，黑客一词已被用于泛指那些专门利用电脑搞破坏或恶作剧的人。网络是黑客破坏计算机的主要途径，目前90%以上的计算机流行病毒都是通过网络进行传播的。为了保障系统的正常运行，维护网络安全，要求管理员必须具备一定的反黑客技术。下面简要介绍几种在Windows XP操作系统平台上常见的反黑客技术。

23.2.1 计算机的设置

计算机的设置是比较基础的内容，同时也是反黑客技术最直接的方式，下面介绍常见的计算机安全设置。

1. 取消文件夹隐藏共享

在默认状态下，Windows XP会开启所有分区的隐藏共享，执行"控制面板"｜"管理工具"｜"计算机管理"命令，在打开的窗口中选择"系统工具"｜"共享文件夹"｜"共享"命令，如图23-1所示。可以看到硬盘上的分区名后面都加了一个"$"标识。大多数个人用户系统Administrator账号的密码都为空，入侵者可以轻易看到C盘的内容，这就给网络安全带来了极大的隐患。

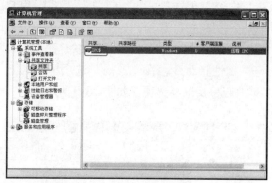

图23-1 隐藏共享

消除默认共享的方法很简单，执行"开始"｜"运行"命令，弹出"运行"对话框，在对话框中输入"regedit"，如图23-2所示。打开"注册表编辑器"，进入"HKEY_LOCAL_MACHINE"｜"SYSTEM"｜"CurrentControlSet"｜

"Services"｜"Lanmanworkstation"｜"parameters"选项，新建一个名为"autosharewks"的双字节值，并将其值设为"0"，关闭admin$共享，如图23-3所示。然后重新启动电脑，这样共享就取消了。

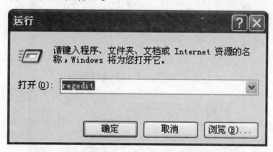

图23-2 "运行"对话框

图23-3 新建autosharewks值

2. 删掉不必要的协议

对于服务器和主机来说，一般只需安装TCP/IP协议就够了。用鼠标右键单击"网上邻居"，在弹出的菜单中执行"属性"命令，再用鼠标右键单击"本地连接"，在弹出的菜单中执行"属性"命令，卸载不必要的协议。其中NetBIOS协议是很多安全缺陷的根源，对于不需要提供文件和打印共享的主机，还可以将绑定在TCP/IP协议的NetBIOS关闭，避免针对NETBIOS的攻击。选择"TCP/IP协议"｜"属性"｜"高级"命令，进入"高级TCP/IP设置"对话框，选择"WINS"选项卡，勾选"禁用TCP/IP上的NetBIOS"单选项，关闭NetBIOS，如图23-4所示。

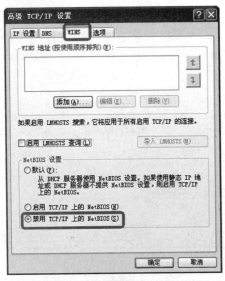

图23-4 关闭NetBIOS

3. 关闭"文件和打印共享"

文件和打印共享是一个非常有用的功能，但在不需要时，也是黑客入侵的安全漏洞。所以在没有使用"文件和打印共享"的情况下，可以将它关闭。

首先进入"控制面板"，并双击"安全中心"图标，进入"Windows安全中心"，如图23-5所示。，单击"Windows防火墙"链接，弹出"Windows防火墙"对话框，选择"例外"选项卡，取消勾选"程序和服务"列表框中的"文件和打印机共享"复选项，如图23-6所示。

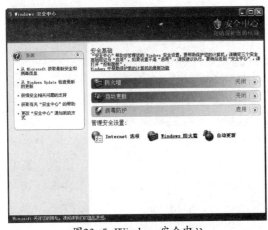

图23-5 Windows安全中心

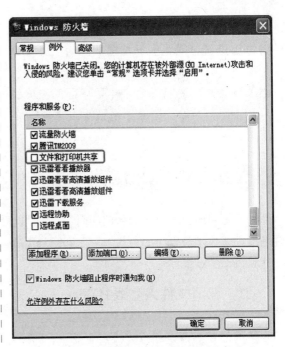

图23-6 取消勾选"文件和打印机共享"复选项

4. 把Guest账号禁用

有很多入侵都是通过Guest账号进一步获得管理员密码或者权限的。如果不想让自己的计算机被别人控制，那么将其禁用为好。执行"控制面板"|"管理工具"|"计算机管理"命令，在窗口中选择"系统工具"|"本地用户和组"|"用户"选项，如图23-7所示。用鼠标右键单击"Guest"，在弹出的快捷菜单中执行"属性"命令，在"常规"选项卡中勾选"账户已停用"复选项，如图23-8所示。

图23-7 本地用户

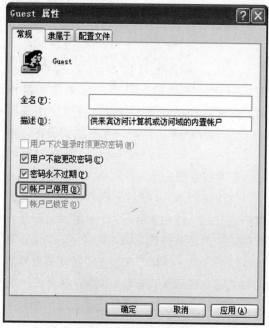

图23-8 停用Guest账户

5. 禁止建立空链接

在默认情况下，任何用户都可以通过空链接连上服务器，并通过枚举账号猜测密码。因此必须禁止建立空链接，其方法是修改注册表。

执行"开始"|"运行"命令，弹出"运行"对话框，在该对话框中输入"regedit"，如图23-9所示。打开"注册表编辑器"，进入"HKEY_LOCAL_MACHINE"|"System"|"CurrentControlSet"|"Control"|"Lsa"选项，将DWORD值"restrictanonymous"的键值改为"1"即可，如图23-10所示。

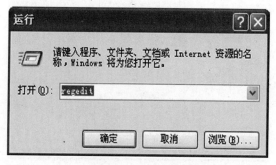

图23-9 "运行"对话框

图23-10 修改键值

23.2.2 隐藏IP地址

黑客经常利用一些网络探测技术来查看主机信息，主要目的就是得到网络中主机的IP地址。IP地址在网络安全上是一个很重要的概念，如果攻击者知道了服务器的IP地址，等于为攻击准备好了目标，黑客可以向这个IP发动各种进攻，如DoS（拒绝服务）攻击、Floop溢出攻击等。

隐藏IP地址的主要方法是使用代理服务器。与直接连接到互联网相比，使用代理服务器能保护上网用户的IP地址，从而保障上网安全。代理服务器的原理是在客户机和远程服务器之间架设一个"中转站"，当客户机向远程服务器提出服务要求后，代理服务器首先截取用户的请求，然后将服务请求转交给远程服务器，从而实现客户机和远程服务器之间的联系。很显然，使用代理服务器后，其他用户只能探测到代理服务器的IP地址，而不是服务器真正的IP地址，这就实现了隐藏服务器IP地址的目的，保障了上网安全。

下面介绍如何通过Internet Explorer浏览器来设置代理服务器，进而实现隐藏IP地址的目的，具体操作步骤如下。

（1）启动Internet Explorer浏览器，执行

"工具" | "Internet 选项" 命令，弹出 "Internet 选项" 对话框，选择 "连接" 选项卡，如图 23-11 所示。

（2）单击 "局域网设置" 按钮，弹出 "局域网（LAN）设置" 对话框，选择 "为 LAN 使用代理服务器" 复选项，激活下面的 "地址" 文本框，在该文本框中输入代理服务器的 P 地址，并设置具体的端口号，最后单击 "确定" 按钮，完成代理服务器的设置，如图 23-12 所示。

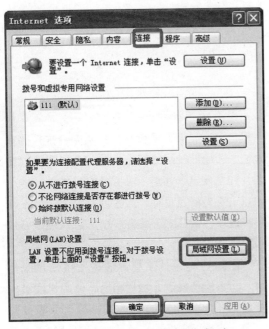

图23-11 "Internet选项" 对话框

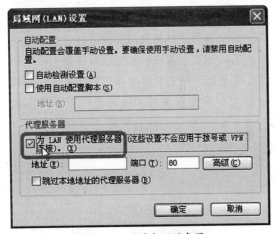

图23-12 设置代理服务器

23.2.3 操作系统账号的管理

Administrator 账号拥有最高的系统权限，一旦该账号被人利用，后果将不堪设想。黑客入侵的常用手段之一就是试图获得 Administrator 账号的密码，在一般情况下，系统安装完毕后，Administrator 账号的密码为空，因此要重新配置 Administrator 账号。

首先是为 Administrator 账号设置一个强大复杂的密码，然后重命名 Administrator 账号，再创建一个没有管理员权限的 Administrator 账号欺骗入侵者。这样一来，入侵者就很难弄清楚哪个账号真正拥有管理员权限，也就在一定程度上降低了危险性。下面介绍通过控制面板为 Administrator 账号创建一个密码，具体操作步骤如下。

❶ 执行 "控制面板" | "管理工具" | "计算机管理" 命令，在窗口中选择 "系统工具" | "本地用户和组" | "用户" 选项，接下来在右侧的用户列表窗口中，选中 "Administrator" 账号并单击鼠标右键，在弹出的菜单中执行 "设置密码" 命令，如图 23-13 所示。

❷ 此时将弹出设置账号密码的警告提示框，如图 23-14 所示。

图23-13 选择 "设置密码" 命令

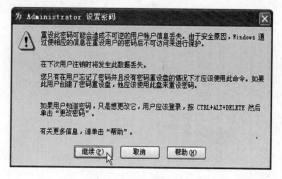

图23-14　警告提示框

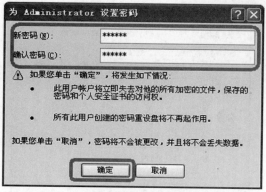

图23-15　"为Administrator设置密码"对话框

❸单击"继续"按钮，将弹出"为Administrator设置密码"对话框，如图23-15所示。在这里连续两次输入相同的登录密码，最后单击"确定"按钮，完成账户密码的设置。

❹在用户列表窗口中，选中"Administrator"账号并单击鼠标右键，在弹出的菜单中执行"重命名"命令，如图23-16所示，可以根据自己的需要为其重命名。

图23-16　执行"重命名"命令

23.2.4　安装必要的安全软件

除了通过各种手动方式来保护服务器操作系统外，还应在计算机中安装并使用必要的防黑软件、杀毒软件和防火墙。在上网时打开它们，这样即便有黑客进攻服务器，系统的安全也是有保证的。

木马程序会窃取所植入电脑中的有用信息，因此也要防止被黑客植入木马程序。在下载文件时先放到自己新建的文件夹中，再用杀毒软件来检测，从而起到提前预防的作用。

23.2.5　做好IE浏览器的安全设置

虽然 ActiveX 控件和 Applet 有较强的功能，但也存在被人利用的隐患，例如网页中的恶意代码往往就是利用这些控件来编写的。所以要避免恶意网页的攻击，只有禁止这些恶意代码的运行。IE 对此提供了多种选择，具体设置步骤如下。

❶启动 Internet Explorer 浏览器，执行"工具"|"Internet 选项"命令，弹出"Internet 选项"对话框，选择"安全"选项卡，如图 23-17 所示。

❷单击"自定义级别"按钮，弹出"安全设置 -Internet 区域"对话框，然后将 ActiveX 控件与相关选项禁用，如图 23-18 所示。

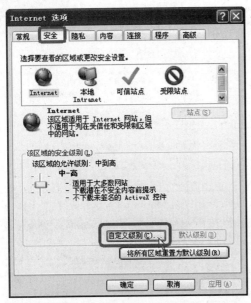

图23-17 "Internet选项"对话框

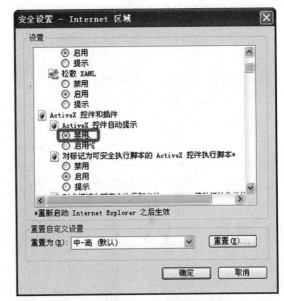

图23-18 禁用ActiveX控件与相关选项

23.2.6 防范木马程序

由于计算机系统和信息网络系统本身固有的脆弱性，越来越多的网络安全问题开始困扰着我们，特别是在此基础上发展起来的计算机病毒、计算机木马等非法程序，利用网络技术窃取他人信息和成果，造成现实社会与网络空间秩序的严重混乱。

木马是隐藏在合法程序中的未授权程序，这个隐藏的程序具有用户不知道的功能。当合法的程序被植入了非授权代码后就认为是木马。木马的目的是不需要管理员的准许就可获得系统使用权。木马种类很多，它的基本构成却是一样的，由服务器程序和控制器程序两部分组成。它表面上能提供一些有用的，或是仅仅令人感兴趣的功能，但在内部还有不为人所知的其他功能，如拷贝文件或窃取密码等。严格意义上来说，木马不能算是一种病毒，但它又和病毒一样，具有隐蔽性、非授权性以及危害性等特点，因此也有不少人称木马为黑客病毒。

计算机木马程序已经严重影响到各类计算机使用者的切身利益，当前最重要的工作是如何有效地防范木马的攻击。

1. 使用防火墙阻止木马侵入

防火墙是抵挡木马入侵的第一道门，也是最好的方式。绝大多数木马都是必须采用直接通讯的方式进行连接，防火墙可以阻塞拒绝来源不明的数据包。防火墙完全可以进行数据包过滤检查，在适当规则的限制下，如对通讯端口进行限制，只允许系统接受限定几个端口的数据请求，这样即使木马植入成功，攻击者也无法进入到系统，因为防火墙把攻击者和木马分隔开来了。

2. 避免下载使用免费或盗版软件

电脑上的木马程序，主要来源有两种。第一种是不小心下载运行了包含有木马的程序。绝大多数计算机使用者都习惯于从网上下载一些免费或者盗版的软件使用，这些软件一方面为广大的使用者提供了方便，节省了资金；另一方面也有一些不法分子利用消费者的这种消费心理，在免费、盗版软件中加载木马程序，计算机使用者在不知情的情况下贸然运行这类软件，进而受到木马程序的攻击。还有一种情况是，"网友"上传在网页上的"好玩"的程序。所以，使用者一定要小心，要弄清楚了是什么程序再运行。

3. 安全设置浏览器

设置安全级别，关掉 Cookies。Cookies 是在浏览网页过程中被有些网站往硬盘写入的一些数据，它们记录下用户的特定信息，因而当用户回到这个页面上时，这些信息就可以被重新利用。但是关注 Cookies 的原因不是因为可以重新利用这些信息，而是关心这些被重新利用信息的来源：硬盘。所以用户要格外小心，可以关掉这个功能。步骤如下：选择"工具"菜单下的"Internet 选项"，再选择其中的"安全"标签，就可以为不同区域的 Web 内容指定安全设置。点击下面的"自定义级别"，可以看到对 Cookies 和 Java 等不安全因素的使用限制。

4. 加强防毒能力

只要上网就有可能受到木马攻击，但是并不是说没有办法来解决这种情况。在计算机上安装杀毒软件就是其中一种方法，有了防毒软件的确会减少受伤的几率。但在防毒软件的使用中，要尽量使用正版，因为很多盗版自身软件就携带有木马或病毒，且不能升级。新的木马和病毒一出来，唯一能控制它蔓延的就是不断地更新防毒软件中的病毒库。除了防毒软件的保护，还可以多运行一些其他软件，如天网，它可以监控网络之间正常的数据流通和不正常的数据流通，并随时对用户发出相关提示。如果怀疑染了木马的时候，还可以从网上下载木马克星来彻底扫描木马，保护系统的安全。

1. 跑马灯

标签	功能
<marquee>...</marquee>	普通卷动
<marquee behavior=slide>...</marquee>	滑动
<marquee behavior=scroll>...</marquee>	预设卷动
<marquee behavior=alternate>...</marquee>	来回卷动
<marquee direction=down>...</marquee>	向下卷动
<marquee direction=up>...</marquee>	向上卷动
<marquee direction=right>...</marquee>	向右卷动
<marquee direction=left>...</marquee>	向左卷动
<marquee loop=2>...</marquee>	卷动次数
<marquee width=180>...</marquee>	设定宽度
<marquee height=30>...</marquee>	设定高度
<marquee bgcolor=FF0000>...</marquee>	设定背景颜色
<marquee scrollamount=30>...</marquee>	设定卷动距离
<marquee scrolldelay=300>...</marquee>	设定卷动时间

2. 字体效果

标签	功能
<h1>...</h1>	标题字(最大)
<h6>...</h6>	标题字(最小)
...	粗体字
...	粗体字(强调)
<i>...</i>	斜体字
...	斜体字(强调)
<dfn>...</dfn>	斜体字(表示定义)
<u>...</u>	底线
<ins>...</ins>	底线(表示插入文字)
<strike>...</strike>	横线
<s>...</s>	删除线
<del>...</del>	删除线(表示删除)
<kbd>...</kbd>	键盘文字
<tt>...</tt>	打字体
<xmp>...</xmp>	固定宽度字体(在文件中空白、换行、定位功能有效)
<plaintext>...</plaintext>	固定宽度字体(不执行标记符号)
<listing>...</listing>	固定宽度小字体
<font color=00ff00>...</font>	字体颜色
<font size=1>...</font>	最小字体
<font style =font-size:100 px>...</font>	无限增大

3. 区断标记

标签	功能
\<hr>	水平线
\<hr size=9>	水平线(设定大小)
\<hr width=80%>	水平线(设定宽度)
\<hr color=ff0000>	水平线(设定颜色)
\ 	(换行)
\<nobr>...\</nobr>	水域(不换行)
\<p>...\</p>	水域(段落)
\<center>...\</center>	置中

4. 链接

标签	功能
\<base href=地址>	(预设好连结路径)
\<a href=地址>\</a>	外部连结
\<a href=地址 target=_blank>\</a>	外部连结(另开新窗口)
\<a href=地址 target=_top>\</a>	外部连结(全窗口连结)
\<a href=地址 target=页框名>\</a>	外部连结(在指定页框连结)

5. 图像 / 音乐

标签	功能
\<img src=图片地址>	贴图
\<img src=图片地址 width=180>	设定图片宽度
\<img src=图片地址 height=30>	设定图片高度
\<img src=图片地址 alt=提示文字>	设定图片提示文字
\<img src=图片地址 border=1>	设定图片边框
\<bgsound src=MID音乐文件地址>	背景音乐设定

6. 表格

标签	功能
\<table aling=left>...\</table>	表格位置，置左
\<table aling=center>...\</table>	表格位置，置中
\<table background=图片路径>...\</table>	背景图片的URL=就是路径网址
\<table border=边框大小>...\</table>	设定表格边框大小(使用数字)
\<table bgcolor=颜色码>...\</table>	设定表格的背景颜色
\<table borderclor=颜色码>...\</table>	设定表格边框的颜色
\<table borderclordark=颜色码>...\</table>	设定表格暗边框的颜色
\<table borderclorlight=颜色码>...\</table>	设定表格亮边框的颜色
\<table cellpadding=参数>...\</table>	指定内容与网格线之间的间距(使用数字)
\<table cellspacing=参数>...\</table>	指定网格线与网格线之间的距离(使用数字)
\<table cols=参数>...\</table>	指定表格的栏数
\<table frame=参数>...\</table>	设定表格外框线的显示方式
\<table width=宽度>...\</table>	指定表格的宽度大小(使用数字)
\<table height=高度>...\</table>	指定表格的高度大小(使用数字)
\<td colspan=参数>...\</td>	指定储存格合并栏的栏数(使用数字)
\<td rowspan=参数>...\</td>	指定储存格合并列的列数(使用数字)

7. 分割窗口

标签	功能
\<frameset cols="20%,★"\>	左右分割，将左边框架分割大小为20% 右边框架的大小浏览器会自动调整
\<frameset rows="20%,★"\>	上下分割，将上面框架分割大小为20% 下面框架的大小浏览器会自动调整
\<frameset cols="20%,★"\>	分割左右两个框架
\<frameset cols="20%,★,20%"\>	分割左中右三个框架
\<frameset rows="20%,★,20%"\>	分割上中下三个框架
\<! – – ... – –\>	批注
\<A HREF TARGET\>	指定超级链接的分割窗口
\<A HREF=#锚的名称\>	指定锚名称的超级链接
\<A HREF\>	指定超级链接
\<A NAME=锚的名称\>	被连结点的名称
\<ADDRESS\>....\</ADDRESS\>	用来显示电子邮箱地址
\<B\>	粗体字
\<BASE TARGET\>	指定超级链接的分割窗口
\<BASEFONT SIZE\>	更改预设字形大小
\<BGSOUND SRC\>	加入背景音乐
\<BIG\>	显示大字体
\<BLINK\>	闪烁的文字
\<BODY TEXT LINK VLINK\>	设定文字颜色
\<BODY\>	显示本文
\<BR\>	换行
\<CAPTION ALIGN\>	设定表格标题位置
\<CAPTION\>...\</CAPTION\>	为表格加上标题
\<CENTER\>	向中对齐
\<CITE\>...\</CITE\>	定义用斜体显示标明引文
\<CODE\>...\</CODE\>	用于列出一段程序代码
\<COMMENT\>...\</COMMENT\>	加上批注
\<DD\>	设定定义列表的项目解说
\<DFN\>...\</DFN\>	显示"定义"文字
\<DIR\>...\</DIR\>	列表文字卷标
\<DL\>...\</DL\>	设定定义列表的卷标
\<DT\>	设定定义列表的项目
\<EM\>	强调之用

CSS – 文字属性

语言	功能
color : #999999;	文字颜色
font-family : 宋体,sans-serif;	文字字体
font-size : 9pt;	文字大小
font-style:itelic;	文字斜体
font-variant:small-caps;	小字体
letter-spacing : 1pt;	字间距离
line-height : 200%;	设置行高
font-weight:bold;	文字粗体
vertical-align:sub;	下标字
vertical-align:super;	上标字
text-decoration:line-through;	加删除线
text-decoration:overline;	加顶线
text-decoration:underline;	加下划线
text-decoration:none;	删除链接下划线
text-transform : capitalize;	首字大写
text-transform : uppercase;	英文大写
text-transform : lowercase;	英文小写
text-align:right;	文字右对齐
text-align:left;	文字左对齐
text-align:center;	文字居中对齐
text-align:justify;	文字两端对齐
vertical-align属性	
vertical-align:top;	垂直向上对齐
vertical-align:bottom;	垂直向下对齐
vertical-align:middle;	垂直居中对齐
vertical-align:text-top;	文字垂直向上对齐
vertical-align:text-bottom;	文字垂直向下对齐

CSS – 项目符号

语言	功能
list-style-type:none;	不编号
list-style-type:decimal;	阿拉伯数字
list-style-type:lower-roman;	小写罗马数字
list-style-type:upper-roman;	大写罗马数字
list-style-type:lower-alpha;	小写英文字母
list-style-type:upper-alpha;	大写英文字母
list-style-type:disc;	实心圆形符号
list-style-type:circle;	空心圆形符号
list-style-type:square;	实心方形符号
list-style-image:url(/dot.gif)	图片式符号
list-style-position:outside;	凸排
list-style-position:inside;	缩进

CSS – 背景样式

语言	功能
background-color:#F5E2EC;	背景颜色

语言	功能
background:transparent;	透视背景
background−image : url(image/bg.gif);	背景图片
background−attachment : fixed;	浮水印固定背景
background−repeat : repeat;	重复排列−网页默认
background−repeat : no−repeat;	不重复排列
background−repeat : repeat−x;	在x轴重复排列
background−repeat : repeat−y;	在y轴重复排列
background−position : 90% 90%;	背景图片x与y轴的位置
background−position : top;	向上对齐
background−position : buttom;	向下对齐
background−position : left;	向左对齐
background−position : right;	向右对齐
background−position : center;	居中对齐

CSS − 链接属性

语言	功能
a	所有超链接
a:link	超链接文字格式
a:visited	浏览过的链接文字格式
a:active	按下链接的格式
a:hover	鼠标转到链接
cursor:crosshair	十字体
cursor:s−resize	箭头朝下
cursor:help	加一问号
cursor:w−resize	箭头朝左
cursor:n−resize	箭头朝上
cursor:ne−resize	箭头朝右上
cursor:nw−resize	箭头朝左上
cursor:text	文字I型
cursor:se−resize	箭头斜右下
cursor:sw−resize	箭头斜左下
cursor:wait	漏斗

CSS − 边框属性

语言	功能
border−top : 1px solid #6699cc;	上框线
border−bottom : 1px solid #6699cc;	下框线
border−left : 1px solid #6699cc;	左框线
border−right : 1px solid #6699cc;	右框线
solid	实线框
dotted	虚线框
double	双线框
groove	立体内凸框
ridge	立体浮雕框
inset	凹框
outset	凸框

CSS – 表单

语言	功能
\<input type="text" name="T1" size="15"\>	文本域
\<input type="submit" value="submit" name="B1"\>	按钮
\<input type="checkbox" name="C1"\>	复选框
\<input type="radio" value="V1" checked name="R1"\>	单选按钮
\<textarea rows="1" name="1" cols="15"\>\</textarea\>	多行文本域
\<select size="1" name="D1"\>\<option\>选项1\</option\>\<option\>选项2\</option\>\</select\>	列表菜单

CSS – 边界样式

语言	功能
margin-top:10px;	上边界
margin-right:10px;	右边界值
margin-bottom:10px;	下边界值
margin-left:10px;	左边界值

CSS – 边框空白

语言	功能
padding-top:10px;	上边框留空白
padding-right:10px;	右边框留空白
padding-bottom:10px;	下边框留空白
padding-left:10px;	左边框留空白

1. JavaScript 函数

描述	语言要素
返回文件中的Automation对象的引用	GetObject函数
返回代表所使用的脚本语言的字符串	ScriptEngine函数
返回所使用的脚本引擎的编译版本号	ScriptEngineBuildVersion函数
返回所使用的脚本引擎的主版本号	ScriptEngineMajorVersion函数
返回所使用的脚本引擎的次版本号	ScriptEngineMinorVersion函数

2. JavaScript 方法

描述	语言要素
返回一个数的绝对值	abs方法
返回一个数的反余弦	acos方法
在对象的指定文本两端加上一个带name属性的HTML锚点	anchor方法
返回一个数的反正弦	asin方法
返回一个数的反正切	atan方法
返回从X轴到点(y,x)的角度(以弧度为单位)	atan2方法
返回一个表明枚举算子是否处于集合结束处的Boolean值	atEnd方法
在String对象的文本两端加入HTML的<big>标识	big方法
将HTML的<Blink>标识添加到String对象中的文本两端	blink方法
将HTML的<B>标识添加到String对象中的文本两端	bold方法
返回大于或等于其数值参数的最小整数	ceil方法
返回位于指定索引位置的字符	charAt方法
返回指定字符的Unicode编码	charCodeAt方法
将一个正则表达式编译为内部格式	compile方法
返回一个由两个数组合并组成的新数组	concat方法(Array)
返回一个包含给定的两个字符串的连接的String对象	concat方法(String)
返回一个数的余弦	cos方法
返回VBArray的维数	dimensions方法
对String对象编码,以便在所有计算机上都能阅读	escape方法
对JavaScript代码求值然后执行之	eval方法
在指定字符串中执行一个匹配查找	exec方法
返回e(自然对数的底)的幂	exp方法
将HTML的<TT>标识添加到String对象中的文本两端	fixed方法
返回小于或等于其数值参数的最大整数	floor方法
将HTML带Color属性的<Font>标识添加到String对象中的文本两端	fontcolor方法
将HTML带Size属性的<Font>标识添加到String对象中的文本两端	fontsize方法
返回Unicode字符值的字符串	fromCharCode方法
使用当地时间返回Date对象的月份日期值	getDate方法
使用当地时间返回Date对象的星期几	getDay方法
使用当地时间返回Date对象的年份	getFullYear方法
使用当地时间返回Date对象的小时值	getHours方法

Dreamweaver CS6完全学习手册

描述	语言要素
返回位于指定位置的项	getItem方法
使用当地时间返回Date对象的毫秒值	getMilliseconds方法
使用当地时间返回Date对象的分钟值	getMinutes方法
使用当地时间返回Date对象的月份	getMonth方法
使用当地时间返回Date对象的秒数	getSeconds方法
返回Date对象中的时间	getTime方法
返回主机的时间和全球标准时间（UTC）之间的差（以分钟为单位）	getTimezoneOffset方法
使用全球标准时间（UTC）返回Date对象的日期值	getUTCDate方法
使用全球标准时间（UTC）返回Date对象的星期几	getUTCDay方法
使用全球标准时间（UTC）返回Date对象的年份	getUTCFullYear方法
使用全球标准时间（UTC）返回Date对象的小时数	getUTCHours方法
使用全球标准时间（UTC）返回Date对象的毫秒数	getUTCMilliseconds方法
使用全球标准时间（UTC）返回Date对象的分钟数	getUTCMinutes方法
使用全球标准时间（UTC）返回Date对象的月份值	getUTCMonth方法
使用全球标准时间（UTC）返回Date对象的秒数	getUTCSeconds方法
返回Date对象中的VT_DATE	getVarDate方法
返回Date对象中的年份	getYear方法
返回在String对象中第一次出现子字符串的字符位置	indexOf方法
返回一个Boolean值，表明某个给定的数是否是有穷的	isFinite方法
返回一个Boolean值，表明某个值是否为保留值NaN（不是一个数）	isNaN方法
将HTML的<I>标识添加到String对象中的文本两端	italics方法
返回集合中的当前	item方法
返回一个由数组中的所有元素连接在一起的String对象	join方法
返回在String对象中子字符串最后出现的位置	lastIndexOf方法
返回在VBArray中指定维数所用的最小索引值	lbound方法
将带HREF属性的HTML锚点添加到 String 对象中的文本两端	link方法
返回某个数的自然对数	log方法
使用给定的正则表达式对象对字符串进行查找，并将结果作为数组返回	match方法
返回给定的两个表达式中的较大者	max方法
返回给定的两个数中的较小者	min方法
将集合中的当前项设置为第一项	moveFirst方法
将当前项设置为集合中的下一项	moveNext方法
对包含日期的字符串进行分析，并返回该日期与1970年1月1日零点之间相差的毫秒数	parse方法
返回从字符串转换而来的浮点数	parseFloat方法
返回从字符串转换而来的整数	parseInt方法
返回一个指定幂次的底表达式的值	pow方法
返回一个0和1之间的伪随机数	random方法
返回根据正则表达式进行文字替换后的字符串的拷贝	replace方法
返回一个元素反序的Array对象	reverse方法
将一个指定的数值表达式舍入到最近的整数并将其返回	round方法
返回与正则表达式查找内容匹配的第一个子字符串的位置	search方法
使用当地时间设置Date对象的数值日期	setDate方法
使用当地时间设置Date对象的年份	setFullYear方法
使用当地时间设置Date对象的小时值	setHours方法
使用当地时间设置Date对象的毫秒值	setMilliseconds方法
使用当地时间设置Date对象的分钟值	setMinutes方法
使用当地时间设置Date对象的月份	setMonth方法

描述	语言要素
使用当地时间设置Date对象的秒值	setSeconds方法
设置Date对象的日期和时间	setTime方法
使用全球标准时间（UTC）设置Date对象的数值日期	setUTCDate方法
使用全球标准时间（UTC）设置Date对象的年份	setUTCFullYear方法
使用全球标准时间（UTC）设置Date对象的小时值	setUTCHours方法
使用全球标准时间（UTC）设置Date对象的毫秒值	setUTCMilliseconds方法
使用全球标准时间（UTC）设置Date对象的分钟值	setUTCMinutes方法
使用全球标准时间（UTC）设置Date对象的月份	setUTCMonth方法
使用全球标准时间（UTC）设置Date对象的秒值	setUTCSeconds方法
使用Date对象的年份	setYear方法
返回一个数的正弦	sin方法
返回数组的一个片段	slice方法（Array）
返回字符串的一个片段	Slice方法（String）
将HTML的<SMALL>标识添加到String对象中的文本两端	small方法
返回一个元素被排序了的Array对象	sort方法
将一个字符串分割为子字符串，然后将结果作为字符串数组返回	split方法
返回一个数的平方根	sqrt方法
将HTML的<STRIKE>标识添加到String对象中的文本两端	strike方法
将HTML的<SUB>标识放置到String对象中的文本两端	Sub方法
返回一个从指定位置开始并具有指定长度的子字符串	substr方法
返回位于String对象中指定位置的子字符串	substring方法
将HTML的<SUP>标识放置到String对象中的文本两端	sup方法
返回一个数的正切	tan方法
返回一个Boolean值，表明在被查找的字符串中是否存在某个模式	test方法
返回一个从VBArray转换而来的标准JavaScript数组	toArray方法
返回一个转换为使用格林威治标准时间（GMT）的字符串的日期	toGMTString方法
返回一个转换为使用当地时间的字符串的日期	toLocaleString方法
返回一个所有的字母字符都被转换为小写字母的字符串	toLowerCase方法
返回一个对象的字符串表示	toString方法
返回一个所有的字母字符都被转换为大写字母的字符串	toUpperCase方法
返回一个转换为使用全球标准时间（UTC）的字符串的日期	toUTCString方法
返回在VBArray的指定维中所使用的最大索引值	ubound方法
对用escape方法编码的String对象进行解码	unescape方法
返回1970年1月1日零点的全球标准时间（UTC）（或GMT）与指定日期之间的毫秒数	UTC方法
返回指定对象的原始值	valueOf方法

3. JavaScript 对象

描述	语言要素
启用并返回一个Automation对象的引用	ActiveXObject对象
提供对创建任何数据类型的数组的支持	Array对象
创建一个新的Boolean值	Boolean对象
提供日期和时间的基本存储和检索	Date对象
存储数据键、项对的对象	Dictionary对象
提供集合中的项的枚举	Enumerator对象
包含在运行JavaScript代码时发生的错误的有关信息	Error对象
提供对计算机文件系统的访问	FileSystemObject对象

描述	语言要素
创建一个新的函数	Function对象
是一个内部对象，目的是将全局方法集中在一个对象中	Global对象
一个内部对象，提供基本的数学函数和常数	Math对象
表示数值数据类型和提供数值常数的对象	Number对象
提供所有的JavaScript对象的公共功能	Object对象
存储有关正则表达式模式查找的信息	RegExp对象
包含一个正则表达式模式	正则表达式对象
提供对文本字符串的操作和格式处理，判定在字符串中是否存在某个子字符串及确定其位置	String对象
提供对VisualBasic安全数组的访问	VBArray对象

4. JavaScript 运算符

描述	语言要素
将两个数相加或连接两个字符串	加法运算符(+)
将一个值赋给变量	赋值运算符(=)
对两个表达式执行按位与操作	按位与运算符(&)
将一个表达式的各位向左移	按位左移运算符(<<)
对一个表达式执行按位取非(求非)操作	按位取非运算符(~)
对两个表达式指定按位或操作	按位或运算符(|)
将一个表达式的各位向右移，保持符号不变	按位右移运算符(>>)
对两个表达式执行按位异或操作	按位异或运算符(^)
使两个表达式连续执行	逗号运算符(,)
返回Boolean值，表示比较结果	比较运算符
复合赋值运算符列表	复合赋值运算符
根据条件执行两个表达式之一	条件(三元)运算符(?:)
将变量减一	递减运算符(--)
删除对象的属性，或删除数组中的一个元素	delete运算符
将两个数相除并返回一个数值结果	除法运算符(/)
比较两个表达式，看是否相等	相等运算符(==)
比较两个表达式，看一个是否大于另一个	大于运算符(>)
比较两个表达式，看是否一个小于另一个	小于运算符(<)
比较两个表达式，看是否一个小于等于另一个	小于等于运算符(<=)
对两个表达式执行逻辑与操作	逻辑与运算符(&&)
对表达式执行逻辑非操作	逻辑非运算符(!)
对两个表达式执行逻辑或操作	逻辑或运算符(||)
将两个数相除，并返回余数	取模运算符(%)
将两个数相乘	乘法运算符(*)
创建一个新对象	new运算符
比较两个表达式，看是否具有不相等的值或数据类型不同	非严格相等运算符(!==)
包含JavaScript运算符的执行优先级信息的列表	运算符优先级
对两个表达式执行减法操作	减法运算符(-)
返回一个表示表达式的数据类型的字符串	typeof运算符
表示一个数值表达式的相反数	一元取相反数运算符(-)
在表达式中对各位进行无符号右移	无符号右移运算符(>>>)
避免一个表达式返回值	void运算符

5. JavaScript 属性

描述	语言要素
返回在模式匹配中找到的最近的九条记录	$1...$9Properties
返回一个包含传递给当前执行函数的每个参数的数组	arguments属性
返回调用当前函数的函数引用	caller属性
指定创建对象的函数	constructor属性
返回或设置关于指定错误的描述字符串	description属性
返回Euler常数,即自然对数的底	E属性
返回在字符串中找到的第一个成功匹配的字符位置	index属性
返回number.positiue_infinity的初始值	Infinity属性
返回进行查找的字符串	input属性
返回在字符串中找到的最后一个成功匹配的字符位置	lastIndex属性
返回比数组中所定义的最高元素大1的一个整数	length属性(Array)
返回为函数所定义的参数个数	length属性(Function)
返回String对象的长度	length属性(String)
返回2的自然对数	LN2属性
返回10的自然对数	LN10属性
返回以2为底的e(即Euler常数)的对数	LOG2E属性
返回以10为底的e(即Euler常数)的对数	LOG10E属性
返回在JavaScript中能表示的最大值	Max_value属性
返回在JavaScript中能表示的最接近零的值	Min_value属性
返回特殊值NaN,表示某个表达式不是一个数	NaN属性(Global)
返回特殊值(NaN),表示某个表达式不是一个数	NaN属性(Number)
返回比在JavaScript中能表示的最大的负数(−Number.MAX_VALUE)更负的值	Negatiue_infinity属性
返回或设置与特定错误关联的数值	Number属性
返回圆周与其直径的比值,约等于3.141592653589793	PI属性
返回比在JavaScript中能表示的最大的数(Number.MAX_VALUE)更大的值	Positive_infinity属性
返回对象类的原型引用	Prototype属性
返回正则表达式模式的文本的拷贝	source属性
返回0.5的平方根,即1除以2的平方根	Sqrt1_2属性
返回2的平方根	Sqrt2属性

6. JavaScript 语句

描述	语言要素
终止当前循环,或者如果与一个label语句关联,则终止相关联的语句	break语句
包含在try语句块中的代码发生错误时执行的语句	catch语句
激活条件编译	@cc_on语句
使单行注释被JavaScript语法分析器忽略	//(单行注释语句)
使多行注释被JavaScript语法分析器忽略	/*..*/(多行注释语句)
停止循环的当前迭代,并开始一次新的迭代	continue语句
先执行一次语句块,然后重复执行该循环,直至条件表达式的值为false	do...while语句
只要指定的条件为true,就一直执行语句块	for语句
对应于对象或数组中的每个元素执行一个或多个语句	for...in语句
声明一个新的函数	function语句
根据表达式的值,有条件地执行一组语句	@if语句
根据表达式的值,有条件地执行一组语句	if...else语句
给语句提供一个标识符	Labeled语句
从当前函数退出并从该函数返回一个值	return语句
创建用于条件编译语句的变量	@set语句

描述	语言要素
当指定的表达式的值与某个标签匹配时，即执行相应的一个或多个语句	switch语句
对当前对象的引用	this语句
产生一个可由try...catch语句处理的错误条件	throw语句
实现JavaScript的错误处理	try语句
声明一个变量	var语句
执行语句直至给定的条件为false	while语句
确定一个语句的默认对象	with语句